"十三五"职业教育国家规划教材

数控车削技能训练

（第2版）

主　编　刘衍益

副主编　张　琰　李慕译　周伟娟

丁　燕　田春娥

主　审　姜爱国

北京理工大学出版社

BEIJING INSTITUTE OF TECHNOLOGY PRESS

内容简介

本书是以项目教学为指导、以任务驱动为主线进行编写，全书共分四个模块（含8个学习项目）和附录。内容主要包括：数控车削基础、数控车床基本操作、FANUC 0i 常用编程指令的应用、综合加工实例与零件的自动编程与仿真加工。本书主要介绍数控系统——FANUC 0i 和广数 980TD 数控系统。

本书可作为职业院校机电、机械和数控等专业的教材，也可作为相关行业的岗位培训用书。

图书在版编目（CIP）数据

数控车削技能训练 / 刘衍益主编. —2版. —北京：北京理工大学出版社，2019.10（2021.12重印）

ISBN 978-7-5682-7797-6

Ⅰ.①数…　Ⅱ.①刘…　Ⅲ.①数控机床-车床-车削-加工工艺-职业教育-教材　Ⅳ.①TG519.1

中国版本图书馆CIP数据核字（2019）第242900号

出版发行 / 北京理工大学出版社有限责任公司

社　　址 / 北京市海淀区中关村南大街5号

邮　　编 / 100081

电　　话 / （010）68914775（总编室）

（010）82562903（教材售后服务热线）

（010）68944723（其他图书服务热线）

网　　址 / http：//www.bitpress.com.cn

经　　销 / 全国各地新华书店

印　　刷 / 定州市新华印刷有限公司

开　　本 / 787毫米×1092毫米　1/16

印　　张 / 18.5

字　　数 / 430千字

版　　次 / 2019年10月第2版　2021年12月第4次印刷

定　　价 / 45.00元

责任编辑 / 陆世立

文案编辑 / 陆世立

责任校对 / 周瑞红

责任印制 / 边心超

前言

FOREWORD

本书是根据国家教育部数控技术应用专业技能紧缺型人才培养方案和最新职业教育教学改革的意见、人力资源和社会保障部制定的有关国家职业标准及相关的职业技能鉴定规范，由一批教学经验丰富的教师结合一线教学实践经验编写而成的。

本书以项目教学为指导、以任务驱动为主线进行编写，共分 4 个模块（含 8 个学习项目）和附录，内容主要包括数控车削基础、数控车床基本操作、FANUC 0i 常用编程指令的应用、综合加工实例与零件的自动编程与仿真加工，以及附录 FANUC 0i 数控系统常用编程指令。本书主要介绍数控系统——FANUC 0i 和广数 GSK980TD 数控系统。

本书的主要特色：

1. 突破了以往教材编写的传统方式，以项目教学为指导，按系列任务组织知识，整体逻辑思路清晰，层次分明。

2. 注重培养数控车床操作者的核心能力，即数控加工工艺分析能力、基本编程和应用能力，以及基本操作能力，有利于操作技巧的综合提高，自始至终贯彻“做中学”“做中教”的课改理念。

3. 知识由简单到综合，体现出学习知识、运用知识、深化知识的合理过程。知识的掌握通过反复的实践来完成，符合循序渐进的认知规律。

4. 在论述相关数控知识的同时，重视由简单到复杂的分层次实践演练，而全部演练都贯穿着严格的考评，做到理论学习有载体，技能训练有实体，体现了“理践一体化”教学理念。

5. 手工编程、自动编程和模拟仿真高度结合，互相比照。

FOREWORD

本书由刘衍益担任主编并负责统稿，由姜爱国副教授担任主审，由张琰、李慕译、周伟娟、丁燕和田春娥担任副主编。具体编写人员及分工如下：刘衍益编写模块一中项目一和模块三中项目七的内容并负责总体策划和统稿，丁燕、田春娥编写模块一中项目二的内容，周伟娟编写模块二中项目三、项目四的内容，张琰编写模块三中项目五、模块四中项目八及附录的内容，李慕译编写模块三中项目六的内容。

由于编写时间仓促，编者水平有限，书中难免有不妥和遗漏之处，恳请广大师生和读者提出宝贵的意见和建议。

编　者

CONTENTS

模块一　数控车削基础知识

项目一　数控车削基础 …… 2

任务一　数控车床基础知识 …… 2

任务二　FANUC 0i-TC 系统数控车床面板及其操作 …… 13

任务三　广数 GSK980TD 系统数控车床面板及其操作 …… 21

项目二　数控车床基本操作 …… 38

任务一　数控车床坐标系及基本操作 …… 38

任务二　数控车床对刀操作 …… 44

任务三　数控车削程序的输入、编辑与运行 …… 49

模块二　专项技能训练

项目三　外轮廓加工技术 …… 58

任务一　圆柱面加工 …… 59

任务二　圆锥面加工 …… 67

任务三　圆弧面加工 …… 75

任务四　阶梯面加工 …… 84

任务五　成形面加工 …… 94

任务六　槽加工 …… 108

任务七　普通外螺纹加工 …… 117

项目四　内轮廓加工技术 …… 128

任务一　内阶梯孔加工 …… 129

任务二　内螺纹加工 …… 136

模块三　综合技能训练

项目五　轴类零件的加工……………………………………………………144

任务一　螺纹轴零件的加工……………………………………………………144

任务二　阀芯轴的加工……………………………………………………153

任务三　端面槽异形件的加工……………………………………………………164

任务四　细长轴的加工……………………………………………………173

项目六　套类零件的加工……………………………………………………183

任务一　台阶孔的加工……………………………………………………183

任务二　平底孔的加工……………………………………………………190

任务三　螺纹套的加工……………………………………………………197

任务四　薄壁件的加工……………………………………………………205

项目七　复杂零件的加工……………………………………………………213

任务一　梯形螺纹轴零件的加工……………………………………………………214

任务二　综合轴类零件的加工……………………………………………………227

任务三　连接套筒零件的加工……………………………………………………236

任务四　配合零件的加工……………………………………………………245

模块四　拓展技能训练

项目八　自动编程与仿真加工……………………………………………………257

任务一　CAXA 数控车软件的几何绘图 ……………………………………………………257

任务二　CAXA 数控车软件应用实例 ……………………………………………………266

任务三　典型轴类零件的自动编程……………………………………………………271

任务四　典型轴类零件的仿真加工……………………………………………………278

附录　数控车床程序编制常用指令（FANUC 0i 系统）……………………………………………………286

参考文献……………………………………………………288

模块一

数控车削基础知识

项目一

数控车削基础

项目描述

本项目分为4个任务，要求了解数控车床的基础知识，熟悉FANUC 0i-TC系统数控车床面板及其基本操作，熟悉广数GSK980TD系统数控车床面板及其基本操作，掌握FANUC 0i-TC系统数控车床常用指令。

知识目标

1. 了解数控车床的组成与加工特点。
2. 熟悉FANUC 0i-TC系统面板。
3. 熟悉广数GSK980TD系统面板。
4. 熟悉数控车床坐标系。
5. 掌握FANUC 0i-TC系统的程序结构。
6. 掌握广数GSK980TD数控系统的程序结构。
7. 理解编程指令体系与辅助功能指令。

技能目标

分别熟悉FANUC 0i-TC和广数GSK980TD系统数控车床面板，尤其是各按键的含义与功能。掌握数控车床的安全操作规程、日常维护与保养方法，能熟练地进行程序的输入、编辑与运行等基本操作。

任务一 数控车床基础知识

任务目标

1. 了解数控车床的相关术语与机床组成。

2. 了解数控车床的特点与分类。
3. 了解数控车床刀具的种类及特点。
4. 熟悉数控车床的日常维护知识。
5. 能排除数控车床的简单操作故障。

任务描述

认真观察图1-1-1所示数控车床，指出各组成部分的名称、功能，并了解数控车床的组成、加工特点、日常维护及保养方法。

图1-1-1　数据车床

知识准备

本任务介绍数控车床的基础知识，以普通机床为参照，了解数控车床。

一、数控车床概述

(一)相关术语

1. 数字控制技术

数字控制技术(Numerical Control，NC)简称数控，是电子技术与机械制造技术相结合，根据机械加工工艺要求使用计算机对整个加工过程进行信息处理与控制，达到生产过程自动化的一门技术。

2. 数控机床

数控机床(NC Machine)指采用数控技术对其运动及加工过程实现控制的机床。

3. 数控系统

数控系统(NC System)指实现数控技术相关功能的软、硬件模块的有机集成系统，是数控技术的载体。

4. 计算机数控系统

计算机数控系统(Computer Numerical Control System，CNCS)指以计算机为核心的数控系统。

1)按照控制核心机构，数控系统的发展经历了以下6代：电子管数控系统(1952年)、晶体管数控系统(1959年)、中小规模集成电路(IC)数控系统(1969年)、小型计算机数控系统(1970年)、微处理器数控系统(1974年)、基于工业PC的通用计算机数控系统(1990年)。

2)典型数控系统：国外有日本FANUC(法兰克)数控系统、德国SIEMENS(西门子)数控系统、德国DMG(德马吉)数控系统；国内有华中世纪星系统、广州数控系统等。

5. 数控车床

装配了数控系统的车床称为数字程序控制车床，简称数控车床。

6. 数控程序

数控程序(NC Program)指从外部输入数控机床用于加工的程序，是数控系统的应用软件。

7. 数控编程

数控编程(NC Programming)指对零件图进行分析、工艺处理、数学处理、编写程序单、制作控制介质及程序检验的全过程。编程方法有手工编程和自动编程。

8. 数控加工

数控加工指在数控机床上进行零件加工的工艺方法。

(二)数控车床的组成

数控车床一般由车床主体、数控系统、反馈装置及辅助装置组成，数控系统从功能上又可分为数控装置和伺服系统两部分。图1-1-2是数控车床的组成框图。

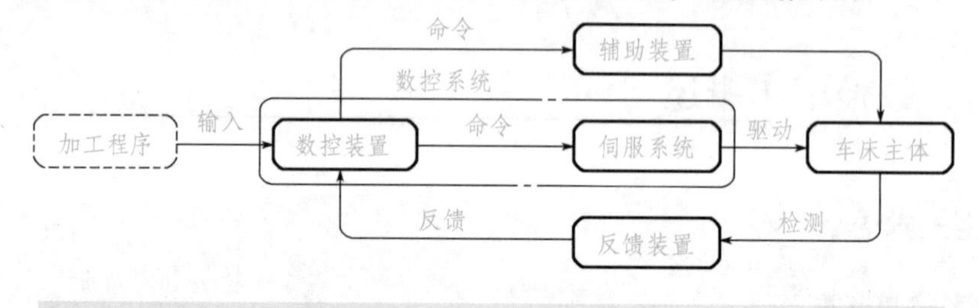

图1-1-2 数控车床的组成框图

1. 车床主体

目前大部分数控车床均已专门设计并定型生产，包括主轴箱、床身、导轨、刀架、尾座、进给机构等。

2. 数控系统

数控车床与卧式车床的主要区别在于是否安装有数控系统。数控系统和车床主体同属于数控车床的“硬件”部分，它是数控车床的核心。

1)数控装置：主要用来接收程序信息，并经分析处理后向伺服系统发出命令，以控制车床的各种运动。

2)伺服系统：执行数控装置发出的命令，主要由放大电路和执行电动机组成。

3. 辅助装置

辅助装置是数控车床的一些配套部件，包括液压装置、气动装置、冷却系统、润滑系统、自动清屑器等。

4. 反馈装置

反馈装置用于将机床移动部件等的位置、速度信息通过传感器反馈回数控装置，从而保证机床移动的精度。

(三)数控车床的型号

数控车床采用与卧式车床相类似的型号编制方法，由字母及一组数字组成。例如，数控车床 CKA6140 的型号含义如下：

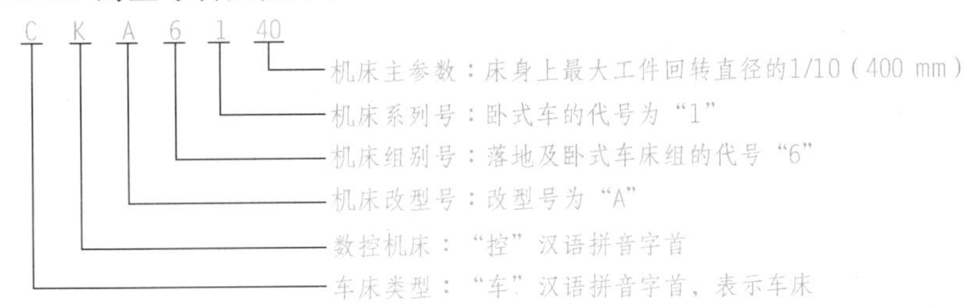

二、数控车床的加工特点及适用范围

数控车床和普通车床一样，主要用于轴类和盘类等回转体零件的加工，所不同的是数控车床能够通过程序控制自动完成内外圆柱面、圆锥面、圆弧面、螺纹等工序的加工，并可进行切槽、切断、钻孔、扩孔、铰孔、镗孔等操作，还能加工一些由各种非圆曲面构成的回转面、非标准螺纹、变螺距螺纹等。数控车床及其加工的零件如图 1-1-3 所示。

图 1-1-3　数控车床及其加工的零件

(一)加工特点

1)加工精度高、质量稳定。数控加工设备比通用加工设备的制造精度高、刚性好、脉冲当量小、工序集中，减小了多次装夹对加工精度的影响。

2)具有高度柔性。当加工的零件改变时，只需重新编写(或修改)加工程序即可实现对新零件的加工，不需要重新设计模具、夹具等工艺装备，生产适应性强，可节省生产准备时间，并有利于产品的开发与研制。

3)自动化程度高，可以减轻操作者的体力劳动强度。数控车床加工过程是按数控系统的程序自动完成的，操作者只需在操作面板上控制机床的运行即可。

4)加工零件的精度高，具有稳定的加工质量。

5)对操作人员的素质要求较高，对维修人员的技术要求更高。数控车床是技术密集型的机电一体化的典型 CNC 数控车床加工产品，需要维修人员既懂机器，又能操作机器。

(二)适用范围

数控车床比较适宜加工的零件如下：

1)形状复杂、加工精度要求高、用通用机床无法加工或虽然能加工但很难保证产品质量的零件。

2)用数学模型描述的复杂曲线或曲面轮廓零件。

3)难以测量、难以控制进给、难以控制尺寸的不开敞内腔的壳体或盒型零件。

4)必须在依次装夹中合并完成铣、镗、铰或螺纹等多工序的零件。

5)在通用机床加工时极易受人为因素(如情绪波动、体力强弱、技术水平高低等)干扰，而零件价值又高，一旦质量失控会造成重大经济损失的零件。

6)在通用机床上加工时必须制造复杂的专用工装的零件。

三、数控车床的分类

随着数控车床技术的不断发展，数控车床的品种已经基本齐全，规格繁多，可以按以下方法进行分类。

1. 按数控系统的功能分类

(1)简易数控车床

简易数控车床(图 1-1-4)一般由单板机或单片机进行控制。机床主体部分由普通车床略做改进而成。此类车床结构简单，价格低廉，但功能较低、无刀尖圆弧半径自动补偿功能。

(2)经济型数控车床

经济型数控车床(图 1-1-5)一般采用开环或半闭环控制系统，价格便宜，功能针对性强。这类车床的显著缺点是无恒线速切削功能。

图 1-1-4 简易数控车床

图 1-1-5 经济型数控车床

（3）全功能型数控车床

全功能型数控车床（图 1-1-6）一般采用半闭环或闭环控制系统，具有高刚度、高精度和高速加工等特点。这类车床具备恒线速切削和刀尖圆弧半径自动补偿功能。

（4）车削中心

车削中心（图 1-1-7）以全功能型数控车床为主体，并配置刀库和换刀机械手。这类车床的功能更全面，但价格较高。

图 1-1-6　全功能型数控车床

图 1-1-7　车削中心

2. 按主轴的配置形式分类

（1）卧式数控车床

卧式数控车床又分为水平导轨卧式车床（图 1-1-8）和倾斜导轨卧式车床（图 1-1-9），其中倾斜导轨卧式车床的倾斜导轨结构可以使车床具有更大的刚性，并易于排除切屑。

图 1-1-8　水平导轨卧式车床

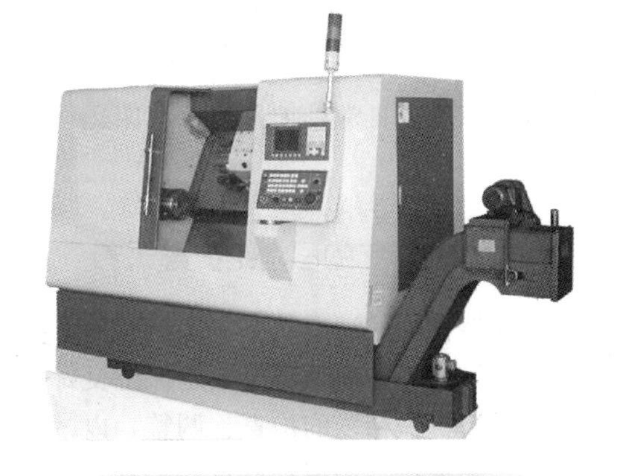

图 1-1-9　倾斜导轨卧式车床

（2）立式数控车床

立式数控车床（图 1-1-10）简称数控立车，其车床主轴垂直于水平面，具有一个直径很大的圆形工作台，用来装夹工件。这类机床主要用于加工径向尺寸大、轴向尺寸相对较小的大型复杂零件。

3. 按数控系统控制的轴数分类

(1)两轴控制的数控车床

两轴控制的数控车床(图 1-1-11)一般都配置有各种形式的单刀架，如四工位卧动转位刀架或多工位转塔式自动转位刀架，属于两坐标控制车床。

(2)四轴控制的数控车床

四轴控制的数控车床(图 1-1-12)的双刀架平行分布，也可以相互垂直分布，多数采用倾斜导轨，属于四坐标控制车床。

图 1-1-10 立式数控车床

图 1-1-11 两轴控制的数控车床

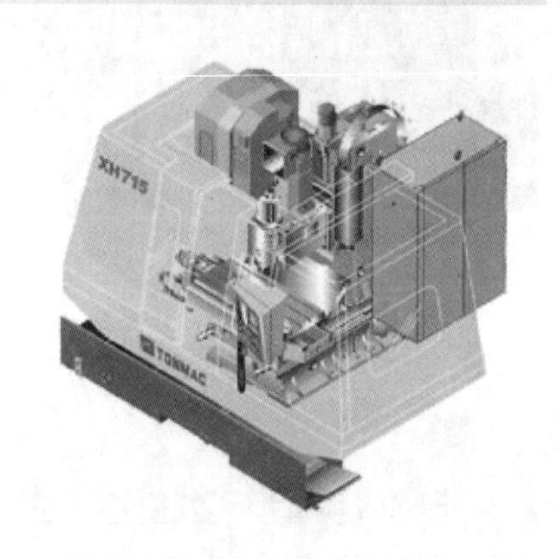

图 1-1-12 四轴控制的数控车床

四、数控车床与数控系统的日常维护与保养

数控车床的日常维护是数控车床运行稳定性和可靠性的保证，是延长数控车床使用寿命的重要手段。

(一)数控车床的日常维护与保养

1)保持良好的润滑状态，定期检查、清洗自动润滑系统，增加或更换润滑脂、油液，使丝杠、导轨等各运动部位始终保持良好的润滑状态，以降低机械磨损。

2)进行机械精度的检查、调整，以减少各运动部件的几何误差。

3)经常清扫。周围环境对数控机床的影响较大，例如，粉尘会被电路板上的静电吸引，而产生短路现象；油、气、水过滤器、过滤网太脏，会导致压力不够、流量不够、散热不好，造成机、电、液部分的故障等。

(二)数控系统的日常维护与保养

数控系统使用一定时间以后，某些元器件或机械部件会老化、损坏，为延长元器件的使用寿命和磨损周期，应在以下几方面注意维护。

1)尽量少开数控柜和强电柜的门。车间空气中一般都含有油雾、潮气和灰尘。它们一旦落在数控装置内的电路板或电子元器件上，容易导致元器件间的绝缘电阻下降，使元器件损坏。

2)定时清理数控装置的散热通风系统。散热通风口过滤网上灰尘积聚过多，会引起数控装置内温度过高(一般不允许超过 60 ℃)，致使数控系统工作不稳定，甚至发生过热报警。

3)经常监视数控装置的电网电压。数控装置允许电网电压在额定值的±10%范围内波动。如果超过此范围就会造成数控系统不能正常工作，甚至引起数控系统内某些元器件损坏。因此，需要经常监测数控装置的电网电压。电网电压波动较大时，应加装电源稳压器。

任务实施

1)认真阅读本任务相关知识。

2)到数控车间指出数控车床各组成部分的名称及功能，并填写表 1-1-1。

表 1-1-1 数控车床各组成部分的名称及功能

序号	部件名称	部件功能
1	床身	
2	导轨	
3	MPG 手持单元	
4	数控装置	
5	刀架	
6	卡盘	
7	防护罩	
8	尾座	

评价考核

评价标准如表 1-1-2 所示。

表 1-1-2 评价标准表

序号	项目	熟练且准确	较熟练但准确	基本准确	生疏欠准确	自测	互测	得分
1	正确认识床身及其功能	15 分	12 分	9 分	8 分及以下			
2	正确认识导轨及其功能	15 分	12 分	9 分	8 分及以下			
3	正确认识数控装置及其功能	15 分	12 分	9 分	8 分及以下			

续表

序号	项目	熟练且准确	较熟练但准确	基本准确	生疏欠准确	自测	互测	得分
4	掌握卡盘装夹功能及其装夹方式	10 分	8 分	6 分	5 分及以下			
5	能正确装夹刀具	15 分	12 分	9 分	8 分及以下			
6	掌握防护罩的作用	15 分	12 分	9 分	8 分及以下			
7	安全文明操作	15 分	12 分	9 分	8 分及以下			
总成绩								
学生任务实施过程的小结及反馈：								
教师点评：								

数控车床刀具

(一)数控车床刀具的种类

1. 按结构分类

根据刀具组成的结构分类，数控车床刀具一般分为整体式、镶嵌式、复合式等，如图 1-1-13 所示。

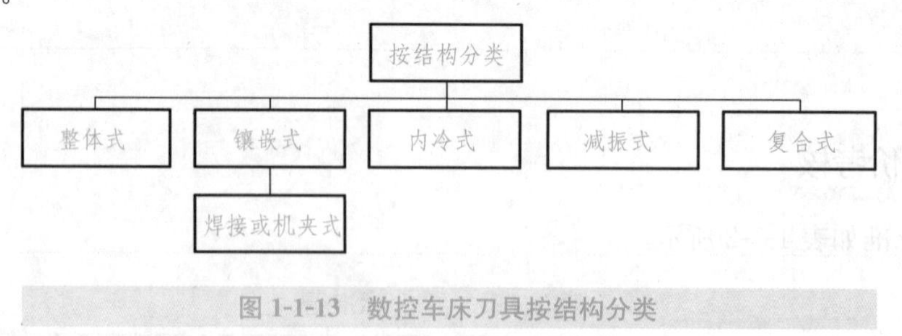

图 1-1-13 数控车床刀具按结构分类

2. 按材料分类

高速钢刀具曾经是切削工具的主流，1923 年发明的硬质合金(WC—Co)，其后因添加了 TiC、TaC 而改善了耐磨性，1969 年开发了 CVD 技术，使涂层硬质合金快速普及，自 1974 年起开发了 TiC—TiN 系金属陶瓷，具体分类如图 1-1-14 所示。

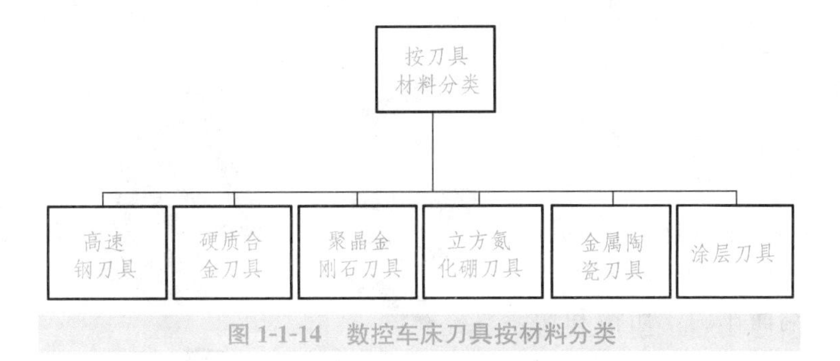

图 1-1-14　数控车床刀具按材料分类

(二)数控车床刀具的特点

数控车床能兼做粗精车削，粗车时，要选强度高、耐用度高的刀具，以便满足粗车时大切削深度、大进给量的要求；精车时，要选择精度高、耐用度高的刀具，以保证加工精度的要求。为减少换刀时间和方便对刀，应尽可能采用机械夹固刀和机械夹固刀片。夹紧刀片的方式要选择得比较合理，刀片最好选择涂层硬质合金刀片。

(三)可转位刀片的应用及牌号

可转位刀具是将预先加工好并带有若干个切削刃的多边形刀片，用机械夹固的方法夹紧在刀体上的一种刀具。

当在使用过程中一个切削刃磨钝或损伤后，只要将刀片松开，转位或更换刀片，使新的切削刃进入工作装置，再经夹紧就可以继续使用。

可转位刀具的两个特征：①刀体上安装的刀片至少有两个预先加工好的切削刃供使用；②刀片转位后的切削刃在刀体上的位置不变，并具有相同的几何参数。

1. 可转位刀具的组成

可转位刀具一般由刀片、刀垫、夹紧元件和刀体组成。各部分的作用如下：

1)刀片：承担切削工作，形成被加工表面。

2)刀垫：保护刀体，确定刀片(切削刃)位置。

3)夹紧元件：夹紧刀片和刀垫。

4)刀体：刀体及刀垫的载体，承担和传递切削力及切削扭矩，完成刀片和机床的连接。

2. 可转位刀片牌号的表示规则

可转位刀片型号通过数字 1～10 来表示：1 表示刀片形状及夹角；2 表示主切削刃后角；3 表示刀片尺寸(d、s)公差；4 表示刀片断屑及加固形式；5 表示切削刃长度；6 表示刀片厚度；7 表示修光刃的代码；8 表示特殊需要的代码；9 表示进刀方向、倒刃角度；10 为厂家补充代码。

(四)常用数控车床刀具介绍

数控车削时，从刀具移动轨迹与形成轮廓的关系看，常把车刀分为 3 类，即尖形车刀、圆弧形车刀与成形车刀。

1. 尖形车刀

以直线形切削刃为特征的车刀一般称为尖形车刀。这类车刀的刀尖由直线形的主、副切削刃构成，如刀尖倒棱很小的各种外圆和内孔车刀，左、右端面车刀，切槽和切断刀等。用这类车刀加工零件时，其零件的轮廓形状主要由一个独立的刀尖或一条直线形主切削刃位移后得到，如图 1-1-15 所示。

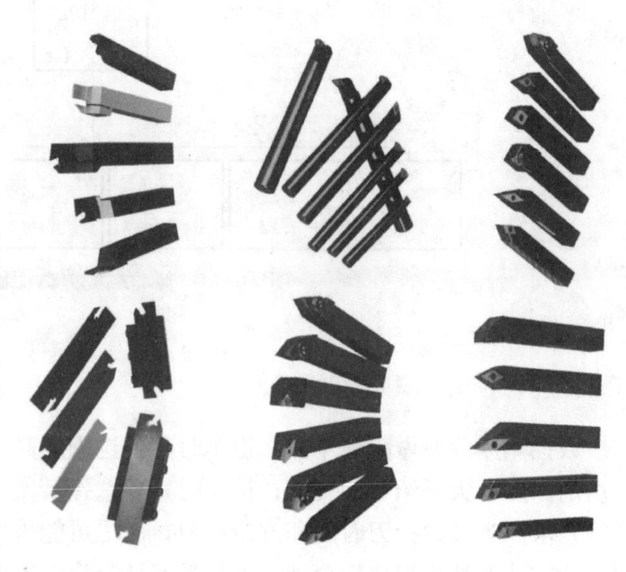

图 1-1-15 常用尖形车刀

2. 圆弧形车刀

圆弧形车刀是较为特殊的数控加工用车刀。其特征是：构成主切削刃的刀刃形状为一圆度误差或轮廓度误差很小的圆弧；该圆弧刃每一点都是圆弧形车刀的刀尖。因此，刀位点不在圆弧上，而在该圆弧的圆心上。

圆弧形车刀特别适宜于车削各种光滑连接的成形面。对于某些精度要求较高的凹曲面车削或大外圆弧面的批量车削，以及尖形车刀所不能完成加工的跨象限的圆弧面，宜选用圆弧形车刀进行，圆弧形车刀具有宽刃切削修光性质，能使精车余量保持均匀而改善切削性能，还能一刀车出跨多个象限的圆弧面，如图 1-1-16所示。

3. 成形车刀

成形车刀俗称样板车刀，其加工零件的轮廓形状完全由车刀刀刃的形状和尺寸决定。数控车削加工中，常见的成形车刀有小半径圆弧车刀、非矩形车槽刀和螺纹刀等。数控加工中选用成形车刀时，应在工艺准备的文件或加工程序单上进行详细的规格说明，如图 1-1-17所示。

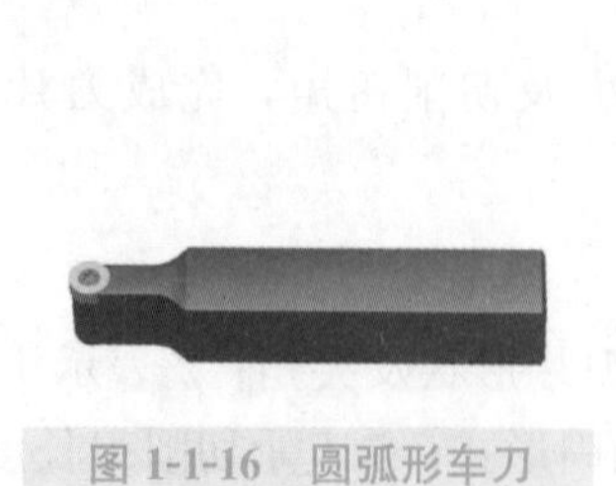

图 1-1-16 圆弧形车刀

图 1-1-17 成形车刀

（五）数控车床刀具的选择

刀具的选择是数控加工工艺中的重要内容之一。选择刀具通常要考虑机床的加工能力、工序内容、工件材料等因素，要使刀具的尺寸与被加工工件的尺寸和形状相适应。

刀具选择的基本原则：安装与调整方便、刚性好、耐用度和精度高；在满足加工要求的前提下，尽量选择较短的刀柄，以提高刀具加工的刚性。

1. 刀具选择考虑的主要因素

1)被加工工件的材料、性能：如金属、非金属，其硬度、刚度、塑性、韧性及耐磨性等。

2)加工工件信息：工件的几何形状、零件的技术经济指标。

3)加工工艺类别：如粗加工、半精加工、精加工和超精加工等。

4)刀具能承受的切削用量：切削用量三要素包括主轴转速、切削速度与切削深度。

5)辅助因素：如操作间断时间、振动、电力波动或突然中断等。

2. 常用刀具的选择

数控车床常用刀具的名称、用途及切削形状如图 1-1-18 所示。

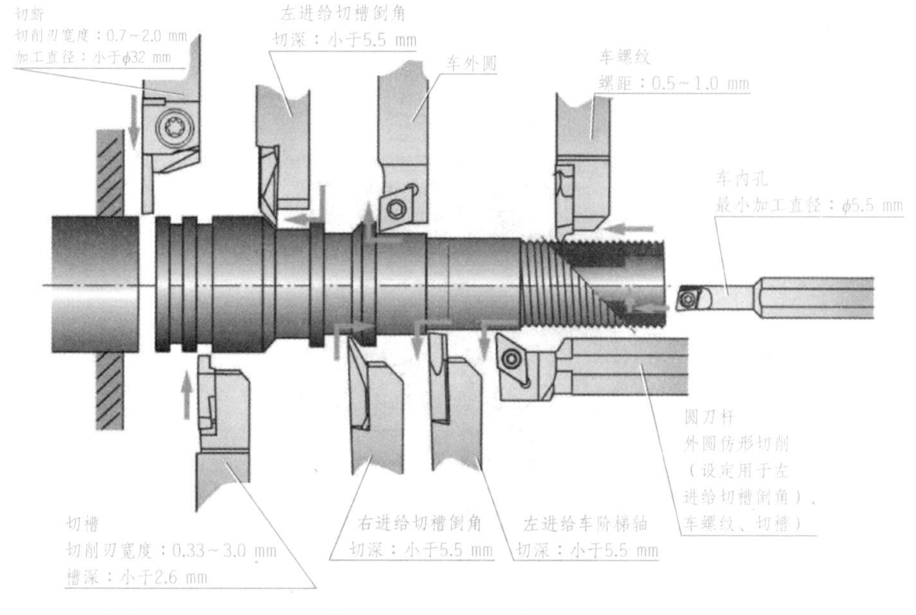

图 1-1-18 常用刀具的选择

任务二 FANUC 0i-TC 系统数控车床面板及其操作

任务目标

1. 了解数控车床的结构特点。
2. 熟练掌握 FANUC 0i-TC 系统数控车床面板各功能键的使用方法。

3. 了解 FANUC 0i-TC 系统数控车床的基本操作流程。
4. 熟练掌握 FANUC 0i-TC 系统数控车床程序的编辑方法。
5. 掌握数控仿真软件的应用。

任务描述

通过 FANUC 0i-TC 系统(这里以 FANUC Series Mate-TC 为例)数控车床面板的学习，能熟练使用各功能键实现数控车床的基本操作与程序的编辑方法。

知识准备

一、FUNUC 0i—TC 面板

(一)系统面板简介

FANUC 0i-TC 面板如图 1-2-1 所示。

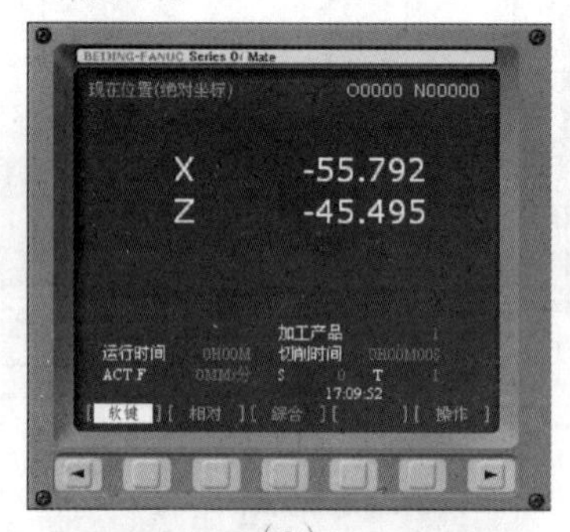

(a)

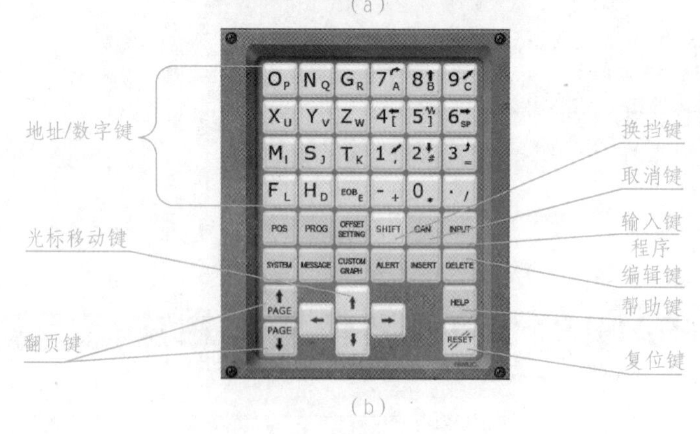

(b)

图 1-2-1 FANUC 0i-TC 操作面板

(a)FANUC 系统显示界面；(b)FANUC 系统操作面板

(二)功能键简介

功能键功能说明如表 1-2-1 所示。

表 1-2-1　FANUC 系统功能键简介

序号	名称	说明
1	软键	根据不同的界面，软键有不同的功能，具体功能显示在屏幕的下方
2	复位键(RESET)	按下该键，可以使 CNC 复位或者取消报警号
3	帮助键(HELP)	当对 MDI 键的操作不明白时，按下该键可以获得帮助
4	地址/数字键	按下这些键，可以输入字母、数字或者其他字符
5	换挡键(SHIFT)	在该键盘上，有些键具有两个功能。按下该键可以在这两个功能之间进行切换
6	输入键(INPUT)	当按下一个字母键或者数字键时，再按该键，则数据被输入到缓存区，并且显示在屏幕上。要将输入缓存区的数据复制到偏置寄存器中，可按下该键。该键与软键上 INPUT 键是等效的
7	取消键(CAN)	按下该键，可以删除最后一个进入输入缓存区的字符或符号
8	程序编辑键(ALTER、INSERT、DELETE)	按下 ALTER 键可以进行替换，按下 INSERT 键可以进行插入，按下 DELETE 键可以进行删除
9	功能键	按下这些键，可以进行不同功能显示屏幕的切换
10	光标移动键	按下这些键，可以将光标移动到程序的任意位置
11	翻页键(PAGE)	按下这些键，可以换页显示程序

(三)机床面板简介

机床面板按键及其功能如表 1-2-2 所示。

表 1-2-2　机床面板按键及其功能

符号	字符	功能
	AUTO	设定自动操作方式
	EDIT	设定程序编辑操作方式
	MDI	设定 MDI 操作方式
	HOME	设定回参考点方式

续表

符号	字符	功能
	JOG	设定手动操作方式
	MPG	设定手轮进给方式
	SINGLE BLOCK	单程序段，程序单段执行，用于检查程序
	DRY RUN	试运行，当通过该键自动运行程序时，轴进给倍率设定为JOG进给倍率，而非编程进给倍率
	MACHINE LOCK	机床锁住，当通过该键自动运行程序时，轴不移动，而只更新位置显示
	CYCLE START	循环启动，启动自动运行
	CYCLE STOP	循环停止，停止自动运行
0.001 1% …… 1 100%	INC MAGNIFICATION	手动增量放大倍数
	TRAVERSE	快速进给，以快速移动速度进给
	SP CW	主轴正转
	SP CCW	主轴反转
	SP STOP	主轴停转

二、手动回参考点操作

(一)目的

参考点是数控机床中用来确定机床原点位置的“参考点”。该点确定后，才能建立机床坐标系，从而在此基础上建立工件坐标系。每次重新开机，必须首先回参考点。

(二)操作步骤

1)回到加工操作区。可以用面板上的加工显示键，也可以通过选择“加工”软键，回到加工操作区。

2)用机床控制面板上回参考点键启动回参考点运行。

3)分别用机床控制面板上“＋X”键、“＋Z”键进行回参考点运行，直至X与Z前均为半空心圆为止。当刀架位于参考点外时，可以采取先将刀架移到参考点内，再进行回参考点运行的方法。

三、手动连续进给与增量进给操作

此功能可以将刀架移到机床的任意位置。

(一)操作步骤

1)用机床控制面板上手动方式键启动手动连续进给状态。

2)配合进给速度修调开关，操作“＋X”“－X”“＋Z”“－Z”方向键可以使刀架产生上述4个方向的运动。

3)也可以同时按动相应的坐标轴键和快速运行叠加键，让刀架以快进的速度进给。

4)在选择“增量选择”键以步进增量方式运行时，坐标轴以所选择的步进增量运行，即每按一次光标移动键，刀架在对应的方向上移动一个步进增量。步进增量通过1INC～1000INC这4个增量选择键设置。

(二)手动操作状态及状态图中的参数、软键说明

1. 参数说明

参数说明如表1-2-3所示。

表1-2-3　参数说明

参　数	说　明
MCS *X* *Z*	显示机床坐标系(MCS)中当前坐标轴地址
＋*X* ＋*Z*	坐标轴在正方向(＋)或负方向(－)运行时，相应地在*X*、*Z*之前显示正、负符号，坐标轴到达位置之后不再显示正、负符号
实际位置/mm	在该区域显示机床坐标系(MCS)或工件坐标系(WCS)中坐标轴的当前位置
相对坐标	如果坐标轴在特定状态下进入手动方式运行，则在此区域显示每个坐标轴从起点到终点所运行的位移
主轴S/(r/min)	显示主轴转速的实际值和给定值

续表

参 数	说 明
进给率 F/(mm/min)	显示进给率的实际值和给定值
刀具	显示当前所用的刀具

2. 软键说明

软键说明如表 1-2-4 所示。

表 1-2-4 软键说明

软 键	说 明
绝对坐标	与相对坐标系窗口互相切换
相对坐标	与绝对坐标系窗口互相切换
综合坐标	3 种坐标同时现实
操作	对以上 3 种坐标进行操作和设置

四、数控车程序编辑

(一)FANUC 0i-TC 程序的创建

在操作数控机床时，最常用的建立程序的方法是，利用键盘，手工输入编写的程序。在 FANUC 系统中，我们是通过以下操作来建立程序的。

1)进入编辑(EDIT)方式，如图 1-2-2 所示。

2)按下 PROG 键。

3)按下地址键 O，再输入 1～4 位数字，如图 1-2-3 所示。

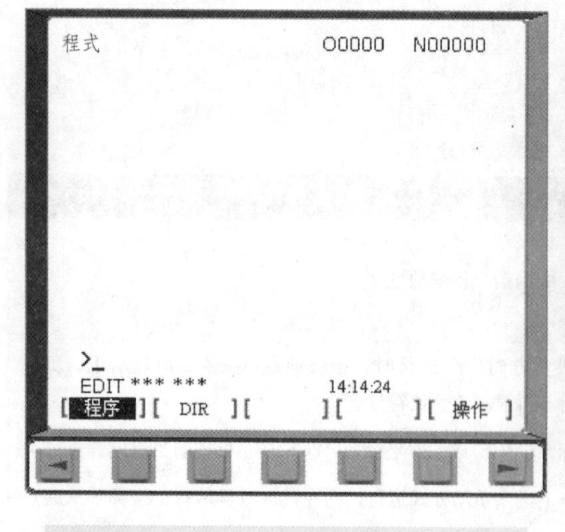

图 1-2-2 编辑方式

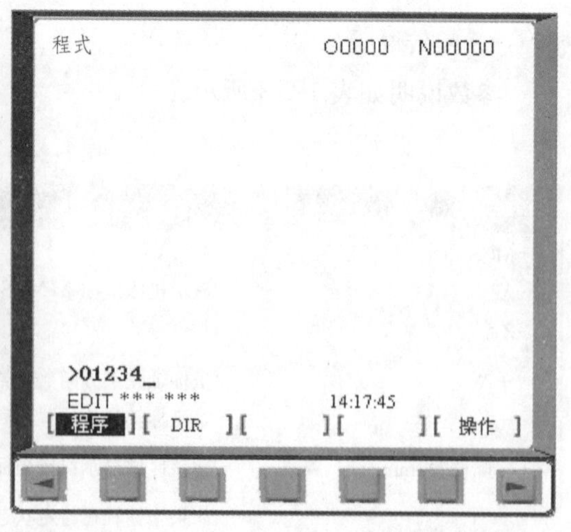

图 1-2-3 新程序窗口

4)每段结束都需按下 EOB 键和 INSERT 键。

(二)程序的编辑

在输入程序名并确认后，即可进入程序编辑窗口，如图 1-2-4 所示，在此通过字符键可以进行程序的录入。在录入过程中，若有错误，可及时进行修改。录入完毕后，选择“关闭”软键，即可退出该状态，并将程序存入内存。

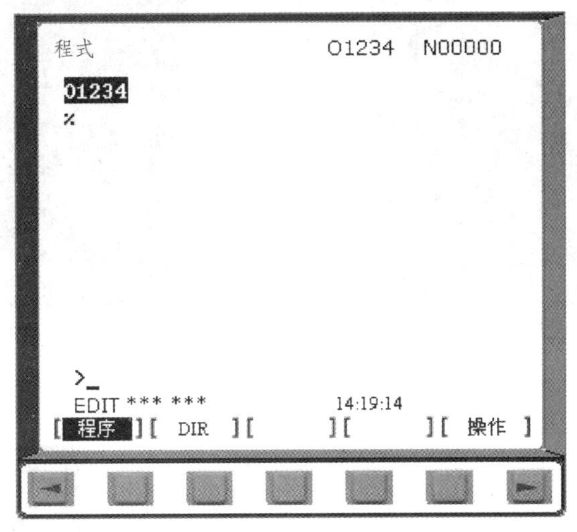

图 1-2-4 程序编辑窗口

要打开内存中已有的程序，可以在程序编辑窗口中，利用光标移动键和选择“打开”软键来实现。

对程序的修改，可以在程序编辑窗口中，利用光标移动键、INSERT 键、DELETE 键结合字符键进行。注意，在零件程序中的任何修改均立即有效。

(三)程序状态的软键说明

程序状态的软键功能如表 1-2-5 所示。

表 1-2-5 程序状态的软键功能

软 键	说 明
BG－EDT	后台编辑
O 检索	程序检索
DELETE	删除程序或程序段
READ	程序输入
PUNCH	程序输出
EXEC	执行操作

(四)程序的运行

1)按下 PROG 键进入程序界面，将光标定位到程序开头，如图 1-2-5 所示。

2)在机床控制面板上按下 AUTO 键，进入加工界面。屏幕显示加工位置、进给值、主轴值、刀具值，如图 1-2-6 所示。

图 1-2-5 程序选择

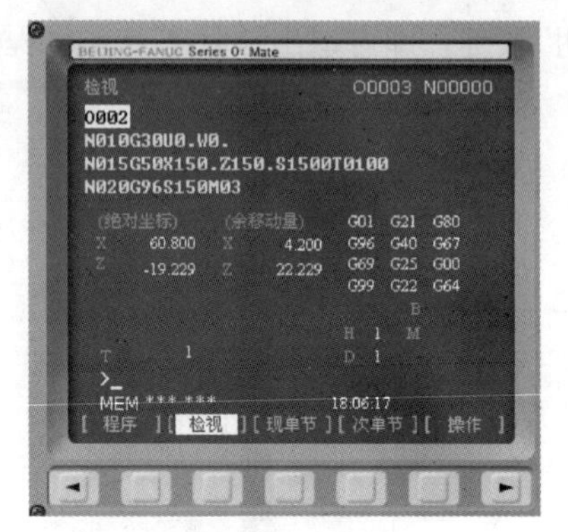

图 1-2-6 加工界面

3)程序控制面板如图 1-2-7 所示。按下空运行键，返回加工界面。

4)在机床控制面板上按下 NC 启动键，即可空运行零件程序。

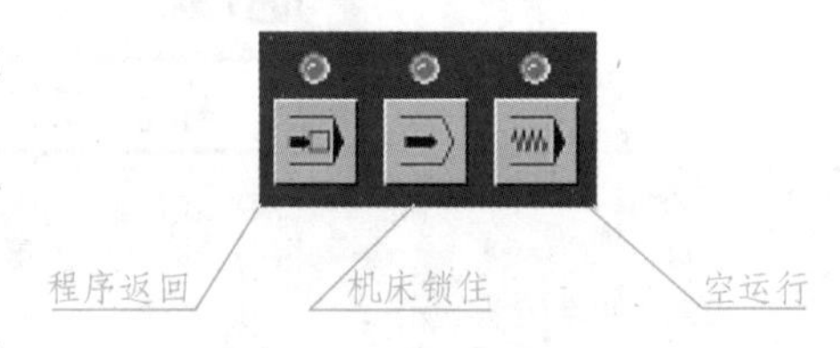

图 1-2-7 程序控制面板

由于空运行方式的进给速度较大，容易发生碰撞，因此若不太熟练，建议仍在正常的运行状态，并采用单段方式控制程序的运行。具体操作如下：

①在程序控制界面中，将光标定位到待加工程序，选择程序，待加工程序名即出现在加工区域。

②在机床控制面板上按下单程序段键，再按下 NC 启动键，即可单段执行零件程序。

由于单段方式的进给速度与正常加工时一致，而且是每按一次键执行一步，所以便于检查程序每步的运行状态、运行结果。建议初学者使用单段方式运行程序。

任务实施

1)认真阅读本任务相关知识。

2)指出数控车床面板各组成部分的名称及功能，并填写表 1-2-6。

表 1-2-6 FANUC 0i 系统数控车床面板各功能键名称及功能

序 号	名 称	功 能
1	EDIT	
2	JOG	
3	MEM	
4	MDI	

续表

序　号	名　称	功　能
5	HND	
6	PROG	
7	DELETE	
8	INSERT	
9	ALTER	
10	POS	

3)完成手动回参考点、主轴正转、JOG手动、手轮移动、程序编辑等各项操作。

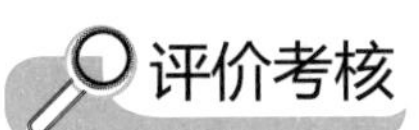

评价考核

评价标准如表1-2-7所示。

表1-2-7　评价标准表

序号	项目	熟练且准确	较熟练但准确	基本准确	生疏欠准确	自测	互测	得分
1	正确认识各功能键作用	15分	12分	9分	8分及以下			
2	正确输入与修改程序	15分	12分	9分	8分及以下			
3	正确完成回参考点操作	15分	12分	9分	8分及以下			
4	正确使用JOG	10分	8分	6分	5分及以下			
5	正确使用手轮	15分	12分	9分	8分及以下			
6	正确完成装置正转操作	15分	12分	9分	8分及以下			
7	安全文明操作	15分	12分	9分	8分及以下			
总成绩								
学生任务实施过程的小结及反馈：								
教师点评：								

任务三　广数GSK980TD系统数控车床面板及其操作

任务目标

1. 了解广数GSK980TD系统的特点。

2. 了解广数 GSK980TD 系统数控车床的基本操作流程。
3. 熟练掌握广数 GSK980TD 系统数控车床程序的编辑方法。
4. 熟练掌握广数 GSK980TD 系统数控车床面板各功能键的使用方法。
5. 熟练掌握广数 GSK980TD 系统的操作注意事项。

任务描述

通过广数 GSK980TD 系统数控车床面板的学习，能熟练使用各功能键实现数控车床的基本操作与程序的编辑方法。

知识准备

一、广数 GSK980TD 面板

(一)系统面板简介

广数 GSK980TD 面板如图 1-3-1 所示。

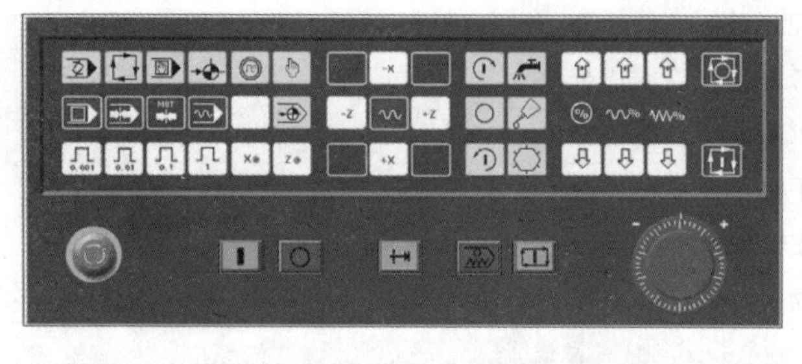

图 1-3-1 GSK980TD 面板

GSK980TD 系统的方式选择按键及其功能如表 1-3-1 所示。

表 1-3-1 GSK980TD 系统的方式选择按键及其功能

图 标	字 符	功 能
	EDIT	用于直接通过操作面板输入数控程序和编辑程序
	AUTO	进入自动加工模式
	REF	回参考点
	JOG	手动方式，手动连续移动台面或者刀具
	MDI	手动数据输入

续表

图　标	字　符	功　能
	HNDL	手摇脉冲方式

GSK980TD 系统面板的按键及其功能如表 1-3-2 所示。

表 1-3-2　GSK980TD 系统面板的按键及其功能

按　键	图　标	功　能
数控程序运行控制开关		单程序段
		机床锁住
	 MST	辅助功能锁定
		空运行
		程序回零
	 X	手轮 X 轴选择
	 Z	手轮 Z 轴选择
机床主轴手动控制开关		手动开机床主轴正转
	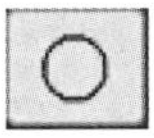	手动关机床主轴
		手动开机床主轴反转
辅助功能按钮		切削液
		润滑液
		换刀具
手轮进给量控制按钮	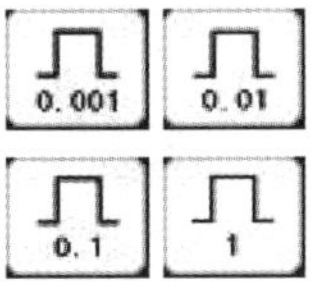 0.001　0.01　0.1　1	选择手动台面时每一步的距离：0.001 mm、0.01 mm、0.1 mm、1 mm

续表

按　键	图　标	功　能
程序运行控制开关		循环停止
		循环启动
		MST 选择停止
系统控制开关		NC 启动
		NC 停止
手动轴向运动开关	-X -Z +Z +X	选择移动轴，正方向移动按钮，负方向移动按钮
		快速进给
升降速按钮		主轴倍率/快速进给倍率/进给速度倍率
紧急停止按钮		用于紧于停止正在运行的机器
手轮		

(二)GSK980TD 数控系统的输入面板

GSK980TD 数控系统的输入面板如图 1-3-2 所示。

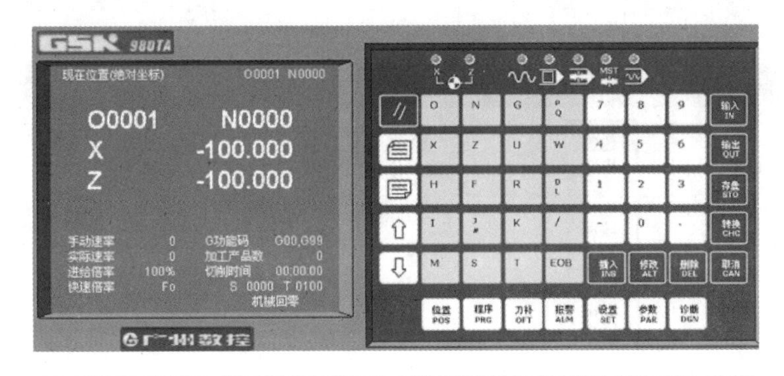

图 1-3-2　GSK980T 输入面板

各按键功能如表 1-3-3 所示。

表 1-3-3　输入面板各按键及其功能

按键		图标	功能
数字/字母键	数字键	7 8 9 4 5 6 1 2 3 - 0 .	数字/字母键用于输入数据到输入区域如图 1-3-3 所示，系统自动判别取字母还是取数字
	字母键	O N G P Q X Z U W H F R D L I J # K / M S T EOB	
编辑键		转换 CHG	位参数，位诊断含义显示方式的切换
		取消 CAN	消除输入键输入缓冲寄存器中的字符或符号。缓冲寄存器的内容由 CRT 显示。例：键输入缓冲寄存器的显示为：N001 时，按(CAN)键，则 N001 被取消
		删除 DEL	用于程序的删除的编辑操纵
		修改 ALT	用于程序的修改的编辑操纵
		插入 INS	用于程序的插入的编辑操纵

续表

按键	图标	功能
页面切换键	位置 POS	按下其键，CRT 显示现在位置，共有 4 页：相对、绝对、总和、位置/程序，通过翻页键转换
	程序 PRG	程序的显示、编辑等，共有 3 页：MDI/模、程序、目录/存储量
	刀补 OFT	显示，设定补偿量和宏变量，共有两项：偏置、宏变量
	报警 ALM	显示报警信息
	设置 SET	显示，设置各种设置参数，参数开关及程序开关
	参数 PAR	显示，设定参数
	诊断 DGN	显示各种诊断数据
翻页按钮(PAGE)		使 LCD 画面的页，逆方向更换
		使 LCD 画面的页，顺方向更换
光标移动(CURSOR)		使光标向上移动一个区分单位
		使光标向下移动一个区分单位
复位键	//	解除报警，CNC 复位
输入键	输入 IN	输入键。用于输入参数，补偿量等数据。从 RS232 接口输入文件的启动。MDI 方式下程序段指令的输入
输出键	输出 OUT	输出键。从 RS232 接口输出文件启动

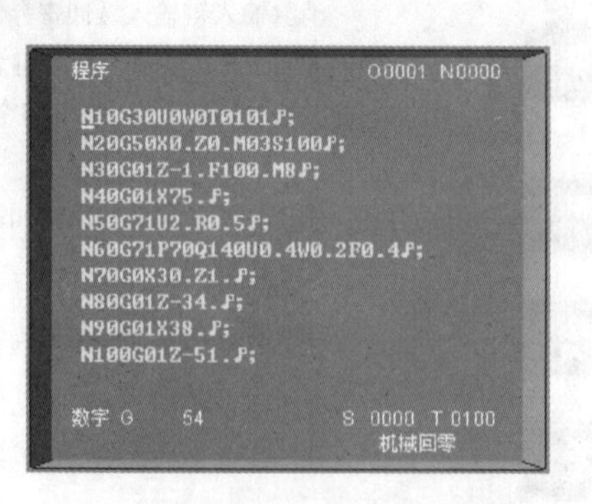

图 1-3-3 输入区域

(三)基础操作

1. 手动返回参考点

1)按下回参考点键，选择回参考点操作方式，这时屏幕右下角显示“机械回零”。

2)按下手动轴向运动开关和，可回参考点。

3)返回参考点后，返回参考点指示灯亮，如图1-3-4所示。

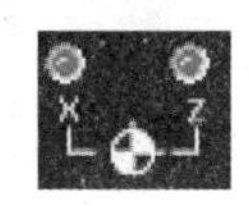

图1-3-4　返回参考点指示灯

注意：

1)返回参考点结束时，返回参考点结束指示灯亮。

2)返回参考点结束指示灯亮时，在下列情况下灭灯。

①从参考点移出时；

②按下急停开关。

3)参考点方向主要参照机床厂家的说明书进行选择。

2. 手动返回程序起点

1)按下程序回零键，选择返回程序起点方式，这时屏幕右下角显示“程序回零”。

2)选择移动轴，机床沿着程序起点方向移动。回到参考点时，坐标轴停止移动，有位置显示的地址[X]、[Z]、[U]、[W]闪烁。返回参考点指示灯亮(见图1-3-4)。程序回零后，自动消除刀偏。

3. 手动连续进给

1)按下手动方式键，选择手动操作方式，这时屏幕右下角显示“手动方式”。

2)选择移动轴，机床沿着选择轴方向移动。

注意：手动操作期间只能一个轴运动，如果同时选择两轴，也只能是先选择的那个轴运动。如果选择2轴机能，可手动2轴开关同时移动。

3)调节JOG进给速度。

4)快速进给。按下快速进给倍率键时，同带自锁的按钮，进行“开→关→开…”状态切换，当为“开”状态时，位于面板上部的指示灯亮；当为“关”状态时，指示灯灭。当为“开”状态时，手动以快速速度进给。当快速进给键为“开”状态时，刀具在已选择的轴方向上快速进给。

注意：

1)快速进给时的速度、时间常数、加减速方式与用程序指令的快速进给(GOO定位)相同。

2)在接通电源或解除急停后，如没有返回参考点，当快速进给键为“开”状态时，手动进给速度为JOG进给速度或快速进给，由参数(№012 LSO)选择。

3)在编辑/手轮方式下，按键无效，指示灯灭。其他方式下可快速进给，转换方式时取消快速进给。

4. 手轮进给

转动手摇脉冲发生器，可以使机床微量进给。

1)按下手摇脉冲方式键，选择手轮方式，这时屏幕右下角显示“手轮方式”。

2)选择手轮运动轴。在手轮方式下，按下“X”键和“Z”键。

注意：在手轮操作方式下，按键有效。所选手轮轴的地址[U]或[W]闪烁。

3)转动手轮。

4)选择移动量：按下手轮进给量控制按钮选择移动增量，相应在屏幕左下角显示移动增量。手轮进给量控制按钮对应的移动量如表 1-3-4 所示。

表 1-3-4 每一刻度的移动量

输入单位制	0.001	0.01	0.1
公制输入/mm	0.001	0.01	0.1

注意：

1)表 1-3-4 中的数值根据机械不同而不同。

2)手摇脉冲发生器的速度要低于 5 r/s。如果超过此速度，即使手摇脉冲发生器回转结束了，也不能立即停止，会出现刻度和移动量不符现象。

3)在手轮方式下，按键有效。

5. 手动辅助机能操作

(1)手动换刀

手动/手轮方式下，按下换刀具键，刀架旋转换下一把刀(参照机床厂家的说明书)。

(2)切削液开关

手动/手轮方式下，按下键，同带自锁的按钮，进行“开→关→开……”状态切换。

(3)润滑开关

手动/手轮方式下，按下键，同带自锁的按钮，进行“开→关→开……”状态切换。

(4)主轴正转

手动/手轮方式下，按下键，主轴正向转动起动。

(5)主轴反转

手动/手轮方式下，按下键，主轴反向转动起动。

(6)主轴停止

手动/手轮方式下，按下键，主轴停止转动。

(7)主轴倍率增加、减少(主轴模拟机能时)

增加主轴倍率时，按一次主轴升速键，主轴倍率从当前倍率按照下面的顺序增加一挡：50%→60%→70%→80%→90%→100%→110%→120%……

减少主轴倍率时：按一次主轴降速键，主轴倍率从当前倍率按照下面的顺序递减一挡：120%→110%→100%→90%→80%→70%→60%→50%……

注意：相应倍率变化在屏幕左下角显示。

(8)其他操作

回零完成：返回参考点后，已返回参考点轴的指示灯亮，移出零点后灯灭。

当没有切削液或润滑液输出时，按下切削液或润滑液键，输出相应的点。当有切削液或润滑输液出时，按下切削液或润滑液键，关闭相应的点。主轴正转/反转时，按下反转/正转键时，主轴也停止。但会出现报警信息 06：M03，M04 码指定错。在换刀过程中，换刀具键无效，按下 RESET 键或紧急停止按钮可关闭刀架正/反转输出，并停止换刀过程。

在手动方式起动后，改变方式时，输出保持不变，但可通过自动方式执行相应的 M 代码关闭对应的输出。同样，在自动方式执行相应的 M 代码输出后，也可在手动方式下按相应的键关闭相应的输出。

在主轴正转/反转时，未执行 M05 而直接执行 M04/M03 时，M04/M03 无效，主轴继续正转/反转，但显示会出现报警信息 06：M03，M04 码指示错。

复位时，对 M08、M32、M03、M04 输出点是否有影响取决于参数(P009 RSJG)。

紧急停止时，关闭主轴、切削液、润滑液、换刀输出。

6. 运转方式

(1)存储器运转

首先把程序存入存储器中，然后选择要运行的程序。

在自动方式下，按下循环启动按钮键，开始执行程序。

(2)MDI 运转

从 LCD/MDI 面板上输入一个程序段的指令，并可以执行该程序段。例如：

X10.5 Z200.5;

1)在 MDI 方式下按 PROG 键，进入程序编辑界面。

2)按下换页键后，选择在左上方显示“程序段值”的界面，如图 1-3-5 所示。

3)输入“X10.5”，按 IN 键，则显示输入。按 IN 键之前，若发现输入有误，可按 CAN 键，然后再次输入 X 和正确的数值。如果按 IN 键后发现错误，再次输入正确的数值即可。

4)用同样方法输入“Z200.5”。

5)按循环启动键。按循环启动键前，取消部分操作内容。为了要取消输入“Z200.5”，其方法如下：

①依次按“Z、”CAN 键。

②按循环启动键。

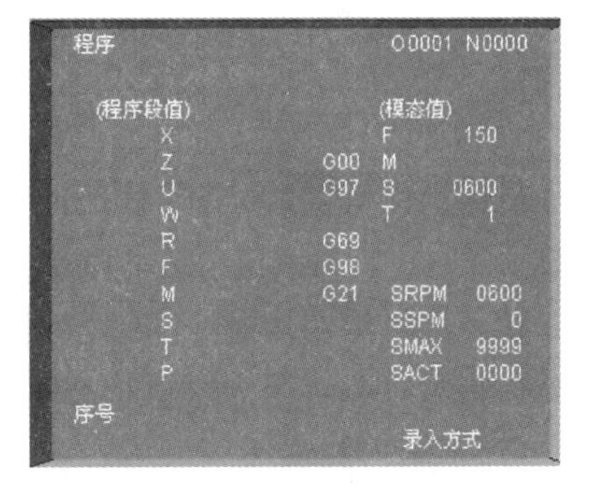

图 1-3-5　程序编辑界面

7. 自动运转的启动

存储器运转：

1)选择自动方式。

2)选择程序。

3)在操作面板上按循环启动键。

8. 自动运转的停止

使自动运转停止的方法有两种，一是用程序事先在要停止的地方输入停止命令，二是在按操作面板上按循环停止键。

(1)程序停止(M00)

含有 M00 的程序段执行后，停止自动运转，与单程序段停止相同，模态信息全部被保存起来。用 CNC 启动，能再次开始自动运转。

(2)程序结束(M30)

1)表示主程序结束。

2)停止自动运转，变成复位状态。

3)返回到程序的起点。

(3)进给保持

在自动运转中，按操作面板上的进给保持键可以使自动运转暂时停止。

按进给保持键后，机床呈下列状态：

1)机床在移动时，进给减速停止。

2)在执行暂停中，休止暂停。

3)执行 M、S、T 的动作后，停止。

按循环启动键后，程序继续执行。

(4)复位

按 LCD/MDI 上的复位键，可以使自动运转结束，变成复位状态。在运动中如果进行复位，则机械减速停止。

9. 试运行

(1)全轴机床锁住

机床锁住键为“开”状态时，机床不移动，但位置坐标的显示和机床运动时一样，并且 M、S、T 都能执行。此功能用于程序校验。

按一次机床锁住键，同带自锁的按钮，进行“开→关→开……”状态切换，当为“开”状态时，指示灯亮，当为“关”状态时，指示灯灭。

(2)辅助功能锁住

如果机床操作面板上的辅助功能锁定键为“开”状态，M、S、T 代码指令不执行，与机床锁住功能一起用于程序校验。

注意：M00、M30、M98、M99 按常规执行。

10. 进给速度倍率

按下进给速度倍率键，可以对由程序指定的进给速度倍率。

进给速度具有 0%～150%的倍率。

注意：进给速度倍率键与手动连续进给速度键通用。

11. 快速进给倍率

快速进给倍率有 F0、25%、50%、100%四挡。

可对下面的快速进给速度以 100%、50%、25%的倍率或者 F0 的值进行调整。

1)G00 快速进给。

2)固定循环中的快速进给。

3)G28 时的快速进给。
4)手动快速进给。
5)手动返回参考点的快速进给。
当快速进给速度为 6 m/min 时，如果倍率为 50%，则速度为 3 m/min。

12. 空运行

当空运行键为“开”状态时，不管程序中如何指定进给速度，均以表 1-3-5 中的速度运行。

表 1-3-5 进给速度

程序指令 按钮状态	快速进给	切削进给
手动快速进给键“开”状态(ON)	快速进给	JOG 进给最高速度
手动快速进给键“关”状态(OFF)	JOG 进给速度或快速进给	JOG 进给速度

注意：用参数设定(RDRN，№004)也可以快速进给。

13. 进给保持后或者停止后的再启动

在进给保持键为“开”状态(自动方式或者录入方式)时，按循环启动键，则继续自动循环。

14. 单程序段

当单程序段键为“开”状态时，单程序段指示灯亮，执行程序的一个程序段后，停止。如果再按循环启动键，则执行完下一个程序段后，停止。

注意：

1)在 G28 中，即使是中间点，也进行单程序段停止。
2)在单程序段键为“开”状态时，执行固定循环 G90，G92，G94，G70～G75 时，如下述情况：
(…………………→快速进给，________________→切削进给)。
3)M98、M99 及 G65 的程序段不能单程序段停止，但在 M98、M99 程序段中，除 N、O、P 以外还有其他地址时，能让单程序段停止。

15. 急停

按下紧急停止按钮，可以使机床立即停止移动，并且所有的输出(如主轴的转动、切削液等)全部关闭。解除紧急停止状态后，则所有的输出需重新启动。

注意：

1)紧急停止时，电动机的电源被切断。
2)在解除紧急停止状态以前，要消除机床异常的因素。

16. 超程

如果刀具进入了由参数规定的禁止区域(存储行程极限)，则显示超程报警，刀具减速后停止。此时手动把刀具向安全方向移动，按复位键，即可解除报警。

(四)程序存储、编辑

1. 程序存储、编辑操作前的准备

在介绍程序的存储、编辑操作之前，先介绍一下操作前的准备。

1)把程序保护开关置于 ON 位置上。

2)选择编辑方式。

3)按下 PROG 键后，显示程序，后方可编辑程序。

2. 选择数控程序

1)按下 PROG 键，显示程序界面。

2)按下[°]键，输入要检索的程序号，如“7”。

3)按下[⇩]键，找到数控程序后，则在屏幕右上角显示“07”，同时显示 NC 程序。

3. 删除数控程序

1)选择编辑方式。

2)按下 PROG 键，显示程序界面。

3)按下[°]键，输入程序号，如“7”。

4)按下 DEL 键，则在存储器中程序号为 07 的程序被删除。

4. 删除全部程序

1)选择编辑方式。

2)按 PROG 键，显示程序界面。

3)按[°]键，输入“－9999”并按下 DEL 键，则删除全部程序。

5. 顺序号检索

顺序号检索通常是检索程序内的某一顺序号，一般用于从这个顺序号开始执行程序或者编辑程序。

由于检索而被跳过的程序段对 CNC 的状态无影响。也就是说，被跳过的程序段中的坐标值、M、S、T 代码、G 代码等对 CNC 的坐标值、模态值不产生影响。因此，利用顺序号检索指令，开始或者再次开始执行程序段时，需要用设定必要的 M、S、T 代码及坐标系等。进行顺序号检索的程序段一般位于工序的相接处。

如果必须检索工序中某一程序段并以其为起点执行时，需要查清此时的机床状态、CNC 状态并需要对其对应的 M、S、T 代码和坐标系进行设定等，可在编辑方式输入参数，执行设定内容。

检索存储器中存入程序号的步骤：

1)选择自动或编辑方式。

2)按下 PROG 键，显示程序界面。

3)选择要检索顺序号的所在程序。

4)按地址键 N，输入要检索的顺序号。

5)按下[⇩]键，检索结束时，在屏幕右上部显示已检索的顺序号。

注意：在顺序号检索过程中，不执行M98程序段(调用的子程序)，因此，在自动方式下进行检索时，如果要检索现在选出程序中所调用的子程序内的某个顺序号，就会出现报警P/S(№060)。

例如，在图1-3-6所示程序中，如果要检索N8888，则会出现报警。

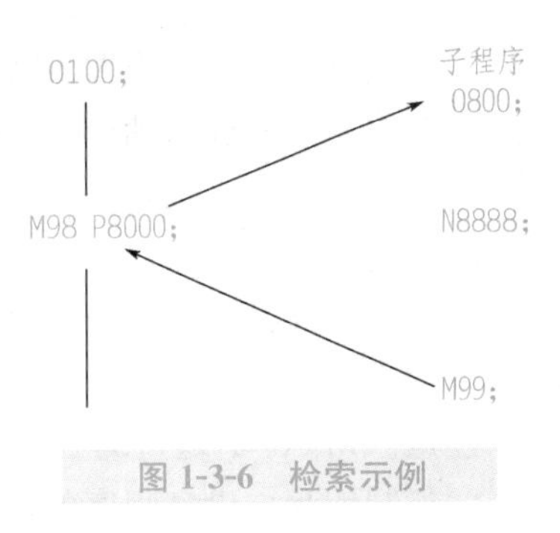

图1-3-6　检索示例

6. 字的插入、修改、删除

可以改变存入存储器中程序的内容，方法如下。

(1)选择编辑方式。

(2)按下PROG键，显示程序界面。

(3)选择要编辑的程序。

(4)检索要编辑的字，进行字的修改、插入、删除等编辑操作。

(五)数据的显示、设定

1. 补偿量

(1)刀具补偿量的设定和显示。

刀具补偿量的设定方法可分为绝对值输入和增量值输入两种。

1)绝对值输入：

①按TOFT键刀补OFT，因为显示分为多页，按换页键，选择需要的页，如图1-3-7所示。

②把光标移到要输入补偿号的位置。

扫描法：按上、下光标移动键顺次移动光标。

检索法：直接移动光标至输入的位置。

③在地址X或Z后，按IN键，输入补偿量(可以输入小数点)。

偏置　O0007 N0000

NO.	X	Z	R	T
G01	0.000	0.000	0.000	0
G02	0.000	0.000	0.000	0
G03	0.000	0.000	0.000	0
G04	-220.000	140.000	0.000	0
G05	-232.000	140.000	0.000	0
G06	0.000	0.000	0.000	0

现在位置(相对位置)
U 0.000 W 0.000
序号 X　S 0000 T 0100
机械回零

图1-3-7　选择需要的页

2)增量值输入：

①把光标移到要变更的补偿号的位置。

②如要改变X轴的值，输入“U”，对于Z轴，输入“W”。

③输入增量值。

④按下IN键，把现在的补偿量与输入的增量值相加，其结果作为新的补偿量显示出来。例如，已设定的补偿量为5.678，输入的增量为1.5，则新设定的补偿量为7.178(5.678+1.5)。

注意：在自动运转过程中，变更补偿量时，新的补偿量不能立即生效，必须在指定其补偿号的T代码被执行后，才开始效。

2. 设置参数的设定

(1)设置参数设定和显示

1)选择编辑方式。

2)按下SET键，显示设置参数。

3)按翻页键，显示设置参数开关及程序开关页，如图 1-3-8 所示。

4)按上、下光标移动键，将光标移到要变更的项目上。

5)按以下说明，输入“1”或“0”。

①奇偶校验(TVON)未用。

②ISO 代码(ISO)：当把存储器中的数据输入/输出时选用的代码。1 代表 ISO 码，0 代表 EIA 码。

注意：用 980T 通用编程器时，设定为 ISO 码。

③英制编程。设定程序的输入单位是英寸(in，1in≈2.45cm)还是毫米(mm)。1 代表英寸，0 代表毫米。

④自动序号。

0 表示在编辑方式下输入程序时，顺序号不能自动插入。

1 表示在编辑方式下输入程序时，顺序号能自动插入。各程序段间顺序号的增量值，可事先用参数 P042 设置。

6)按 IN 键，各设置参数被设定并显示出来。

(2)参数开关及程序开关状态的设置

1)按下 SET 键。

2)按下翻页键，显示参数开关及程序开关状态界面，如图 1-3-9 所示。

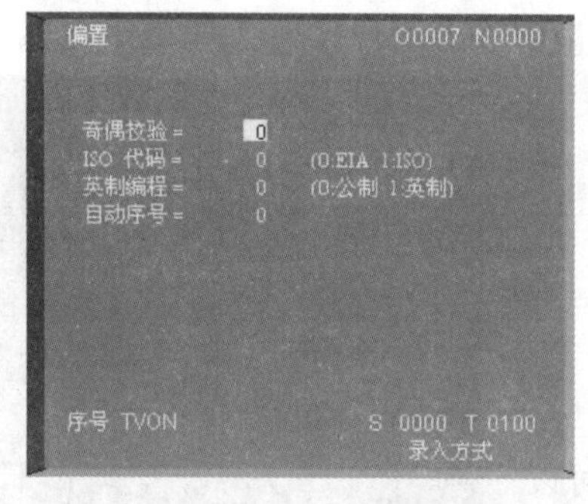

图 1-3-8 显示内容(一)

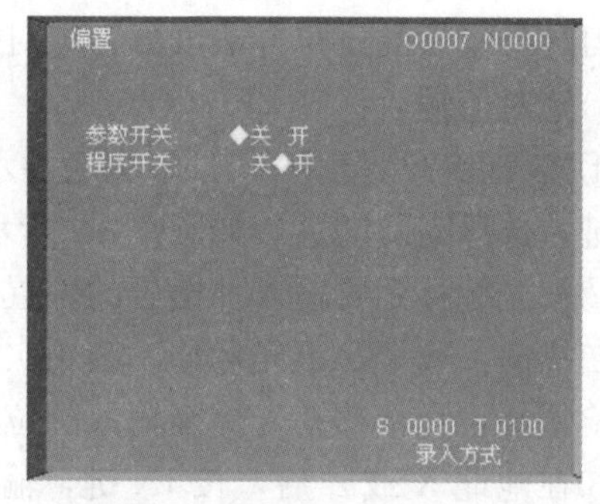

图 1-3-9 显示内容(二)

按下 W、D/L 键可使参数开关及程序开关处于“关”“开”状态。参数处于“开”状态时，CNC 显示 P/S100 号报警，此时可输入参数，输入完毕后，使参数开关处于“关”状态，按 RESET 键按后可清除 100 号报警。

二、广数 GSK980TD 操作

(一)MDI 运行

在程序编辑界面进行以下操作：

1)M03 输入；S500 输入；循环启动；

2)G00 输入；X200 输入；Z300 输入；循环启动；

3)T0303 输入；循环启动；

(二)手轮或手动方式

1)在手轮或手动方式下，移动坐标轴至(X150.00，Z150.00)，期间注意调节不同的进给速率。

2)将刀架移至安全位置，按下键进行换刀操作。

3)按下键，主轴正转，同时调节主轴倍率以在一定范围内获得不同转速。按下键，主轴停轴；按下键，主轴反转；按下键，打开切削液；再次按下键，关闭切削液。

(三)程序录入与编辑

在编辑方式下，输入以下程序：

```
O0001
N10 G00   X100   Z100
N20 M03   S500
N30 T0101
N40 G00   X50   Z2
N50 G01   Z-40   F100
N60 X55
N70 G00   X100   Z100
N80 T0202
N90 G00   X49   Z2
N100 G01   Z-40   F80
N110 X55
N120 G00   X100   Z100
N130 T0100
N140 M05
N150 M30
```

(四)对 O0001 程序进行图形模拟

在图形界面(按两次 SET 键)，翻页至图形模拟界面，按下键及键，锁住机床轴及辅助功能，随后按下循环启动键。观察刀具运行轨迹，并参照程序及当前坐标位置比较刀具的运行路线。

任务实施

1)认真阅读本任务相关知识。

2)指出数控车床面板各组成部分的名称及功能，并填写表 1-3-6。

表 1-3-6 FANUC 0i mate—TC 系统数控车床面板各功能键名称及功能

序　号	按　键	功　能
1		
2		
3		
4	程序 PRG	
5		
6	刀补 OFT	
7		
8		
9		
10		

3)完成手动回参考点、主轴正转、JOG 手动、手轮移动、程序编辑等各项操作。

评价考核

评价标准如表 1-3-7 所示。

表 1-3-7　评价标准表

序号	项目	熟练且准确	较熟练但准确	基本准确	生疏欠准确	自测	互测	得分
1	正确认识各功能键作用	15 分	12 分	9 分	8 分及以下			
2	正确输入与修改程序	15 分	12 分	9 分	8 分及以下			
3	正确完成回参考点操作	15 分	12 分	9 分	8 分及以下			
4	正确使用 JOG	10 分	8 分	6 分	5 分及以下			
5	正确使用手轮	15 分	12 分	9 分	8 分及以下			
6	正确完成装置正转操作	15 分	12 分	9 分	8 分及以下			
7	安全文明操作	15 分	12 分	9 分	8 分及以下			
总成绩								
学生任务实施过程的小结及反馈：								
教师点评：								

项目二

数控车床基本操作

项目描述

本项目主要介绍数控车床的基本操作包括数控车床坐标系及基本操作、对刀操作和数控车削程序的输入、编辑与运行等知识。

知识目标

1. 掌握数控车床操作面板上各按键、旋钮的功能。
2. 掌握数控程序的输入与编辑方法。
3. 了解数控车床的机床坐标系统和工件坐标系。
4. 能够确定数控车床坐标系及各相关点的位置。
5. 掌握数控车床正确对刀方法。

技能目标

通过对本项目学习，使学生能够进行数控车床面板的正确操作，学会对刀操作，掌握数控程序的输入与编辑方法，能够正确地建立工件坐标系，为今后学习数控车床切削加工打下良好的基础。

任务一　数控车床坐标系及基本操作

任务目标

1. 了解数控车床的机床坐标系统和工件坐标系。
2. 熟悉数控车床界面及软件操作界面。

3. 学会合理确定工件坐标系。
4. 掌握数控车床操作面板上各按键、旋钮的功能。
5. 能够对系统操作面板、用户面板进行正确操作。

任务描述

数控车床操作是数控车削加工技术的重要环节，是通过对系统操作面板和机床操作面板进行操作的。本项目以 FANUC 0i 系统为例进行介绍，要求学生掌握数控车床操作面板各按键、旋钮的名称及功能。

知识准备

一、数控机床的坐标系

数控车床坐标系统分为机床坐标系和工件坐标系。关于数控车床的坐标系及其运动方向，在国标标准中有统一的规定。

1. 规定原则

标准的机床坐标系采用右手笛卡儿直角坐标系，如图 2-1-1 所示。右手的拇指、食指、中指互相垂直，分别代表 $+X$、$+Y$、$+Z$ 轴。围绕 $+X$、$+Y$、$+Z$ 轴的回转运动分别用 $+A$、$+B$、$+C$ 表示，其正向用右手螺旋法则确定。

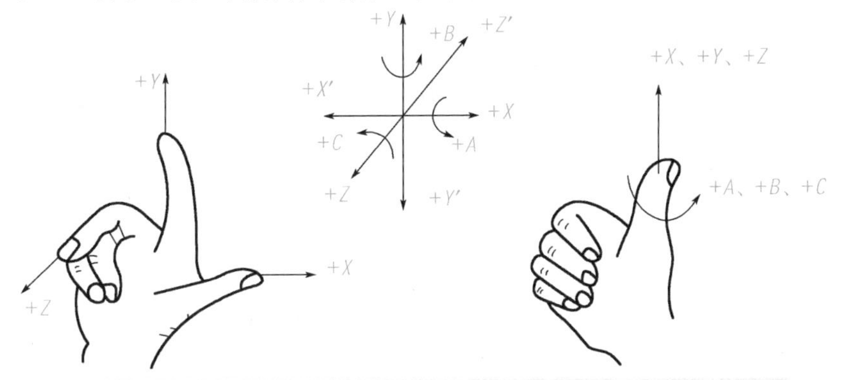

图 2-1-1　右手笛卡儿直角坐标系

2. 机床坐标系坐标轴的确定方法及步骤

确定机床坐标轴时，一般先确定 Z 轴，然后确定 X 轴。

(1)Z 轴的确定

Z 轴的方向一般根据产生切削力的主轴轴线方向来确定，刀具远离工件的方向为 Z 轴正方向。

(2)X 轴的确定

平行于导轨面，且垂直于 Z 轴的坐标轴为 X 轴。对于数控车床，在水平面内取垂直工件回转轴线(Z 轴)的方向为 X 轴，刀具远离工件的方向为正向，如图 2-1-2 所示。

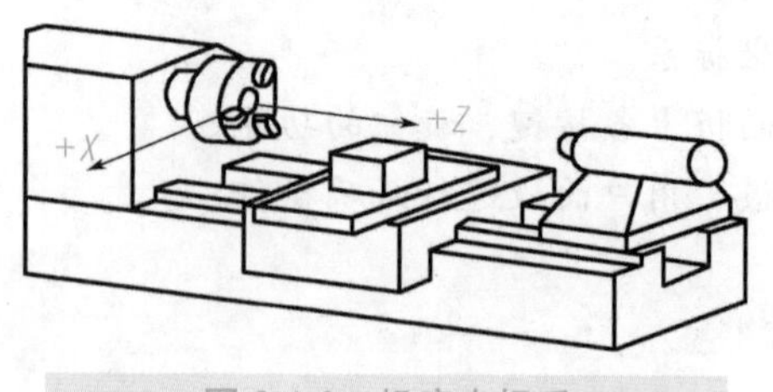

图 2-1-2 机床坐标系

3. 机床原点与机床参考点

(1)机床原点

机床原点(亦称为机床零点)是机床上设置的一个固定的点，即机床坐标系的原点，如图 2-1-3 所示。

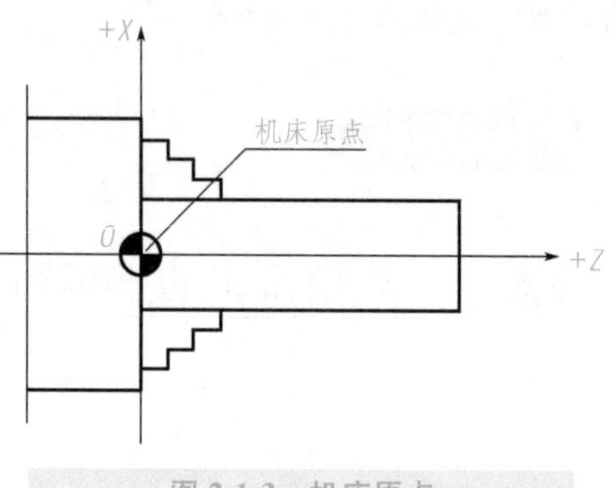

图 2-1-3 机床原点

(2)机床参考点

机床参考点是数控机床上一个特殊位置的点，通常第一参考点一般位于靠近机床原点的位置，并由机械挡块来确定其具体位置。机床参考点与机床原点的距离由系统参数设定，其值可以是零。如果其值为零，则表示机床参考点和机床原点重合。

二、工件坐标系

工件坐标系是编程人员在编程时使用的，编程人员选择工件上的某一已知点为原点(也称程序原点)，建立一个新的坐标系，称为工件坐标系。工件坐标系一旦建立便一直有效，直到被新的工件坐标系所取代。

三、对刀点与换刀点

对刀点是数控加工中刀具相对于工件运动的起点，是零件加工的起始点。

换刀点是刀架转位换刀时所在的位置，可选在远离工件和尾座便于换刀的位置。

任务实施

一、开机前的准备

必须认真阅读机床的使用说明书、数控系统编程与操作说明书。掌握机床的各个操作键的功能和编程规定。

开机前，仔细检查数控车床各传动副及运动副是否得到充足的润滑，并在每班开机前对机床进行一次润滑。检查动力电源电压是否与机床电气的电压相符，接地是否正确可靠，X、Z 方向的定位行程撞块是否松动和缺损。检查无误后，启动机床操作各控制按钮，检查机床运转是否正常。检查 X、Z 轴的 3 个运动方向是否正确无误。

二、机床开机

打开机床总电源开关，接通机床电源，按下面板上的系统启动开关，系统通电，CRT 显示初始界面。系统进行自检查状态，旋起紧急停止按钮，并按 RESET 键解除报警。系统进入待机状态，可以进行操作。

三、机床关机

按 RESET 键复位系统，按下紧急停止按钮，以减少电流对系统硬件的冲击，按下机床面板上的系统停止开关，系统断电，关闭机床总电源。

四、回参考点

开机后，必须首先进行回参考点(回零)操作。具有断电记忆功能绝对编码器的机床不需要进行回参考点操作。

回参考点的目的是建立机床坐标系。

1)按下程序回零键，然后按"＋X"键，刀架向 X 正方向移动，CRT 上坐标参数显示变化。待 X 回零指示灯亮了，表明该轴已回到参考点。

2)待 X 轴回零指示灯亮后，方可按下"＋Z"键，刀架向 Z 正方向移动，CRT 上坐标参数显示变化。待 Z 回零指示灯亮了，表明该轴已回到参考点。

3)回参考点结束后，方可进行其他操作。

五、手动方式

1. 刀架连续或点动运行

1)进入手动运行方式，分别按"－X""＋X""－Z""＋Z"键，可以使刀架按相应的方向运动。运动速度的快慢可以通过进给倍率键调节，倍率范围为 0%～150%。

2)按住快速进给键的同时分别按住"－X""＋X""－Z""＋Z"键，可以使刀架快速移动，移动的速度可以通过手摇倍率开关来选择，倍率有 F0、25%、50%、100%。

2. 手动换刀

1)单个选刀。在手动方式下，按手动选刀键，则刀座逆时针转动 90°，同时换过一把刀。

2)连续选刀。一直按住手动选刀具键，当刀座转动到所需要的刀位时，松开键，即可进行连续选刀。

六、手轮方式

刀架的运动可以通过手轮来实现。在微动、对刀、精确移动刀架等操作中使用此功能。通过“X手摇”“Z手摇”键选择要移动的轴，通过手摇脉冲发生器的转动使刀架移动。

操作步骤：

1)按下“X手摇”键或“Z手摇”键，选择合适的倍率，转动手轮则刀架移动，移动的方向靠手轮的转动方向控制，顺时针旋转手轮，坐标轴向正方向移动；逆时针旋转手轮，刀架向负方向移动。

2)移动速度的快慢可以通过面板上“F0”“25%”“50%”“100%”。4个倍率分别(对应0.001 mm、0.01 mm、0.1 mm和1 mm)按键选择。

七、使用MDI模式开启与停止主轴

按下机床操作面板MDI功能键，选择手动数据输入方式，然后按下系统控制面板上的PROG键，屏幕显示“MDI”字样。输入主轴转速(如S500)再输入“M03”/“M04”。当设置系统转速后，才可进行主轴正、反转及停止操作。

1)按主轴正转键，即可让主轴以规定的转速正转。

2)按主轴停止键，即可让主轴停止。

3)按主轴反转键，即可让主轴以规定的转速反转。

当给系统设置一定转速后，还可以通过主轴倍率开关修调主轴转速，修调范围为50%～120%。

八、超程解除

在车床操作过程中，可能由于某种原因会使车床的溜板在某方向的移动位置超出设定的安全区域，数控系统会发出报警并停止移动，此时应按着超程释放键并沿着超程的相反方向移动溜板，直至释放被压住的限位键，解除紧急停止状态。

九、数控车床安全操作规程

1)操作者必须熟悉机床的性能、结构、传动原理以及控制原理，经过操作技术培训，考试合格后，方能上岗操作，严禁超性能使用机床。

2)操作人员工作前按规定穿戴好劳动防护用品，扎好袖口，严禁戴围巾、手套或敞开衣服操作机床，过颈长发的女工应戴工作帽。

3)使用机床时，应按规定对机床进行检查，查明电气控制是否正常，各开关、手柄位置是否在规定位置上。按动按键时用力应适度，不得用力拍打键盘和显示器。禁止敲打中心架、顶尖、刀架、导轨、主轴等部件。

4)数控车床的开机、关机顺序，一定要按照机床说明书的规定操作。严禁私自修改机床参数和修理设备。当发生危及人身安全或者设备安全的事故时，应该立即按下紧急停止按钮。

5)在每次电源接通后，必须先完成各轴的返回参考点操作，然后进入其他运行方式，以确保各轴坐标的正确性，每次应低速运行 3～5 min，查看各部分运转是否正常。

6)加工工件前，必须进行加工模拟或试运行，严格检查、调整加工原点、刀具参数、加工参数、运动轨迹，并且要将工件清理干净，特别注意装夹工件时要夹牢，以免工件飞出造成事故，完成装夹后，要注意将卡盘扳手及其他调整工具取出并拿开，以免主轴旋转后甩出造成事故。

7)工作地面应保持洁净、干燥，防止水或油污使地面打滑而造成危险，床头、刀架、床面不得放置工、量具或其他物品。对于接近机床的器具，应防止其从台面上滑下伤人。

8)在机床正常运转时，严禁打开防护门，防止铁屑拉伤。当出现长铁屑时，严禁用手清除铁屑，须用铁钩子，并注意断屑作业。

9)在操作中，禁止将脚蹬在床面、丝杠、托板以及床身油盘上，并经常注意车床运行情况，如有异声、异状或传动系统有故障，应立即按下紧急停止按钮，并先将车刀退出，及时向领导报告。断电后重新启动运行程序时，应先将刀具回机床参考点。工作中发生不正常现象或故障时，应立即停机排除，或通知维修人员检修。

10)工作完毕后，应及时清扫机床，保持机床清洁，不要弄脏、刮伤和弄掉字迹、图案，认真执行交接班制度，并填写交接记录本，做好文明生产。

评价考核

评价标准如表 2-1-1 所示。

表 2-1-1　评价标准表

序号	项目	熟练且准确	较熟练但准确	基本准确	生疏欠准确	自测	互测	得分
1	正确进行开、关机，回参考点操作	15 分	12 分	9 分	8 分及以下			
2	正确进行点动、连续移动的操作	15 分	12 分	9 分	8 分及以下			
3	正确进行手轮操作	15 分	12 分	9 分	8 分及以下			
4	正确进行手动换刀操作	10 分	8 分	6 分	5 分及以下			
5	正确使用 MDI 模式开启与停止主轴	15 分	12 分	9 分	8 分及以下			
6	掌握超程解除的方法	10 分	8 分	6 分	5 分及以下			
7	安全文明操作	20 分	15 分	10 分	0 分			
总成绩								
学生任务实施过程的小结及反馈：								
教师点评：								

知识拓展

1)进行数控车床开关机、回参考点操作。

2)分别采用点动、连续移动及手轮操作方式将刀架移动至(X120.357，Z273.135)。

3)进行手动换刀操作。

4)使用 MDI 模式开启与停止主轴操作。

5)解除超程：使机床沿 Z 轴正向超行程处于报警状态，然后查看报警信息并解除警报。

拓展练习评价标准如表 2-1-2 所示。

表 2-1-2 拓展练习评价标准表

序号	项目	熟练且准确	较熟练但准确	基本准确	生疏欠准确	自测	互测	得分
1	正确进行开、关机，回参考点操作	15 分	12 分	9 分	8 分及以下			
2	正确进行点动、连续移动的操作	15 分	12 分	9 分	8 分及以下			
3	正确进行手轮操作	15 分	12 分	9 分	8 分及以下			
4	正确进行手动换刀操作	10 分	8 分	6 分	5 分及以下			
5	正确使用 MDI 模式开启与停止主轴	15 分	12 分	9 分	8 分及以下			
6	掌握超程解除方法	10 分	8 分	6 分	5 分及以下			
7	安全文明操作	20 分	15 分	10 分	0 分			
总成绩								
学生任务实施过程的小结及反馈：								
教师点评：								

任务二 数控车床对刀操作

任务目标

1. 能够合理确定工件坐标系。
2. 掌握对刀的工作原理。

3. 掌握正确对刀操作方法。
4. 掌握对刀的注意事项。
5. 掌握对刀过程中常见问题的处理方法。

任务描述

加工图 2-2-1 所示的零件，根据图样要求确定工件坐标系并完成对刀操作。

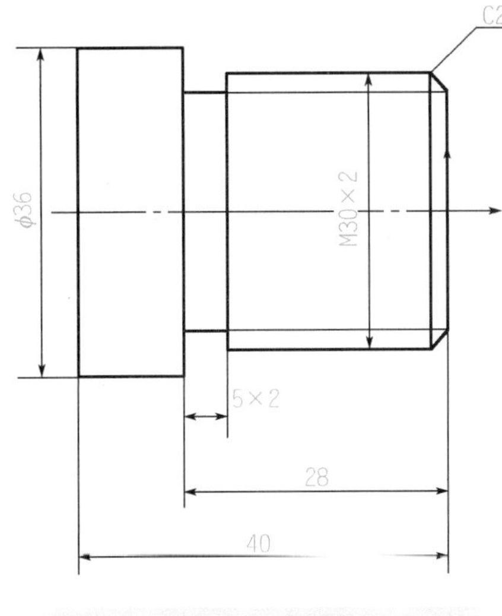

图 2-2-1　零件轮廓

任务分析

要加工出合格的零件，除了必须编制出正确的加工程序外，还要确定正确的工件坐标系，以及进行正确的对刀操作。

任务实施

一、准备工作

1)工件：材料为 45 钢，毛坯尺寸为 ϕ40 mm×60 mm。
2)设备：FANUC 0i 系统数控车床。
3)工、量、刃具：清单见表 2-2-1。

表 2-2-1　工、量、刃具清单

序号	名称	规格	数量	备注
1	千分尺	0～25 mm/0.01 mm 25～50 mm/0.01 mm	各 1 副	

续表

序号	名称	规格	数量	备注
2	游标卡尺	0～150 mm/0.02 mm	1	
3	螺纹环规	M30×2 mm	1副	
4	外圆粗、精车刀	93°	1	T01
5	切槽刀	刀宽3 mm	1	T02
6	外螺纹车刀	60°	1	T03
7	切断刀	4 mm	1	T04

二、确定工件坐标系

以工件右端面与对称中心线的交点为工件坐标系原点，建立工件坐标系。采用手动试切对刀方法进行对刀。

三、装夹方式

采用自定心卡盘夹紧定位，一次加工完成。工件伸出长度为 50 mm，以便于切断加工操作。

四、对刀操作

在对零件进行加工前，首先要进行对刀，对刀的目的是建立工件坐标系，确定工件坐标系原点相对于机床坐标系的位置。图 2-2-2 所示为数控车床对刀原理图。

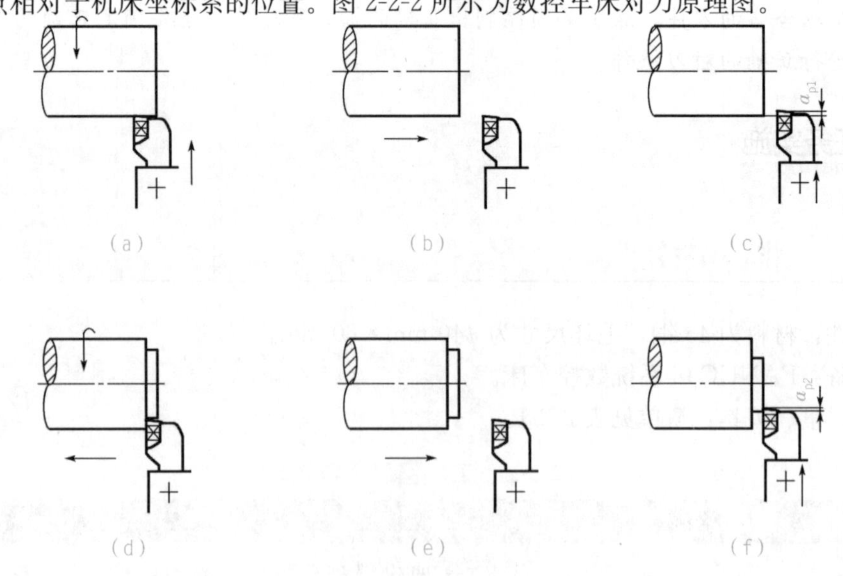

图 2-2-2 数控车床对刀原理图

(a)开车对刀；(b)向右退出车刀；(c)横向进刀 a_{p1}；(d)切削 1～2 mm；(e)退刀度量；(f)未到尺寸，再进刀 a_{p1}

1. X 轴对刀

1)MDI 方式下，按下 PROG 键，则屏幕显示“MDI”字样。输入主轴转速“M03 S500”，按下循环启动键。

2)将所需要刀具调至工作位置。MDI 方式下，按下 PROG 键，输入“T0101”，按下循环启动键，1 号刀转到当前加工位置。

3)将刀具靠近工件(在手动方式下)。

4)用刀具切削工件外圆(在手轮方式下切削长度只要够测量即可，切削深度只需能使工件车圆为止)。

5)刀具沿 Z 向退出，主轴停转，用千分尺测量工件的直径。

6)按 MDI 键盘中的 OFFSET/SETTING 键，选择“补正”及“形状”软键后，显示图2-2-3所示的刀具偏置参数窗口。移动光标移动键，选择与刀具号对应的刀补参数，输入所测的工件直径，选择“测量”软键，X 向刀具偏置参数即自动存入。

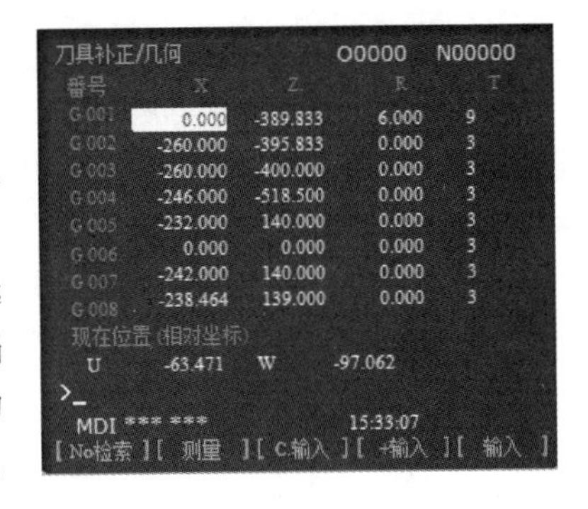

图 2-2-3　刀具偏置参数窗口

2. Z 轴对刀

1)同“X 轴对刀”步骤 1)～3)。

2)用刀具切削工件端面(在手轮方式下将端面车平为止)。

3)Z 轴不动，沿 X 轴正方向退出工件。

4)按 MDI 键盘中的 OFFSET/SETTING 键，选择[补正]及[形状]软键后，移动光标，如是一号刀，则将光标移至“G01”行中输入“Z0”，选择[测量]软键，Z 向刀具偏置参数即自动存入。

其余几把刀具的对刀方法同上。

五、对刀注意事项

1)外圆车刀、切断刀、螺纹车刀装刀要正确，车刀左外侧面要与刀架左侧平面对齐贴平。

2)1 号基准刀将基准端面、外圆车好后，2 号刀、3 号刀等不必再车端面和外圆，在对刀时轻轻对准外圆和端面，然后输入相应数据即可。

评价考核

评价标准如表 2-2-2 所示。

表 2-2-2　评价标准表

序号	项目	熟练且准确	较熟练但准确	基本准确	生疏欠准确	自测	互测	得分
1	正确确定工件坐标系	15 分	12 分	9 分	8 分及以下			
2	正确确定装夹方案	15 分	12 分	9 分	8 分及以下			

续表

序号	项目	熟练且准确	较熟练但准确	基本准确	生疏欠准确	自测	互测	得分
3	正确进行装刀	20 分	18 分	12 分	10 分及以下			
4	掌握正确对刀方法	20 分	18 分	12 分	10 分及以下			
5	正确进行换刀	10 分	8 分	6 分	5 分及以下			
6	安全文明操作	20 分	15 分	10 分	0 分			
总成绩								
学生任务实施过程的小结及反馈：								
教师点评：								

知识拓展

根据图 2-2-4 所示，选择刀具，确定工件坐标系并完成对刀操作。

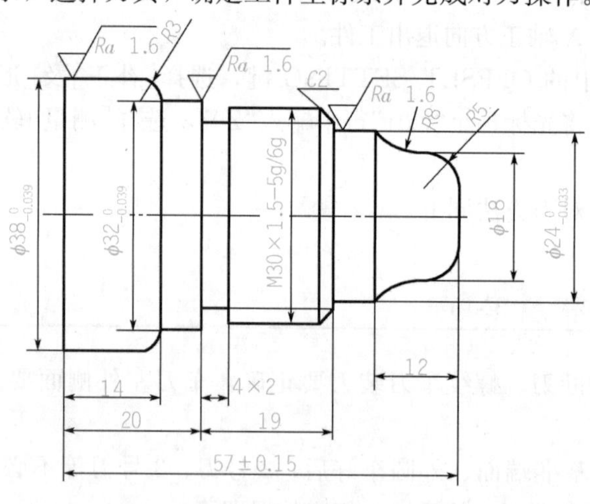

图 2-2-4 拓展练习

拓展练习评价标准如表 2-2-3 所示。

表 2-2-3 拓展练习评价标准表

序号	项目	熟练且准确	较熟练但准确	基本准确	生疏欠准确	自测	互测	得分
1	正确确定工件坐标系	15 分	12 分	9 分	8 分及以下			
2	正确确定装夹方案	15 分	12 分	9 分	8 分及以下			
3	正确进行装刀	20 分	18 分	12 分	10 分及以下			

续表

序号	项目	熟练且准确	较熟练但准确	基本准确	生疏欠准确	自测	互测	得分
4	掌握正确对刀的方法	20 分	18 分	12 分	10 分及以下			
5	正确进行换刀	10 分	8 分	6 分	5 分及以下			
6	安全文明操作	25 分	15 分	10 分	0 分			
总成绩								
学生任务实施过程的小结及反馈：								
教师点评：								

任务三　数控车削程序的输入、编辑与运行

任务目标

1. 了解数控车床程序的结构。
2. 了解数控程车床程序的格式。
3. 掌握部分数控代码的基本含义。
4. 掌握数控车床程序的输入、编辑与运行方法。
5. 掌握数控车床程序的调试、修改方法。

任务描述

如图 2-3-1 所示，零件的毛坯直径为 ϕ50 mm×75 mm，编写加工程序并正确进行程序的输入、编辑与运行。

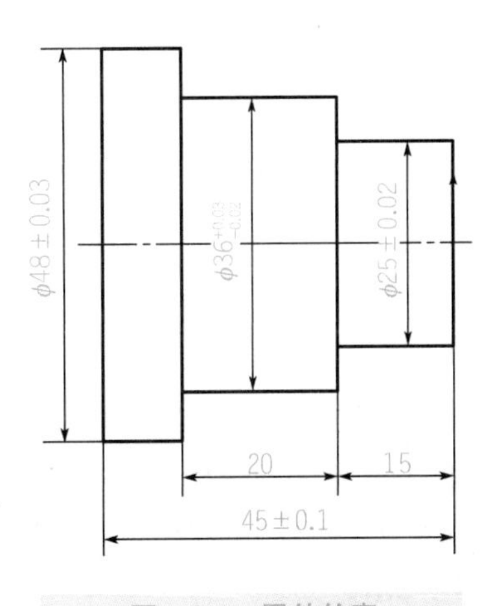

图 2-3-1　零件轮廓

任务分析

该零件为台阶轴，加工程序简单。要完成本任务零件程序的输入、编辑与运行，首先必须掌握程序的结构与指令功能。

知识准备

一、程序的结构

在数控车床上加工零件，首先要编制程序。数控指令的集合称为程序。一个完整的程序由程序名、程序内容和程序结束指令组成。

下面是一个完整的数控加工程序，该程序由程序号开始，以 M30 结束。

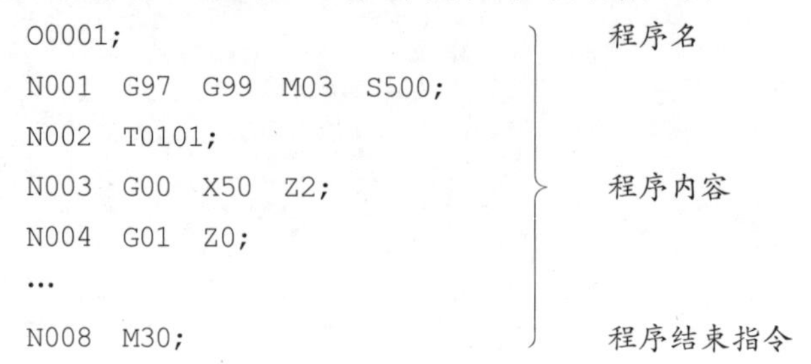

1. 程序名

FANUC 系统程序名是 O××××，其中××××是 4 位正整数，可以是 0000～9999，如 O2255。程序名一般要求单列一段且不需要段号。

2. 程序内容

程序内容是由若干个程序段组成的，表示数控机床要完成的全部动作。每个程序段由一个或多个指令构成，每个程序段一般占一行，用“;”作为每个程序段的结束代码。

程序段格式如下：

```
N_ G_ X(U)_ Z(W)_ F_ S_ T_ M_ ;
```

其中，N 为程序段号；G 为准备功能字；X、Z 为尺寸字；F 为进给功能字；S 为主轴功能字；T 为刀具功能字；M 为辅助功能字。

3. 程序结束指令

程序结束指令可用 M02 或 M30，一般要求单列一段。

二、数控车床的编程指令体系

FANUC 0i 系统为目前我国数控机床上采用较多的数控系统，其常用的功能指令分为准备功能指令、辅助功能指令及其他功能指令。

1. 准备功能指令

准备功能指令也称为 G 功能指令(或称为 G 代码)，是用来指令车床工作方式或控制系统工作方式的一种命令，G 功能指令由地址符 G 和其后的两位数字组成(00～99)，即 G00～G99，共 100 种功能，用以指示机床不同的动作。例如，用 G01 来指示运动坐标的直线进给。

G 功能指令有非模态指令和模态指令之分，非模态 G 功能指令只限于在被指示的程序段中有效，而模态 G 功能代码在同组 G 功能指令出现之前，其代码一直有效。

2. 进给功能指令

在切削零件时，用指定的速度来控制刀具运动，和切削的速度称为进给决定速度的功能称为进给功能，也称 F 功能，对于数控车床，其进给的方式可以分为每分钟进给和每转进给两种。

1)每分钟进给：刀具每分钟走的距离，单位为 mm/min，用 G98 指定。

指令格式：

```
G98  F__;
```

2)每转进给：车床主轴每转一圈，刀具向进给方向移动的距离，单位为 mm/r，主轴每转刀具的进给量用 G99 指定。

指令格式：

```
G99  F__;
```

3. 主轴功能指令

主轴功能 S 指令用于指定主轴转速。S 后面的数字表示主轴转速，单位为 r/min。

1)G96 方式下的 S 指令：

```
G96  S__;        用于设定主轴恒线速度，单位为 mm/min
```

2)G97 方式下的 S 指令：

```
G97  S__;        用于直接设定主轴转速，单位为 r/min
```

4. 刀具功能指令

刀具功能(T 功能)指令用于选择加工所用刀具。T 后面通常有两位数，表示所选择的刀具号码。但有时 T 后面有 4 位数字，前两位是刀具号，后两位是刀具长度补偿号和刀尖圆弧半径补偿号。

指令格式：

```
T__;
```

5. 辅助功能指令

辅助功能指令也称 M 功能指令，用于指令数控机床中的辅助装置的开关动作或状态，M 功能指令包括两部分，即地址 M 及其后续数字(一般为两位数)。M 功能指令常因数控系统生产厂家及机床结构的差异和规格的不同而有所差别。因此，编程时必须熟悉具体所使用数控系统的 M 功能指令的功能含义，不可盲目套用。常用 M 功能指令如表 2-3-1 所示。

表 2-3-1　常用 M 功能指令

指令	功能	指令	功能
M00	程序暂停	M06	换刀
M01	选择停止	M08	切削液开
M02	程序结束	M09	切削液关
M03	主轴正转	M30	程序结束
M04	主轴返转	M98	子程序调用
M05	主轴停止	M99	子程序结束

任务实施

一、准备工作

1)工件：材料为 45 钢，毛坯尺寸为 ϕ50 mm×75 mm。

2)设备：FANUC 0i 系统数控车床。

3)工、量、刃具：清单见表 2-3-2。

表 2-3-2 工、量、刃具清单

序号	名称	规格	数量	备注
1	游标卡尺	0～150 mm/0.02 mm	1	
2	外圆车刀	93°	1	T01
3	切断刀	刀宽 4 mm	1	T02

二、制定加工方案

1. 加工工序与装夹方式

1)采用自定心卡盘夹紧定位，一次加工完成。工件伸出长度为 52 mm，以便于切断加工操作。

2)粗、精加工工件外轮廓至图样尺寸。

3)切断。

2. 刀具的安装

粗加工刀具安装在 1 号刀位，精加工刀具安装在 2 号刀位。

3. 切削用量的选择

切削用量选择如表 2-3-3 所示。

表 2-3-3 切削用量选择表

工序	加工内容	切削用量			备注
		S/(r/min)	F/(mm/r)	a_p/mm	
1	粗车外形	600～800	0.2	2	自动
2	精车外形	1 200	0.1	0.5～1	自动
3	切断	600	0.15		手动

4. 工件坐标的确定

本任务是以工件右端面与回转轴线的交点作为编程原点。

三、编写加工程序

本任务的加工程序如表 2-3-4 所示。

表 2-3-4　加工程序

程　序　内　容	程　序　说　明
O0001;	文件名
N010 M03 S600 T0101;	主轴正转，600 r/min，选择 1 号刀
N020 G00 X51 Z2;	循环起点
N030 G71 U2 R0.5;	粗车循环
N040 G71 P50 Q100 U0.5 W0 F0.3;	
N050 G00 X25;	
N060 G01 Z-15;	
N070 X36;	
N080 Z-35;	
N090 X48;	
N100 Z-47;	
N110 G00 X100 Z100;	返回换刀点
N120 T0202 S1200 M03;	选择 2 号刀，主轴 1 200 r/min
N130 G00 X51 Z2;	精车循环起点
N140 G70 P50 Q100 F0.1;	精车循环
N150 G00 X100 Z100;	返回换刀点
N160 M05;	主轴停止
N170 M30;	程序结束，返回程序开头

四、加工程序的输入、编辑与运行

1. 新程序的建立与输入

1)按下键，选择编辑工作模式。

2)按下 PROG 键，显示程序编辑界面或程序目录界面。

3)输入新程序名(O0001)，按下 INSERT 键。

4)按下 EOB 键，然后按下 INSERT 键，换行开始输入程序内容。

注意：在建立新程序时，新程序的程序号必须是存储器中没有的程序号。

2. 程序的调用

1)按下键，选择编辑工作模式。

2)按下 PROG 键，显示程序编辑界面或程序目录界面。

3)输入要调用的程序号(如 O0002)，按下光标向下移动键↓，即可调出该程序。

3. 程序的删除

1)按下键，选择编辑工作模式。

2)按下 PROG 键，显示程序编辑界面或程序目录界面。

3)输入要删除的程序名，按下 DELETE 键，即可把该程序删除。

删除所有程序的方法：输入 O－9999，再按 DELETE 键，便可以删除系统中的全部程序。

4. 程序字的插入

1)按下[编辑]键，选择编辑工作模式。

2)按下 PROG 键，显示程序编辑界面或程序目录界面。

3)使用光标移动键，将光标移动至要插入的程序字的位置，输入要插入的字，然后按下 INSERT 键，即可完成。

5. 程序字的替换

1)按下[编辑]键，选择编辑工作模式。

2)按下 PROG 键，显示程序编辑界面或程序目录界面。

3)使用光标移动键，将光标移动至要替换的程序字的位置，输入要替换的字，然后按下 ALTER 键，即可完成。

6. 程序字的删除

1)按下[编辑]键，选择编辑工作模式。

2)按下 PROG 键，显示程序编辑界面或程序目录界面。

3)使用光标移动键，将光标移动至要删除的程序字的位置，按下 DELETE 键，即可完成。

7. 程序的运行

程序输入完成并检查无误后，对刀完成可运行程序进行数控加工。

1)按下[自动]键，选择自动运行模式。

2)按下 PROG 键，显示程序。

3)确定光标在程序开头，按下循环启动键[循环启动]，即可运行程序。

评价考核

评价标准如表 2-3-5 所示。

表 2-3-5 评价标准表

序号	项目	熟练且准确	较熟练但准确	基本准确	生疏欠准确	自测	互测	得分
1	正确掌握程序的结构	10 分	8 分	6 分	5 分及以下			
2	正确掌握程序的指令功能	10 分	8 分	6 分	5 分及以下			
3	正确进行程序的建立与输入	15 分	12 分	9 分	8 分及以下			
4	正确进行程序的调用与删除	15 分	8 分	6 分	5 分及以下			

续表

序号	项目	熟练且准确	较熟练但准确	基本准确	生疏欠准确	自测	互测	得分
5	正确进行程序字的编辑	15 分	12 分	9 分	8 分及以下			
6	正确进行程序的运行	15 分	8 分	6 分	5 分及以下			
7	安全文明操作	20 分	15 分	10 分	0 分			
总成绩								
学生任务实施过程的小结及反馈：								
教师点评：								

知识拓展

练习程序输入、编辑与运行操作。

1)以 O1234 新建程序。

2)输入以下程序：

```
N010  S600 T0101;
N020 G00 X46 Z2;
N030 G70 U1.5 R1;
N040 G70 P50 Q90 U0.5 W0 F0.2;
N050 G00 X39;
N060 G01 Z0;
N070 Z-44;
N080 G01  X45;
N090 G00  X100  Z100;
N100 M05;
N110 M30;
```

3)按照下面要求修改编辑程序。

①将 N030、N040 中的 G70 替换为 G71。

②在 N010 中的 S600 后面加上 M03。

③在 N060 程序段后加上 N070 G01 X42 Z—1.5;

④将后面的 N070、N080、N90、N100、N110 依次改为 N080、N090、N100、N110、N120。

⑤调用程序库中的 O0001 程序。

⑥删除程序库中的 O0001 程序。

4)以 MDI 模式运行以下程序。

① M03 S600;

② T0303;

③ G28 U0 W0;

拓展练习评价标准如表 2-3-6 所示。

表 2-3-6 拓展练习评价标准表

序号	项目	熟练且准确	较熟练但准确	基本准确	生疏欠准确	自测	互测	得分
1	正确掌握程序结构	10 分	8 分	6 分	5 分及以下			
2	正确掌握程序指令功能	10 分	8 分	6 分	5 分及以下			
3	正确进行程序建立与输入	15 分	12 分	9 分	8 分及以下			
4	正确进行程序调用与删除	15 分	8 分	6 分	5 分及以下			
5	正确程序字编辑	15 分	12 分	9 分	8 分及以下			
6	正确进行程序的运行	15 分	8 分	6 分	5 分及以下			
7	安全文明操作	20 分	15 分	10 分	0 分			
总成绩								
学生任务实施过程的小结及反馈：								
教师点评：								

模块二

专项技能训练

项目三

外轮廓加工技术

项目描述

本项目分为7个任务：圆柱面加工、圆锥面加工、圆弧面加工、阶梯面加工、成形面加工、槽加工、外螺纹加工。通过该项目的学习，使学生达到知识目标和技能目标的要求。

知识目标

1. 掌握轮廓基点的相关知识，准确给出基点坐标。
2. 掌握外轮廓加工常用指令G00、G01、G02、G03、G90、G94、G70、G71、G72、G73、G92等的格式、功能及编程方法。
3. 熟悉数控车削加工路线的确定原则，合理确定粗、精加工路线。
4. 熟悉圆柱面、圆锥面、圆弧面、阶梯面、切槽、外螺纹等加工工艺，掌握其编程与加工方法。
5. 掌握数控车床安全操作、日常维护与保养方法。

技能目标

1. 能根据加工要求，合理确定加工路线。
2. 能根据加工要求，合理选择工、量具及切削用量。
3. 能熟练操作机床进行程序的输入、编辑与运行等操作。
4. 能熟练操作机床完成零件的加工与检验。
5. 能对数控车床进行安全操作、日常维护与保养。

任务一　圆柱面加工

任务目标

1. 掌握轮廓基点的相关知识，准确给出基点坐标。
2. 熟悉数控车削加工路线的确定原则，合理确定粗、精加工路线。
3. 掌握数控编程常用插补指令 G00、G01 的格式、功能。
4. 根据加工要求，熟练操作机床完成阶梯轴零件的编程与加工。
5. 掌握加工中常见问题的处理方法。

任务描述

完成图 3-1-1 所示轴零件的数控编程与加工，已知毛坯尺寸为 ϕ28 mm×60 mm，材料为 45 钢。

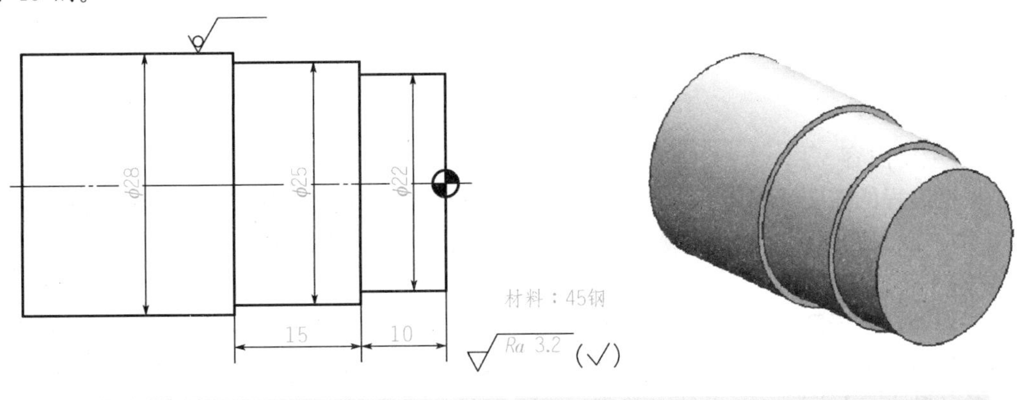

图 3-1-1　圆柱面加工实例

任务分析

本任务主要涉及直线轮廓的编程加工，且加工余量较少，零件的外轮廓主要由端面、外圆、台阶面构成，构成这些面的要素主要是直线，故该零件的编程加工是由刀具进行直线插补完成的。完成该任务需要学习的编程指令为 G00、G01。

知识准备

一、基点的概念及基点坐标的确定

数值计算是数控编程，尤其是手工编程中的重要一步，其中选择编程原点、对零件图样各基点进行正确的数学式数值计算是其中的重要工作之一。

1. 基点的概念

构成零件轮廓的直线与直线的交点、直线与圆弧的交点或切点、圆弧与圆弧的交点或切点称为基点。基点可以直接作为刀位点运动轨迹的起点和终点。例如，图 3-1-2 所示的 *A*、*B*、*C*、*D*、*E*、*F* 各点都是该零件轮廓上的基点。

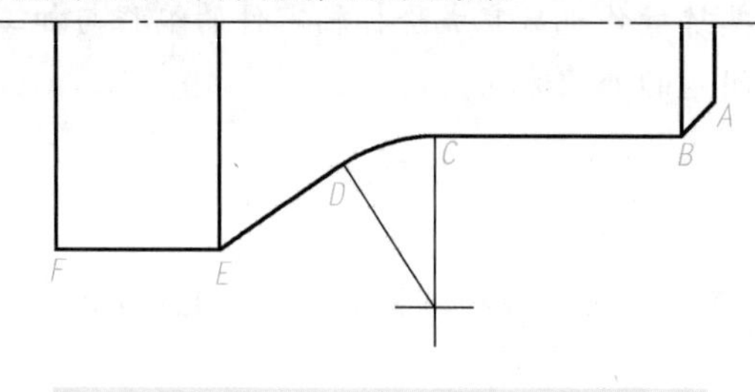

图 3-1-2 基点确定实例

2. 基点的计算

(1)主要内容

根据编程的需要，确定每条运动轨迹(线段)的起点或终点在选定坐标系中的各坐标值(*X*，*Z*)，以及圆弧运动轨迹的圆心坐标值等是基点计算的主要内容。

(2)主要方法

一般地，对于简单轮廓的基点坐标，要求学生手工完成计算，例如，图 3-1-2 中的基点 *A*、*B*、*C*、*E*、*F* 等的坐标可以根据零件图的尺寸标注直接或通过简单计算获得；还有些特殊的基点，如图 3-1-2 中的点基 *D*，需要用代数或几何的方法进行计算，常用方法的是构建直角三角形，然后运用勾股定理或简单三角函数进行计算获得；而对于较复杂轮廓的基点坐标，则一般借助于辅助绘图软件(如 AutoCAD、CAXA 等)绘图后，用查询点坐标的方式获得。

在数控车削系统默认状态下，*X* 轴方向的坐标数据一般以直径方式表示，所以在通过绘图软件查询到的基点坐标数据中，*X* 轴方向的坐标值应乘以 2。

二、数控车削加工路线的确定

1. 加工路线的确定原则

加工路线也叫称刀路线，是在整个加工工序中刀具的刀位点相对于工件运动的轨迹，泛指刀具从对刀点(或机床参考点)开始运动起，直至加工结束所经过的路径，包括切削加工的路径及刀具引入、返回等非切削空行程。加工路线是编写程序的依据之一。

加工路线的确定原则：

1)必须保证被加工零件的精度及表面粗糙度的要求。

2)考虑数值计算简便，以减少编程工作量。

3)应使走刀路线尽量短，以减少空行程时间，提供加工效率。

4)加工路线应根据工件的加工余量和机床、刀具的刚度等具体情况确定。

2. 对刀点、起刀点与换刀点的选择

为尽量缩短空行程路线，应合理选择对刀点、起刀点和换刀点。

1)对刀点：在数控机床上加工零件时，刀具相对于工件运动的起始点。由于程序段从该点开始执行，因此对刀点又称为程序起点或起刀点。

对刀点的选择原则：便于用数字处理和简化程序编制；在机床上找正容易，加工中便于检查；引起的加工误差小。

2)换刀点：加工过程中需要换刀时，应规定换刀点。换刀点是指刀架转位换刀时的位置。该点可以是某一固定点(如加工中心机床的换刀机械手的位置)，也可以是任意一点(如车床)。

在数控车床实际加工中，要考虑到换刀时刀具与工件、夹具及机床尾座等不发生干涉，前置刀架一般设在工件的右前侧，后置刀架一般设在工件的右后侧，其设定值一般根据刀具在刀架上的悬伸量确定，在保证换刀安全的前提下尽量靠近工件。

3. 阶梯轴的车削加工路线

阶梯轴的车削加工一般划分为粗加工和精加工两个阶段。其中，精加工路线按照离换刀点由近至远的原则，从右向左沿轮廓进行。

阶梯轴的粗加工路线一般分为分段粗车和分层粗车两种。分段粗车应遵循先近后远的原则进行加工，车削加工路线如图 3-1-3 所示。相对于分段粗车，分层粗车的加工路线较短，但不利于保持工件的刚度和改善切削条件。所以，阶梯轴加工中宜采用分段粗车，再沿轮廓精车的加工路线。

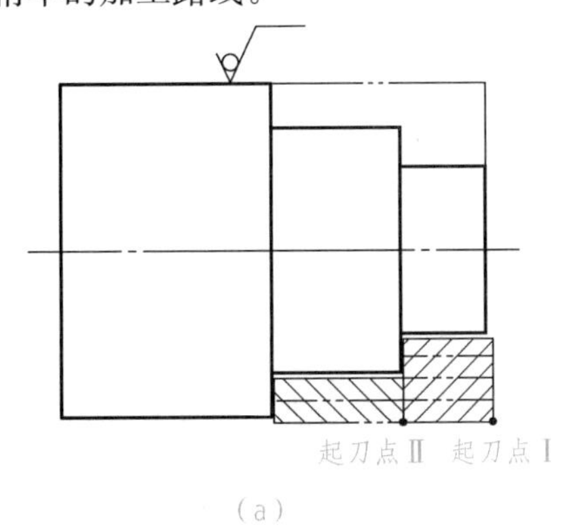

(a)

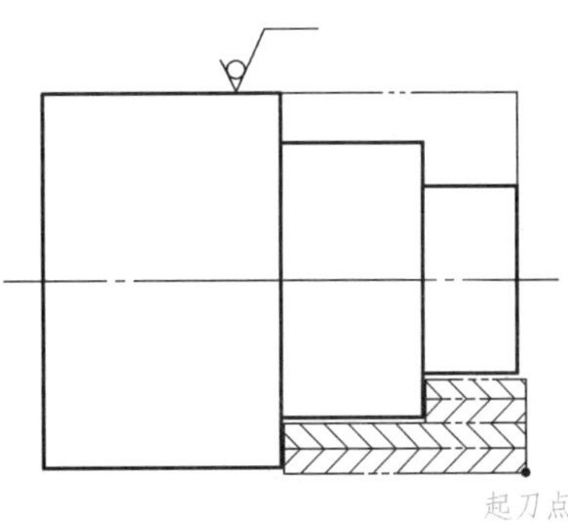

(b)

图 3-1-3 车削加工路线

(a)分段粗车；(b)分层粗车

三、常用插补指令

1. 快速点定位指令 G00

(1)指令功能

快速点定位指令 G00 可以使刀具从当前位置快速运动至程序段中指定的终点坐标位置。

(2)指令格式

```
G00 X(U)_ Z(W)_;
```

其中，$X(U)$_ $Z(W)$_为刀具运动终点坐标；X、Z 表示刀具运动终点的绝对坐标；U、W 表示刀具运动终点相对于起点的增量坐标，不运动的坐标可以默认不写。

(3)指令说明

G00 通常用于刀具切削加工前快进和切削加工完成后的快退路线的编程；G00 不用指定移动速度，其移动速度由机床系统参数设定。在实际操作时，也能通过机床面板上的功能键“F0”“F25”“F50”和“F100”对 G00 移动速度进行调节。

快速移动的轨迹通常为折线型轨迹，图 3-1-4 所示快速移动轨迹 AB 和 OD 的程序段如下所示。

直线 OA：

```
G00 X40 Z60;
```

直线 BD：

```
G00 X120 Z0;
```

对于 AB 程序段，刀具在移动过程中先沿 X 轴和 Z 轴方向移动相同的增量，即图中 AC 轨迹，再从 C 点移动到 B 点。同样，对于 OD 程序段，刀具的移动轨迹则由 OA 和 AD 两段轨迹组成。

因为 G00 的轨迹为折线，所以要特别注意采用 G00 方式进、退刀时，刀具相对于工件、夹具所处的位置，以避免刀具在进、退刀过程中与工件、夹具等发生干涉。

2. 直线插补指令 G01

(1)指令功能

直线插补指令 G01 可以使刀具以指定的进给速度运动到程序段中指定的终点坐标位置，且运动轨迹为直线。

(2)指令格式

```
G01 X(U)_ Z(W)_ F_;
```

其中，$X(U)$_ $Z(W)$_为刀具运动终点坐标；F _为刀具切削进给的进给速度(进给量)，mm/r 或 mm/min；

(3)指令说明

G01 指令是直线运动指令，控制刀具在两坐标轴间以插补联动的方式按指定的进给速度做任意斜率的直线运动。因此，G01 指令的轨迹是连接起点和终点的一条直线，图 3-1-5 所示直线运动轨迹 AB 的程序段如下所示：

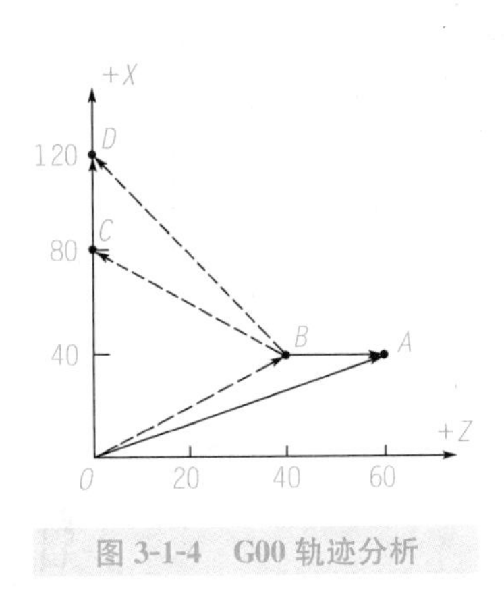

图 3-1-4 G00 轨迹分析

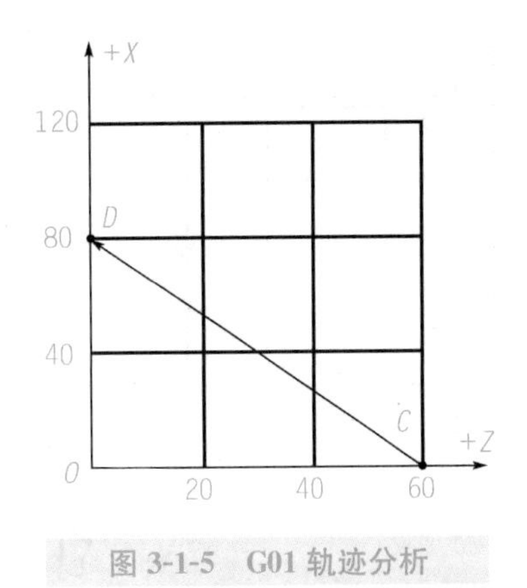

图 3-1-5 G01 轨迹分析

```
G01 X80 Z50 F0.2;
```

在 G01 程序段中必须含有 F 指令。如果在 G01 程序段中没有 F 指令，而在前面的程序段中也没有指定 F 指令，则机床不动作，同时系统还会报警。

任务实施

一、准备工作

1)工件：材料为 45 钢，毛坯尺寸为 ϕ30 mm×70 mm。

2)设备：FANUC 0i 系统数控车床。

3)工、量、刃具：清单见表 3-1-1。

表 3-1-1 工、量、刃具清单

序号	名称	规格	数量	备注
1	千分尺	0～25 mm，25～50 mm/0.01 mm	1	
2	游标卡尺	0～150mm/0.02 mm	1	
3	外圆粗、精车刀	93°	1	T01

二、制定加工方案

1. 装夹方式

采用自定心卡盘夹紧定位，一次加工完成。工件伸出长度为 40 mm。

2. 加工方案及加工路线

本任务加工余量较小，两处外圆均可以以粗、精加工划分加工阶段，粗、精加工各一次走刀完成。粗、精加工走刀路线如图 3-1-6 所示。

3. 填写加工工序卡

填写数控车床加工工序卡，如表 3-1-2 所示。

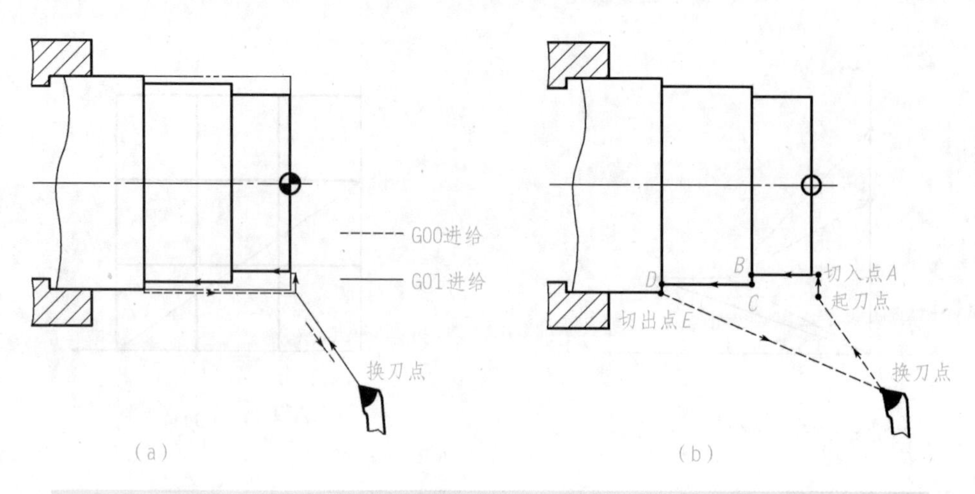

图 3-1-6 外圆加工路线

(a)粗加工路线；(b)精加工路线

表 3-1-2 数控车床加工工序卡

零件图号	3-1-1	数控车床加工工艺卡		机床型号	CK6140
零件名称	短轴			机床编号	01
工序	加工内容	切削用量			备注
		S/(r/min)	F/(mm/r)	a_p/mm	
1	平端面	500	—	—	手动
2	粗车轮廓	500	0.2	1.25	自动
3	精车轮廓	800	0.1	0.25	自动

三、数值计算及基点坐标的确定

如图 3-1-7 所示，选择工件右端面的回转中心作为工件的编程原点，确定轮廓基点，其中 X 向坐标以直径量表示。

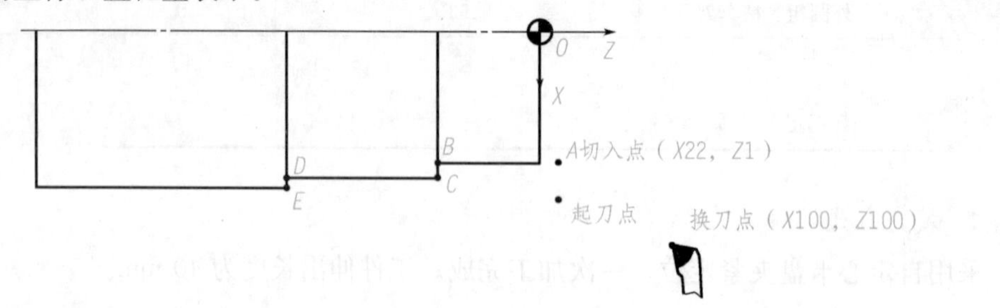

图 3-1-7 轮廓基点确定

基点坐标如下：换刀点(X100，Z100)，起刀点(X29，Z1)，切入点 A(X22，Z1)、B(X22，Z−10)、C(X25，Z−10)、D(X25，Z−25)、E(X28，Z−25)。

四、编写加工程序

本任务的加工程序如表 3-1-3 所示。

表 3-1-3　加工程序

程 序 内 容	程 序 说 明
O0001;	程序名
N10 G97 G99 G21 G18;	程序初始化，恒转速，每转进给，公制尺寸，XZ 平面加工
N20 S500 M03 T0101 ;	主轴正转 500 r/min，换 1 号刀
N30 G00 X29 Z1;	快速进刀至起刀点
N40 G00 X22.5 Z1;	
N50 G01 X22.5 Z-10 F0.2;	
N60 G01 X25.5 Z-10;	粗车 ϕ22 mm 及 ϕ25 mm 的外圆，切削深度均为单边 1.25 mm，进给量为 0.2 mm/r
N70 G01 X25.5 Z-25;	
N80 G01 X29 Z-25;	
N90 G00 X100 Z100;	快速退刀至换刀点
N100 S800;	主轴变速
N110 G00 X29 Z1;	快速进刀至起刀点
N120 G00 X22 Z1;	快速进刀至切入点 A
N130 G01 X22 Z-10 F0.1;	
N140 G01 X25 Z-10;	精车 ϕ22 mm 及 ϕ25 mm 的外圆，切削深度均为单边 0.25 mm，进给量为 0.1 mm/r
N150 G01 X25 Z-25;	
N160 G01 X29 Z-25;	
N170 G00 X100 Z100 ;	快速退刀
N180 M05;	主轴停转
N190 M09;	切削液关闭
N200 M30;	程序结束

五、操作步骤与要点

1)打开机床，回参考点。
2)安装工件、刀具(T01)。
3)对刀及刀补参数设置(T01)。
4)输入程序(O0001)并校验。
5)自动加工。
6)测量工件尺寸。
7)调整、校正工件尺寸。
8)再次测量工件尺寸，合格后拆卸工件。

任务评价

评价标准如表 3-1-4 所示。

表 3-1-4 评价标准表

班级：________ 姓名：________ 学号：________ 成绩：________

检测项目		技术要求	配分	评分标准	自检记录	交检记录	得分
1	外圆	ϕ25 mm	20	超差 0.05 mm 全扣			
2		ϕ22 mm	20	超差 0.05 mm 全扣			
3	长度	10 mm	10	超差 0.05 mm 全扣			
4		15 mm	10	超差 0.05 mm 全扣			
5	程序编写与工艺安排		20	每错一处扣 2 分			
6	安全文明操作		10	倒扣，违者每次扣 2 分			
7	时间：45 min		10	倒扣，酌情扣分			
学生任务实施过程的小结及反馈：							
教师点评：							

知识拓展

编写图 3-1-8 所示零件的车端面、外圆、台阶、倒角的程序并进行加工，毛坯尺寸为 ϕ30 mm×50 mm。

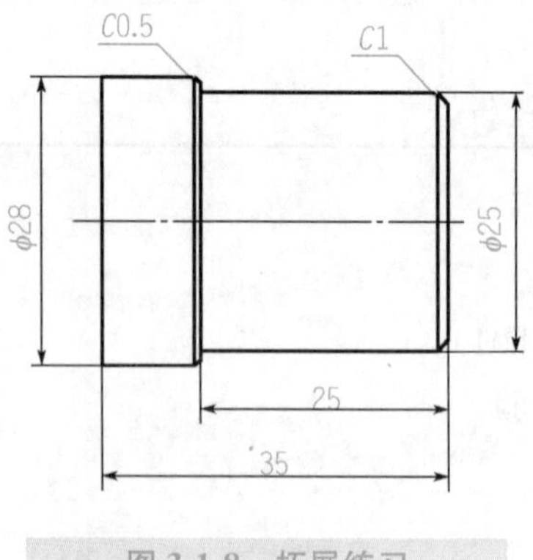

图 3-1-8 拓展练习

拓展练习评价标准如表 3-1-5 所示。

表 3-1-5　拓展练习评价标准表

班级：__________　姓名：__________　学号：__________　成绩：__________

检测项目		技术要求	配分	评分标准	自检记录	交检记录	得分
1	外圆	ϕ28 mm	20	超差 0.05 mm 全扣			
2		ϕ25 mm	20	超差 0.05 mm 全扣			
3	长度	25 mm	10	超差 0.05 mm 全扣			
4		35 mm	10	超差 0.05 mm 全扣			
5	倒角	*C*1	5	超差全扣			
6		*C*0.5	5	超差全扣			
7	程序编写与工艺安排		10	每错一处扣 2 分			
8	安全文明操作		10	倒扣，违者每次扣 2 分			
9	时间：45 min		10	倒扣，酌情扣分			
学生任务实施过程的小结及反馈：							
教师点评：							

任务二　圆锥面加工

任务目标

1. 熟悉圆锥面数控车削加工路线。
2. 掌握圆锥面相关尺寸的计算方法。
3. 能合理确定零件粗、精加工路线。
4. 熟练运用 G00 和 G01 指令编制零件加工程序。
5. 根据加工要求完成圆锥轮廓零件的编程加工。

任务描述

如图 3-2-1 所示，工件的毛坯尺寸为 ϕ28 mm×50 mm，材料为 45 钢，试完成其右端轮廓的编程加工。

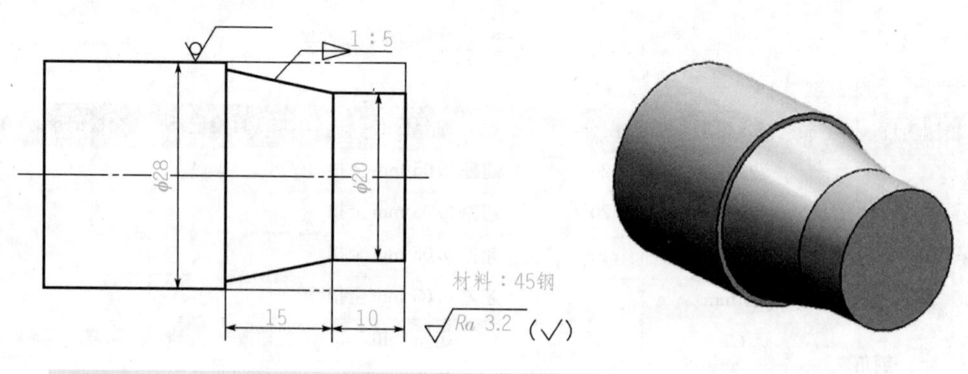

图 3-2-1 圆锥面加工实例

任务分析

本任务仍为直线轮廓的编程加工，且加工余量较少，零件的外轮廓主要由端面、圆柱面、圆锥面组成。在圆柱面加工的基础上，本任务侧重于圆锥面的数控车削加工工艺分析和编程加工。通过该任务的学习巩固 G00、G01 指令的格式、功能及编程规则，这是本任务的学习要点。

知识准备

一、圆锥面车削加工路线的确定

圆锥面是在机床和工件上常见的零件表面，大多用于圆锥面的配合，如车床尾座锥孔与麻花钻锥柄的配合、车床主轴锥孔与顶尖的配合等。在数控车床上，车外圆锥时可分为车正锥和车倒锥两种情况，而每种情况又有平行法和终点法两种加工路线，如图 3-2-2 和图 3-2-3 所示。

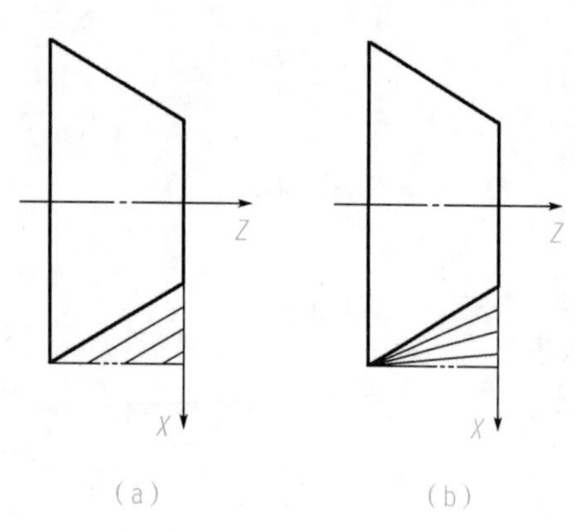

图 3-2-2 车正锥加工路线
(a)平行法；(b)终点法

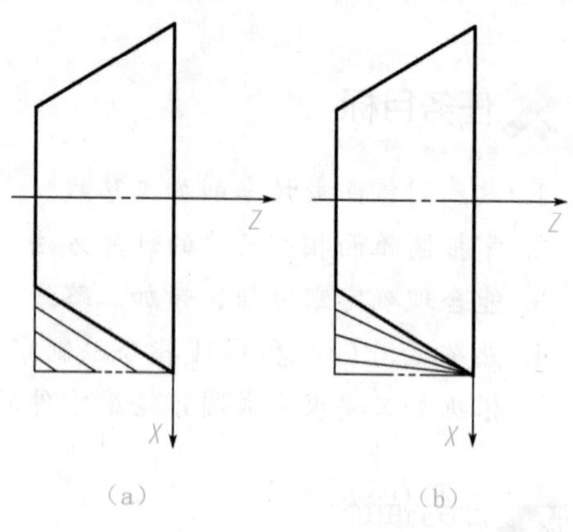

图 3-2-3 车倒锥加工路线
(a)平行法；(b)终点法

采用平行法车圆锥时，刀具每次切削的切削深度相等，切削运动的距离较短。采用这种加工路线时，加工效率高，但需要计算每次切削刀具的起点坐标和终点坐标，计算麻烦。

采用终点法车圆锥时，不需要计算每次切削终点的坐标，计算方便，但在每次切削中，切削深度是变化的，而且切削运动的路线较长，容易引起工件表面粗糙度不一致。在车床上车内圆锥时的加工路线与车外圆锥时的加工路线相似，如图 3-2-4 所示。

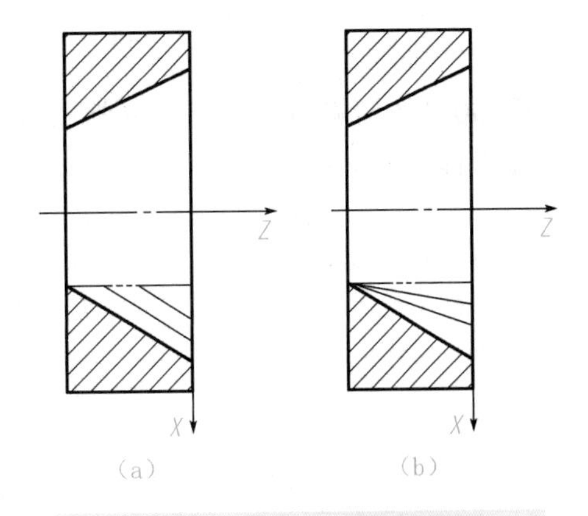

图 3-2-4 车内圆锥加工路线

(a)平行法；(b)终点法

二、圆锥面车削加工编程

1. 圆锥面各部分尺寸计算

圆锥面的锥度 C 为圆锥大、小端直径之差与长度之比，即

$$C=(D-d)/L$$

其中，D 为大端直径；d 为小端直径；L 为圆锥长度。

如图 3-2-5 所示，在大端直径 D、小端直径 d、圆锥长度 L、锥度 C 这 4 个基本参数中，只要已知其中 3 个参数，便可以计算出另一个未知数。

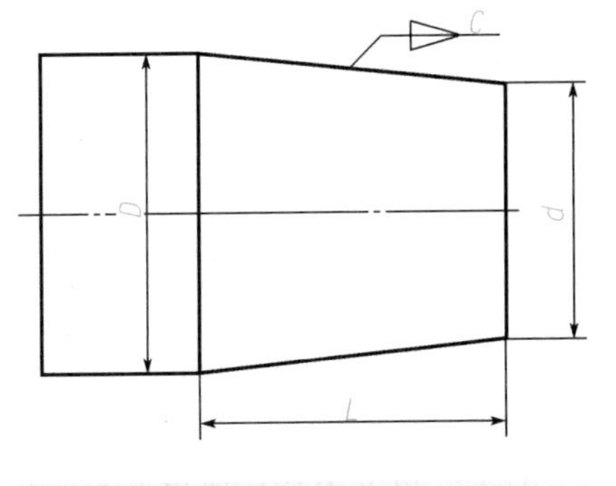

图 3-2-5 圆锥各部分尺寸

圆锥半角$\frac{\alpha}{2}$与锥度的关系为

$$\tan\frac{\alpha}{2}=\frac{C}{2}$$

例 2-2-1 求图 3-2-6 所示圆锥面的小端直径 d 和圆锥半角 $\alpha/2$。

解： 将各已知参数代入公式得

$$d=D-CL=30-30\times\frac{1}{5}=24(\mathrm{mm})$$

$$\tan\frac{\alpha}{2}=\frac{C}{2}=\left(\frac{1}{5}\right)/2=0.1$$

查三角函数表得$\frac{\alpha}{2}=5°42'38''$，即圆锥面小端直径 d 等于 24 mm，圆锥半角$\frac{\alpha}{2}$为 $5°42'38''$。

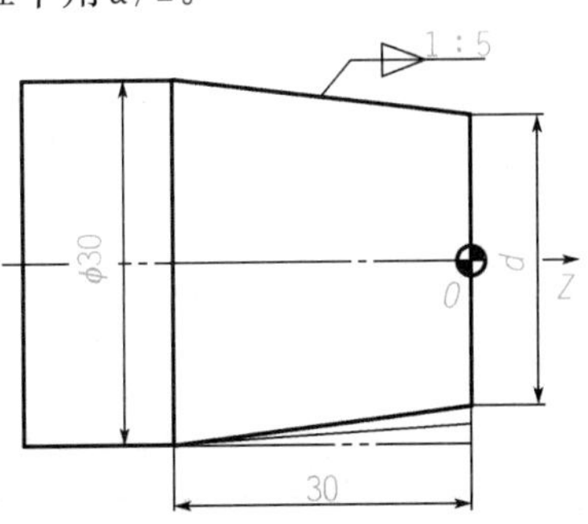

图 3-2-6 圆锥各部分尺寸计算实例

2. 编程实例

试用 G01 指令编写图 3-2-6 所示圆锥面的数控加工程序。

其加工程序如下：

```
O0002;
N10  G97  G99  G21  G18;             程序初始化
N20  S500  M03  T0101;               主轴正转 500 r/min，选择 1 号刀
N30  G00  X31  Z1  M08;              快速进刀至起刀点
N40  G01  X25  Z0  F0.2;             进刀至切入点
N50  G01  X30  Z-30;                 第一层粗车，进给量 0.2 mm/r
N60  G00  X31  Z1;                   退回起刀点
N70  G01  X24.5  Z0;                 进刀至切入点，X 方向留 0.5 mm 精车余量
N80  G01  X30  Z-30;                 第二层粗车
N90  G00  X31  Z-1;                  退回起刀点
N100  G01  X24  Z0  F0.1 S800;       进刀至精加工切入点
N110  G01  X30  Z-30;                精车，进给量 0.1 mm/r
N120  G00  X100  Z100;               退刀
N130  M05;                           主轴停
N140  M09;                           切削液关闭
N150  M30;                           程序结束
```

任务实施

一、准备工作

1)工件：材料为 45 钢，毛坯尺寸为 ϕ28 mm×50 mm。

2)设备：FANUC 0i 系统数控车床。

3)工、量、刃具：清单见表 3-2-1。

表 3-2-1 工、量、刃具清单

序号	名称	规格	数量	备注
1	千分尺	0～25 mm，25～50 mm/0.01 mm	1	
2	游标卡尺	0～150 mm/0.02 mm	1	
3	万能角度尺	0°～320°/0.01′	1	
4	外圆粗、精车刀	93°	1	T01

二、制定加工方案

1. 装夹方式

采用自定心卡盘夹紧定位，一次加工完成。工件伸出长度为 35 mm。

2. 加工方案及加工路线

本任务采用先分段粗车、后沿轮廓精车的加工方案。分段粗车圆柱面、圆锥面的加工路线如图 3-2-7(a)所示。精加工应安排一次走刀连续加工，按照由近到远的原则，从右向左进行。精加工路线如图 3-2-7(b)所示。

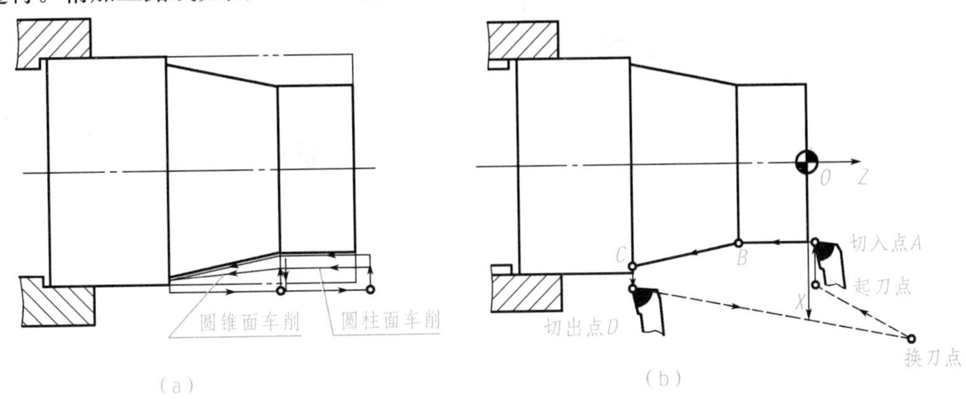

图 3-2-7　加工路线

(a)粗加工走刀路线；(b)精加工走刀路线

3. 填写加工工序卡

填写数控车床加工工序卡，如表 3-2-2 所示。

表 3-2-2　数控车床加工工序卡

零件图号	3-2-1	数控车床加工工艺卡		机床型号	CK6140
零件名称	圆锥轴			机床编号	01
工序	加工内容	切削用量			备注
		S/(r/min)	F/(mm/r)	a_p/mm	
1	平端面	500	—	—	手动
2	粗车圆柱轮廓	500	0.2	2	自动
3	粗车圆锥轮廓	500	0.2	2	自动
4	精车轮廓	800	0.1	0.25	自动

三、数值计算及基点坐标的确定

1. 圆锥面各部分尺寸计算

已知圆锥面小端直径 $d=20$ mm，圆锥长度 $L=15$ mm，锥度 $C=1:5$，求得大端直径 $D=23$ mm，圆锥半角 $\alpha/2$ 为 $5°42'38''$。

2. 轮廓基点坐标的确定

如图 3-2-8 所示，选择工件右端面的回转中心作为工件的编程原点，确定各基点坐标，其中 X 向坐标以直径量表示。

基点坐标如下：换刀点($X100$，$Z100$)，起刀点($X29$，$Z1$)，切入点A($X20$，$Z1$)、B($X20$，$Z-10$)、C($X23$，$Z-25$)、D($X29$，$Z-25$)。

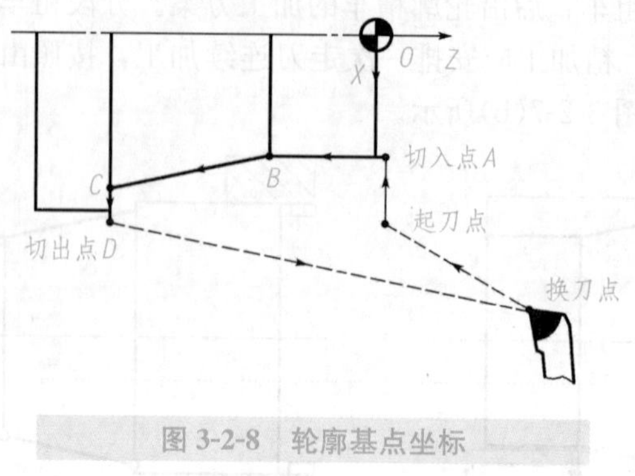

图 3-2-8 轮廓基点坐标

四、编写加工程序

本任务的加工程序见如表 3-2-3 所示。

表 3-2-3 加工程序

程 序 内 容	程 序 说 明
O0001;	程序名
N10 G97 G99 G21 G18;	程序初始化，恒转速，每转进给，公制尺寸，XZ 平面加工，主轴正转，500 r/min，换 1 号刀
N20 S500 M03 T0101 ;	
N30 G00 X29 Z1 M08;	快速进刀至起刀点，打开切削液
N40 G00 X24 Z1;	
N50 G01 X24 Z-10 F0.2;	第一层粗车 ϕ20 mm 的外圆至 ϕ24 mm，切削深度为单边 2 mm，进给量为 0.2 mm/r
N60 G00 X29 Z-10;	
N70 G00 X29 Z1;	
N80 G01 X20.5 Z1;	第二层粗车 ϕ20 mm 的外圆至 ϕ20.5 mm，切削深度为单边 1.75 mm，进给量为 0.2 mm/r
N90 G01 X20.5 Z-10;	
N100 G00 X29 Z-10;	
N110 G00 X24 Z-10;	第一层粗车圆锥面，小端直径至 ϕ24 mm，大端直径至 ϕ23.5 mm，最大切削深度为单边 2 mm
N120 G01 X23.5 Z-25;	
N130 G01 X29 Z-25;	
N140 G01 Z-10;	
N150 G01 X20.5;	
N160 G01 X23.5 Z-25;	第二层粗车圆锥面，小端直径至 ϕ0.5 mm，大端直径至 ϕ23.5 mm，最大切削深度为单边 1.75 mm
N170 G01 X29;	
N180 G00 X100 Z100;	
N190 S1000;	
N200 G00 X29 Z1;	
N210 G00 X20;	
N220 G01 Z-10 F0.1;	精车 ϕ20 mm 的外圆，进给量为 0.1 mm/r
N230 G01 X23 Z-25;	精车圆锥面
N240 G01 X29;	
N250 G00 X100 Z100;	快速退刀
N260 M05;	主轴停转
N270 M09;	切削液关闭
N280 M30N250 G00 X100 Z100;	程序结束

五、操作步骤与要点

1)打开机床，回参考点。
2)安装工件、刀具(T01)。
3)对刀并设置刀补参数(T01)。
4)输入程序(O0001)并校验。
5)自动加工。
6)测量工件尺寸。
7)调整、校正工件尺寸。
8)再次测量工件尺寸，合格后拆卸工件。

任务评价

评价标准如表 3-2-4 所示。

表 3-2-4 评价标准表

班级：＿＿＿＿＿ 姓名：＿＿＿＿＿ 学号：＿＿＿＿＿ 成绩：＿＿＿＿＿

检测项目		技术要求	配分	评分标准	自检记录	交检记录	得分
1	圆柱	ϕ20 mm	20	超差 0.05 mm 全扣			
2	圆锥	C=1∶5	20	超差全扣			
3	长度	10 mm	10	超差 0.05 mm 全扣			
4		15 mm	10	超差 0.05 mm 全扣			
5	程序编写与工艺安排		20	每错一处扣 2 分			
6	安全文明操作		10	倒扣，违者每次扣 2 分			
7	时间：45 min		10	倒扣，酌情扣分			
学生任务实施过程的小结及反馈：							
教师点评：							

知识拓展

编写图 3-2-9 所示零件车端面、外圆、台阶、倒角、圆锥的程序并进行加工，毛坯尺寸为 ϕ40 mm×80 mm。

拓展练习评价标准如表 3-2-5 所示。

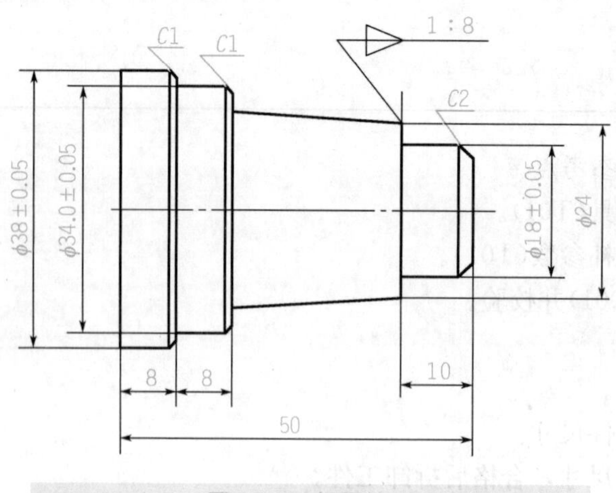

图 3-2-9 拓展练习

表 3-2-5 拓展练习评价标准表

班级：________ 姓名：________ 学号：________ 成绩：________

检测项目		技术要求	配分	评分标准	自检记录	交检记录	得分
1	外圆	ϕ18 mm	10	超差 0.05 mm 全扣			
2		ϕ34 mm	10	超差 0.05 mm 全扣			
3		ϕ38 mm	10	超差 0.05 mm 全扣			
4	锥度	1∶8	10	超差全扣			
5	长度	10 mm	5	超差 0.05 mm 全扣			
6		8 mm	5	超差 0.05 mm 全扣			
7		8 mm	5	超差 0.05 mm 全扣			
8		50 mm	5	超差 0.05 mm 全扣			
9	倒角	2×$C1$	5	超差全扣			
10		$C2$	5	超差全扣			
11	程序编写与工艺安排		10	每错一处扣 2 分			
12	安全文明操作		10	倒扣，违者每次扣 2 分			
13	时间：45 min		10	倒扣，酌情扣分			
学生任务实施过程的小结及反馈：							
教师点评：							

任务三　圆弧面加工

任务目标

1. 掌握凹、凸圆弧加工工艺路线的确定方法。
2. 了解 G02、G03 指令格式。
3. 掌握 G02、G03 功能及其应用。
4. 掌握倒圆角加工的编程及其加工方法。
5. 掌握圆弧零件加工的方法及加工编程。

任务描述

如图 3-3-1 所示，工件的毛坯尺寸为 ϕ28 mm×50 mm，材料为 45 钢，试完成其右端轮廓的编程加工。

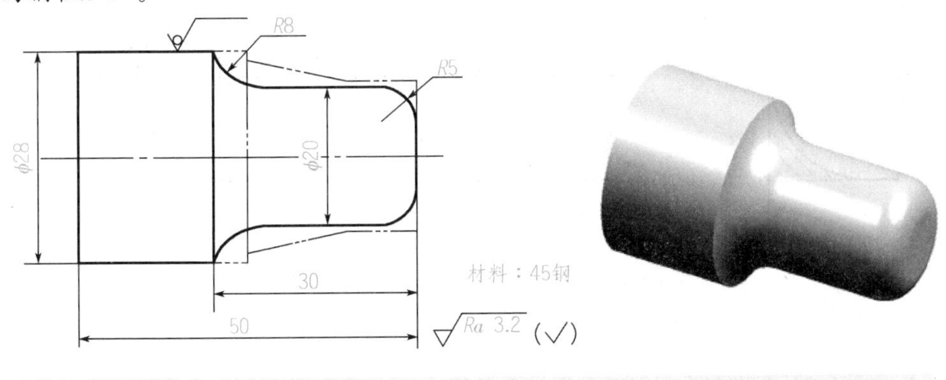

图 3-3-1　圆弧面加工实例

任务分析

本任务为简单圆弧轮廓的编程加工，零件的外轮廓主要由端面、凸圆弧面、圆柱面、凹圆弧面组成。为完成该任务需学习并掌握圆弧插补指令 G02、G03 以及圆弧加工工艺。在确定轮廓基点坐标时，学会运用平面几何的计算方法计算圆弧端点坐标。

知识准备

一、圆弧面数控车削加工路线

凹、凸圆弧是零件上常见的曲线轮廓，在数控车床上加工凹、凸圆弧常用的加工路线有以下几种。

1. 凸圆弧车削加工路线

1)车锥法：根据加工余量，采用圆锥分层切削的方法将加工余量去除后，再进行圆弧精加工，如图 3-3-2(a)所示。采用这种加工路线时，加工效率高，但计算麻烦。

2)圆弧偏移法：根据加工余量，采用相同的圆弧半径，渐进地向机床的某一轴方向移动，最终将圆弧加工出来，如图 3-3-2(b)所示。采用这种加工路线时，编程简单，但处理不当会导致较多的空行程。

3)车圆法：在圆心不变的基础上，根据加工余量，采用大小不等的圆弧半径，最终将圆弧加工出来，如图 3-3-2(c)所示。采用这种加工路线时，加工余量相等，加工效率高，但要同时计算每次切削圆弧的起点、终点坐标及圆弧的半径值，计算量大。

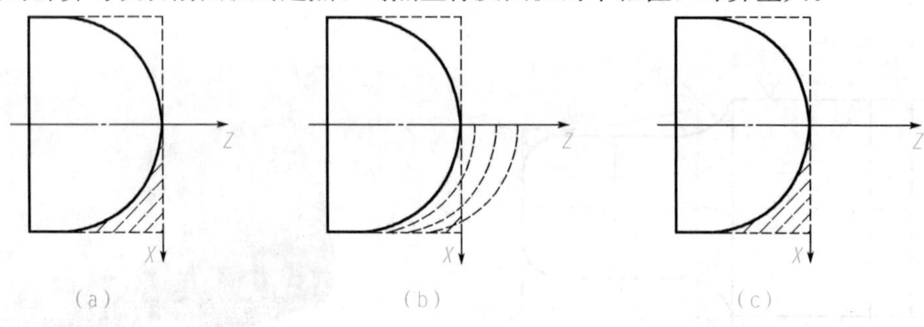

图 3-3-2 凸圆弧车削加工路线

(a)车锥法；(b)圆弧偏移法；(c)车圆法

2. 凹圆弧车削加工路线

凹圆弧加工中，常采用的方法是同心圆分层切削法和圆弧偏移法，如图 3-3-3 所示。

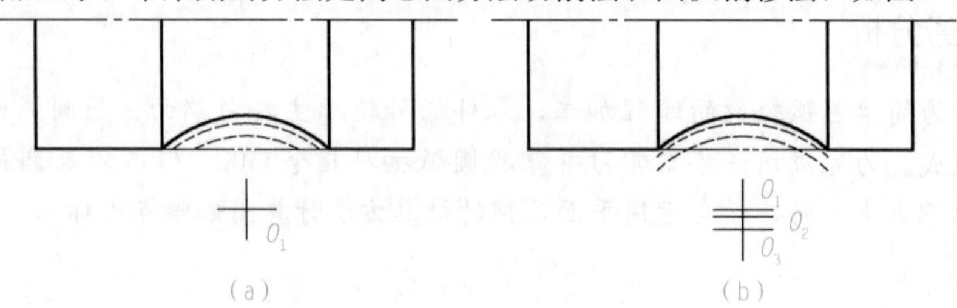

图 3-3-3 凹圆弧车削加工路线

(a)同心圆分层法；(b)圆弧偏移法

二、圆弧插补指令 G02、G03

1. 指令功能

圆弧插补指令使刀具相对工件以指定的速度从当前点(起始点)向终点进行圆弧插补。

2. 半径 R 方式编程

1)指令格式

```
G02/G03  X__ Z__ R__ F__ ;
```

其中，G02 表示顺时针圆弧插补；G03 表示逆时针圆弧插补；*X* __ *Z* __为圆弧终点的绝对坐标，如果是增量坐标，用 *U*、*W* 指定；其值为圆弧终点坐标相对于圆弧起点坐标的增量；*R* __为圆弧半径。

(2)指令说明

1)顺逆圆弧判断方法：从圆弧所在平面(数控车床为 *XZ* 平面)的另一个轴(数控车床为 *Y* 轴)的正方向看该圆弧，顺时针方向为 G02，逆时针方向为 G03。在判别圆弧的顺逆方向时，一定要注意刀架的位置及 *Y* 轴的方向，如图 3-3-4 所示。

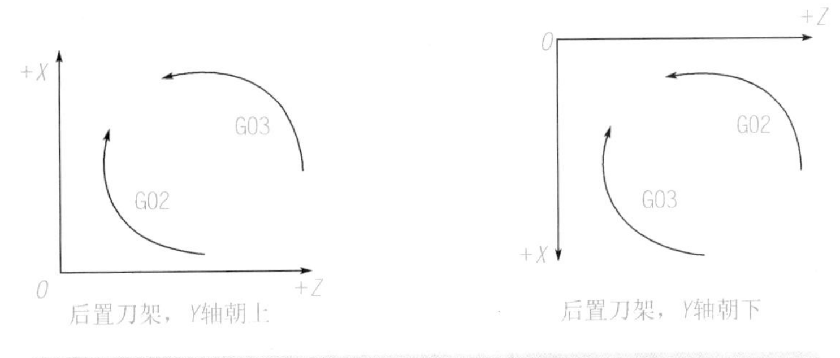

图 3-3-4　圆弧顺逆方向的判断

(a)后置刀架，Y 轴朝上；(b)前置刀架，Y 轴朝下

2)圆弧半径的确定：圆弧半径 *R* 有正值与负值之分。当圆弧所对的圆心角小于或等于 180°时，*R* 取正值；当圆弧所对的圆心角大于 180°并小于 360°时，*R* 取负值，如图 3-3-5 所示。通常情况下，在数控车床上所加工的圆弧的圆心角小于 180°。该方法不适合整圆加工。

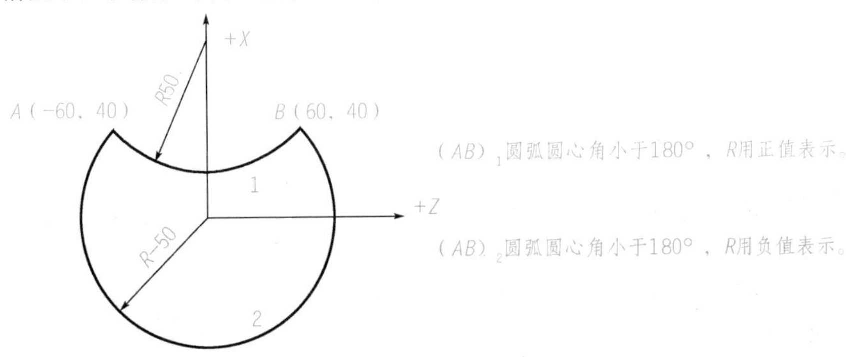

图 3-3-5　圆弧半径正负值的判断

3. 圆心坐标方式编程

1)指令格式

```
G02/G03 X_ Z_ I_ K_ F_ ;
```

其中：X_ Z_ 为圆弧终点的绝对坐标，如果是增量坐标，用 U、W 指定，其值为圆弧终点坐标相对于圆弧起点坐标的增量；I_ K_ 为圆弧圆心相对起点分别在 X 和 Z 坐标轴上的增量值。

2)指令说明：圆心坐标 I、K 值为圆弧起点到圆弧圆心的矢量在 X、Z 轴向上的投影，如图 3-3-6 所示。I、K 为增量值，带有正负号，且 I 值为半径值。I、K 的正负取决于该矢量方向与坐标轴方向的异同，相同时为正，相反时为负。若已知圆心坐标和圆弧起点坐标，则 $I=X_{圆心}-X_{起点}$(半径差)，$K=Z_{圆心}-Z_{起点}$。例如，图 3-3-6 中 I 值为−10，K 值为−20。

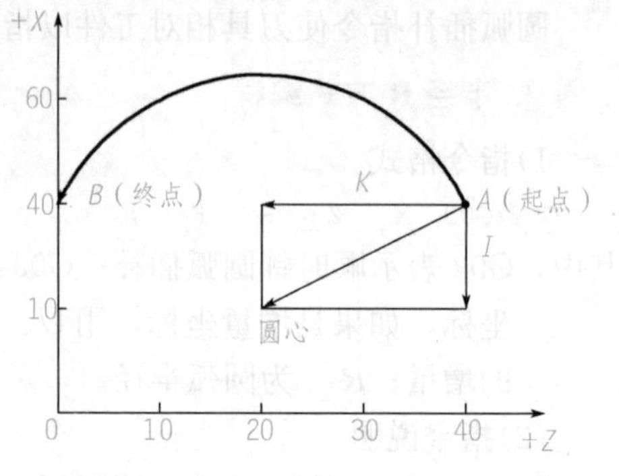

图 3-3-6 圆弧圆心坐标 I、K 的表示

三、圆弧面车削加工编程

编写图 3-3-7 所示圆弧零件的精加工程序。圆弧加工程序如表 3-3-1 所示。

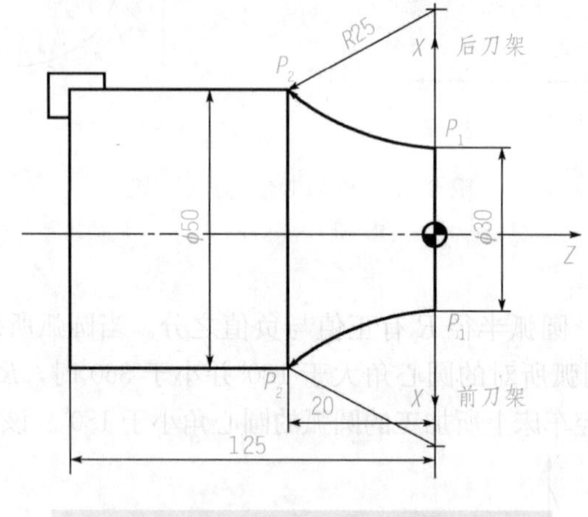

图 3-3-7 圆弧编程实例

表 3-3-1 圆弧加工程序

刀架形式	编程方式	指定圆心 I、K	指定半径 R
后刀架	绝对值编程	G02 X50.0 Z−20.0 125.0 K0 F0.3	G02 X50.0 Z−20.0 R25.0 F0.3
	增量值编程	G02 U20.0 W−20.0 125.0 K0 F0.3	G02 U20.0 W−20.0 R25.0 F0.3
前刀架	绝对值编程	G02 X50.0 Z−20.0 125.0 K0 F0.3	G02 X50.0 Z−20.0 R25.0 F0.3
	增量值编程	G02 U20.0 W−20.0 125.0 K0 F0.3	G02 U20.0 W−20.0 R25.0 F0.3

四、倒圆角简化编程

在相交成直角的平行于坐标轴的两条直线程序段之间，可以简单地加入倒圆角的简化编程。

1. 由 *Z* 轴移向 *X* 轴

指令格式：

```
G01  Z(W)(b)R(±r);
```

图 3-3-8(a)所示为刀具运动轨迹。刀具从 *a* 点出发，指令点为 *b* 点，但在距离 *b* 点为 *r* 的 *d* 点，刀具以圆弧移动到 *c* 点，即 *a*→*d*→*c*。*r* 的符号按下一个程序段沿 *X* 轴的移动方向来确定，即当加工路线为 *b*→*c*，沿＋*X* 轴方向移动时，*r* 为正值；当加工路线为 *b*→*c*，沿－*X* 轴方向移动时，*r* 取负值。

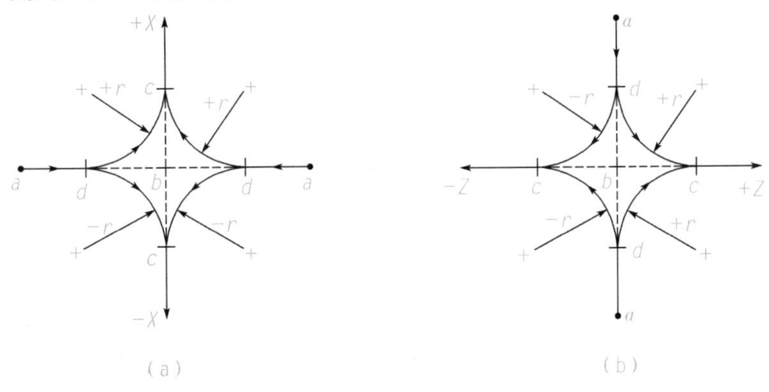

图 3-3-8　倒圆角简化编程

(a)*Z*→*X* 倒圆角；(b)*X*→*Z* 倒圆角

2. 由 *X* 轴移向 *Z* 轴

图 3-3-8(b)所示为刀具运动轨迹。刀具从 *a* 点出发，指令点为 *b* 点，但在距离 *b* 点为 *r* 的 *d* 点，刀具以圆弧移动到 *c* 点，即 *a*→*d*→*c*。*r* 的符号按下一个程序段沿 *Z* 轴的移动方向来确定，即当加工路线为 *b*→*c*，沿＋*Z* 轴方向移动时，*r* 为正值；当加工路线为 *b*→*c*，沿－*Z* 轴方向移动时，*r* 取负值。

3. 倒圆角的注意事项

1)倒圆角时，用 G01 指令的移动轴只能有一个轴，即 *X* 轴或 *Z* 轴，在下一个程序段，必须指令与其成直角的另一个轴，即 *Z* 轴或 *X* 轴。

2)下一个程序段是以 *b* 点为始点指令的，而不是 *c* 点，要特别注意，在增量指令时，应指令离 *b* 点的距离。

3)单程序段停止在 *c* 点而不在 *d* 点。

4)有的 FANUC 系统具有简化倒圆角功能，有的系统没有简化倒圆角功能，使用时需查阅机床编程说明书。

任务实施

一、准备工作

1. 工件：材料为 45 钢，毛坯尺寸为 ϕ28 mm×50 mm。
2. 设备：FANUC 0i 系统数控车床。
3. 工、量、刃具：清单见表 3-3-2。

表 3-3-2 工、量、刃具清单

序号	名称	规格	数量	备注
1	千分尺	0～25 mm，25～50 mm/0.01 mm	1	
2	游标卡尺	0～150 mm/0.02 mm	1	
3	R 规	R1～R10 mm	1	
4	外圆粗、精车刀	93°	1	T01

二、制定加工方案

1. 装夹方式

采用自定心卡盘夹紧定位，一次加工完成。工件伸出长度为 40 mm。

2. 加工方案及加工路线

本任务采用沿轮廓分层粗车、精车的加工方案。精加工轮廓加工路线如图 3-3-9(a)所示，粗加工按最大切除余量确定分层加工次数后，将轮廓向＋X 方向平移，加工路线如图 3-3-9(b)所示。

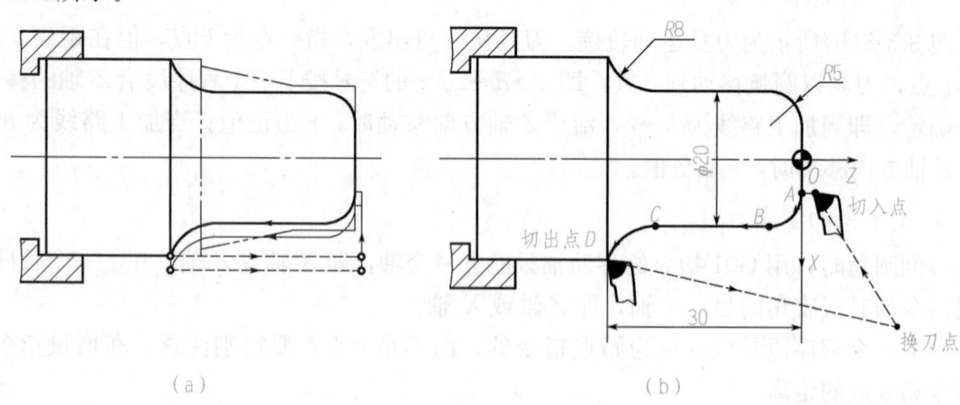

图 3-3-9 圆弧轮廓零件加工路线

(a)分层粗加工路线；(b)精加工路线

3. 填写加工工序卡

填写数控车床加工工序卡，如表 3-3-3 所示。

表 3-3-3　数控车床加工工序卡

零件图号	3-3-1	数控车床加工工艺卡		机床型号	CK6140
零件名称	圆弧轴			机床编号	01
工序	加工内容	切削用量			备注
		S/(r/min)	F/(mm/r)	a_p/mm	
1	平端面	500	—	—	手动
2	粗车轮廓	500	0.2	2	自动
3	精车轮廓	800	0.1	0.25	自动

三、数值计算及基点坐标的确定

1. 圆弧端点坐标的计算

如图 3-3-10 所示，*R*5 mm 圆弧的起点 *A* 的坐标值为(*X*10，*Z*0)，终点 *B* 的坐标值为(*X*20，*Z*—5)。

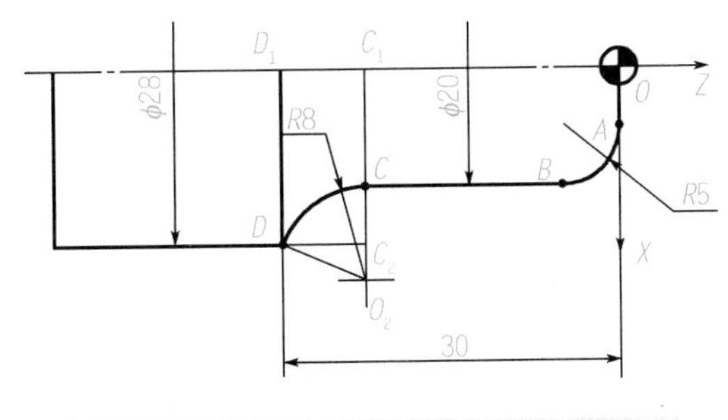

图 3-3-10　圆弧端点坐标的计算

*R*8 mm 圆弧的起点 *C* 点的 *Z* 坐标通过构建直角三角形，根据勾股定理计算得为—23.072 。

2. 轮廓基点坐标的确定

选择工件右端面的回转中心作为工件的编程原点，确定各基点坐标，其中 *X* 向坐标以直径量表示。各基点坐标如下：*O*(*X*0，*Z*0)、*A*(*X*10，*Z*0)、*B*(*X*20，*Z*—5)、*C*(*X*20，*Z*—23.072)、*D*(*X*28，*Z*—30)。

四、编写加工程序

本任务的加工程序如表 3-3-4 所示。

表 3-3-4 加工程序

程序内容	程序说明
O0003;	程序名
N10 G97 G99 G21 G18;	程序初始化，恒转速，每转进给，公制尺寸，XZ 平面加工
N20 S500 M03 T0101 ;	主轴正转，500 r/min 换 1 号刀
N30 G00 X34 Z2 M08;	快速进刀至起刀点，打开切削液
N40 G00 X14;	
N50 G01 X14 Z0 F0.2;	第一层粗车最大切削深度为单边 2 mm，进给量为 0.2 mm/r
N60 G03 X24 Z-5 R5;	
N70 G01 Z-23.072;	
N80 G02 X34 Z-30 R8;	
N90 G00 Z2;	
N100 G00 X10.5;	
N110 G01 X10.5 Z0;	
N120 G03 X20.5 Z-5 R5;	第二层粗车 ϕ20 mm 的外圆至 ϕ20.5 mm，切削深度为单边 1.75 mm
N130 G01 Z-23.072;	
N140 G02 X28.5 Z-30 R8;	
N150 G00 Z2;	
N160 G00 X100 Z100;	快速退刀
N170 S1000;	变转速
N180 G00 X10 Z2;	
N190 G01 Z0 F0.1;	
N200 G03 X20 Z-5 R5;	精车轮廓，进给量为 0.1 mm/r
N210 G01 Z-23.072;	
N220 G02 X28 Z-30 R8;	
N230 G00 X100 Z100 M05;	快速退刀，主轴停转
N240 M09;	切削液关闭
N250 M30	程序结束

五、操作步骤与要点

1)打开机床，回参考点。
2)安装工件、刀具(T01)。
3)对刀并设置刀补参数(T01)。
4)输入程序(O0003)并校验。
5)自动加工。
6)测量工件尺寸。
7)调整、校正工件尺寸。
8)再次测量工件尺寸，合格后拆卸工件。

任务评价

评价标准如表 3-3-5 所示。

表 3-3-5 评价标准表

班级：__________ 姓名：__________ 学号：__________ 成绩：__________

检测项目		技术要求	配分	评分标准	自检记录	交检记录	得分
1	圆柱	ϕ20 mm	20	超差 0.05 mm 全扣			
2	圆弧	R5 mm	15	超差全扣			
		R8 mm	15	超差全扣			
3	长度	30 mm	10	超差 0.05 mm 全扣			
4	程序编写与工艺安排		20	每错一处扣 2 分			
5	安全文明操作		10	倒扣，违者每次扣 2 分			
6	时间：45 min		10	倒扣，酌情扣分			
学生任务实施过程的小结及反馈：							
教师点评：							

知识拓展

编写图 3-3-11 所示零件外圆、台阶、圆弧、圆锥的程序并进行加工，毛坯尺寸为 ϕ40 mm×60 mm。

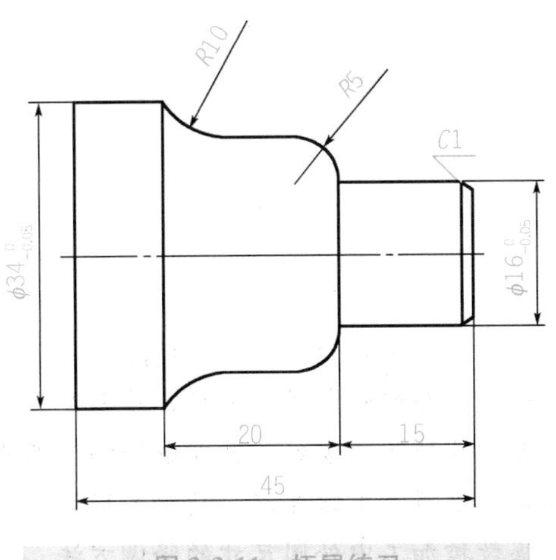

图 3-3-11 拓展练习

拓展练习评价标准如表 3-3-6 所示。

表 3-3-6　拓展练习评价标准表

班级：＿＿＿＿＿＿　姓名：＿＿＿＿＿＿　学号：＿＿＿＿＿＿　成绩：＿＿＿＿＿＿

检测项目		技术要求	配分	评分标准	自检记录	交检记录	得分
1	外圆	$\phi16_{-0.05}^{\ 0}$ mm	10	超差 0.01 mm 全扣			
2		$\phi34_{-0.05}^{\ 0}$ mm	10	超差 0.01 mm 全扣			
3	圆弧	$R5$ mm	10	超差全扣			
4		$R10$ mm	10	超差全扣			
5	长度	15 mm	5	超差 0.05 mm 全扣			
6		20 mm	5	超差 0.05 mm 全扣			
7		45 mm	5	超差 0.05 mm 全扣			
8	倒角	$C1$	5	超差全扣			
9	程序编写与工艺安排		20	每错一处扣 2 分			
10	安全文明操作		10	倒扣，违者每次扣 2 分			
11	时间：45 min		10	倒扣，酌情扣分			
学生任务实施过程的小结及反馈：							
教师点评：							

任务四　阶梯面加工

任务目标

1. 掌握单一固定循环 G90、G94 的指令格式、功能。
2. 正确理解循环加工轨迹，合理确定循环参数，特别是 R 值。
3. 能合理确定简单轴类零件的加工方案，合理选择加工工艺路线。
4. 应用单一固定循环指令编写简单零件粗、精加工程序。
5. 完成工件加工，掌握数控加工中外圆尺寸的修调方法。

任务描述

如图 3-4-1 所示，工件的毛坯尺寸为 $\phi60$ mm×100 mm，材料为 45 钢，试编写其数控车削加工程序并进行加工。

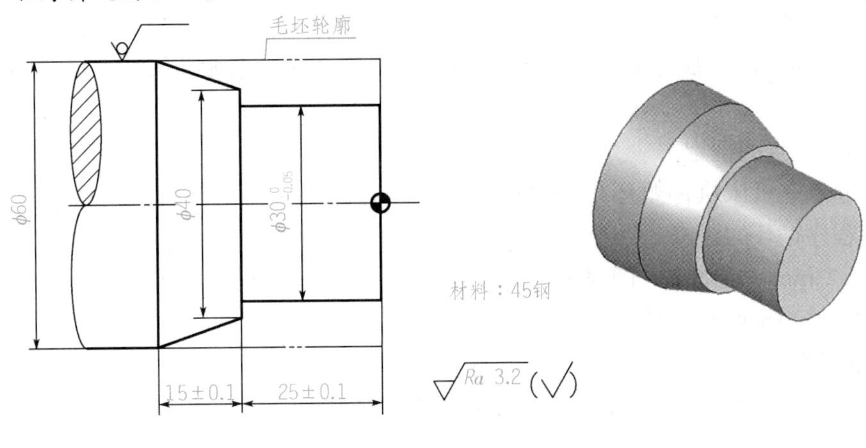

图 3-4-1 阶梯轴加工实例

任务分析

本任务工件加工余量较多，若采用 G00 与 G01 指令进行编程，必然导致程序很长，编程与输入出错概率增加。而采用固定循环指令编程可以使编写的加工程序简洁明了。本任务引入内外圆柱面切削单一形状固定循环指令 G90 和端面切削单一形状固定循环指令 G94。

知识准备

一、单一形状固定循环

1. 内、外圆柱面切削循环指令 G90

(1)指令格式

G90 X(U)_ Z(W)_ F_;

其中，$X(U)$_ $Z(W)$_是循环切削终点处坐标(图 3-4-2 中的 C 点)；F _ 是循环切削过程中的进给量(mm/r 或 mm/min)。

(2)指令运动轨迹说明

如图 3-4-2 所示，圆柱面切削循环的执行过程是矩形循环(4 步动作)，即刀具从循环起点 A 开始以 G00 方式径向移动至 B 点(指令中的 X 坐标处)，再以 G01 方式沿轴向切削工件外圆至终点坐标处(图 3-4-2 中的 C 点)，然后以 G01 方式沿径向车削退至循环

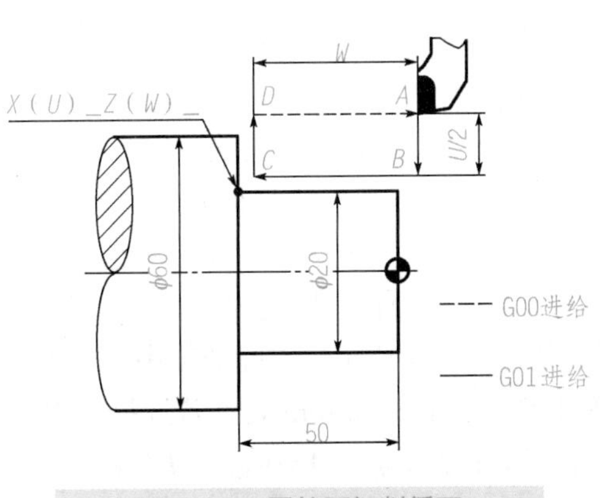

图 3-4-2 圆柱面切削循环

起点的 X 坐标处(图 3-4-2 中的 D 点)，最后以 G00 方式快速返回循环起点 A 处，准备下次切削循环的动作。

G90 指令将 AB、BC、CD、DA 四段插补指令组合成一条循环指令进行编程，达到简化编程的目的。

(3)循环起点的确定

循环起点是机床执行循环指令之前刀位点所在的位置。循环起点既是程序循环的起点，又是程序循环的终点。对于该点坐标的确定，考虑到快速进刀的安全性，Z 向离开加工部位 1～2 mm，在加工外圆表面时，X 向可略大于毛坯外圆直径 2～3 mm；加工内孔时，X 向可略小于底孔直径 2～3 mm。

(4)编程举例

编写图 3-4-2 所示工件的加工程序。其加工程序如下：

```
O0001;
N10 S500 M03 T0101;
N20 G00 X62 Z2;                  快速进刀至循环点
N30 G90 X54 Z-50 F0.2;           粗加工第一刀，切削深度单边 3 mm
N40 X48;                         第二刀
N50 X42;                         第三刀
N60 X38;                         第四刀
N70 X32;                         第五刀
N80 X24;                         第六刀
N90 X20.5;                       第七刀
N90 G90 X20 Z-50 F0.1S1000;      精加工走刀，切削深度单边 0.25 mm
N100 G00 X100 Z100;
N110 M30;
```

2. 圆锥面切削循环 G 指令 90

(1)指令格式

```
G90 X(U)__ Z(W)__ R__ F__;
```

其中：X (U) Z(W)表示循环切削终点坐标(图 3-4-2 中的 C 点)；R 表示被加工圆锥两端面的半径差；F 表示循环切削过程中的进给量(mm/r 或 mm/min)。

(2)指令的运动轨迹说明

圆锥面切削循环的执行过程如图 3-4-3 所示，其动作与圆柱面切削循环类似。

(3)R 值及循环起点的确定

G90 循环指令中的 R 值有正、负之分，具体计算方法为圆锥右端面半径尺寸减去左端面半径尺寸。对于外径车削，锥度左大右小 R 值为负；反之为正。对于内孔车削，锥度左小右大，R 值为正；反之为负。

如图 3-4-4 所示，实际加工中，考虑 G00 进刀的安全性，循环起点位置选择在轴向距离圆锥右端面 1～2 mm 处，若选择在 B_1 点起刀，实际加工路线选择 B_1C，则必然导致锥度误差，因此，应选择在锥面 BC 的延长线上 B_2 点起刀。此时，需重新计算 R 值。圆锥面的锥度 C 为圆锥大、小端直径之差与长度之比，即 $C=(D-d)/L$。

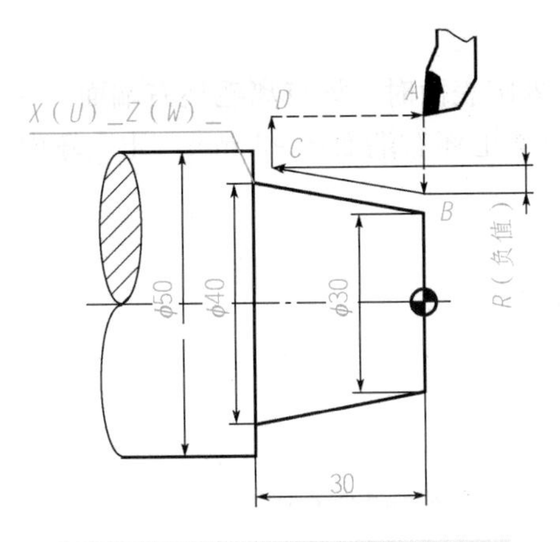

图 3-4-3　圆锥面切削循环

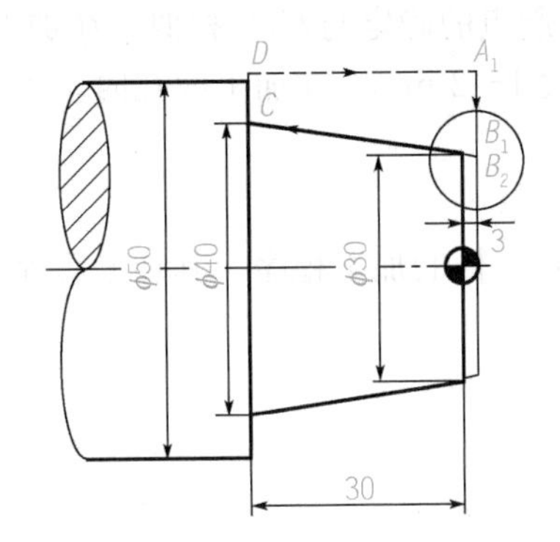

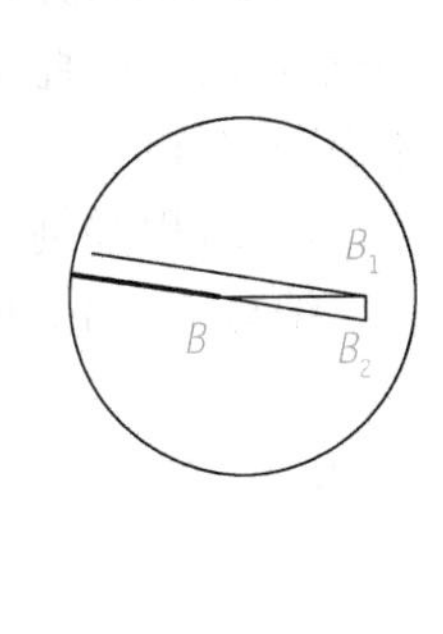

图 3-4-4　锥面切削循环工艺分析

设 Δ 为 C 与 B_2 的直径之差，则 $(40-30)/30=\Delta/(30+3)$，得 $\Delta=11$ mm，即 $R=-\Delta/2=-5.5$(mm)。

(4)编程举例

编写图 3-4-3 所示工件的加工程序。其加工程序如下：

```
O0002;
N10 S500 M03 T0101;
N20 G00 X52 Z2;                      快速进刀至循环点
N30 G90 X54 Z-30 R- 5.5 F0.2;        粗加工第一刀，切削深度单边 3 mm
N40 X48;                             第二刀
N50 X42;                             第三刀
N60 X42;                             第四刀
N70 X40.5;                           第五刀
N80 G90 X40 Z-30 R- 5.5 F0.1 S1000;  精加工走刀，切削深度单边 0.25 mm
N90 G00 X100 Z100;
N100 M30;
```

3. 平端面切削循环指令 G94

(1)指令格式

G94 X(U)__ Z(W)__ F__ ;

其中，X、Z、U、W、F 的含义与 G90 相同。

(2)指令运动轨迹说明

图 3-4-5 所示为平端面切削循环的运动轨迹。刀具从程序起点 A 开始以 G00 方式快速到达指令中的 Z 坐标处(图 3-4-5 中的 B 点)，再以 G01 的方式切削进给至终点坐标处(图 3-4-5 中的 C 点)，然后退至循环起点的 Z 坐标处(图 3-4-5 中的 D 点)，再以 G00 方式返回循环起始点 A，准备下次切削循环的动作。

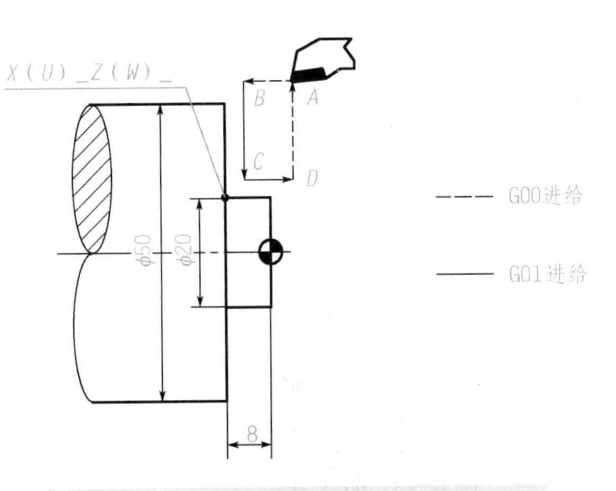

图 3-4-5　平端面切削循环的轨迹

(3)循环起点的确定

端面切削的循环起点的确定与G90相似。在加工外圆表面时，该点离毛坯右端面2～3 mm，比毛坯直径大1～2 mm；在加工内孔时，该点离毛坯右端面2～3 mm，比毛坯内径小1～2 mm。

(4)编程举例

编写图3-4-5所示工件的加工程序。其加工程序如下：

```
O0003;
N10 S500 M03 T0101;
N20 G00 X52 Z2;                         快速进刀至循环点
N30 G94 X20.3 Z-2 F0.2;                 粗加工第一刀，Z向切削深度2 mm
N40 Z-4;                                第二刀
N50 Z-6;                                第三刀
N60 Z-7.8;                              第四刀
N70 G94 X20 Z-8 F0.1 S1000;             精加工走刀，Z向切削深度0.2 mm
N90 G00 X100 Z100;
N100 M30;
```

4. 锥端面切削循环指令G94

(1)指令格式

```
G94 X(U)_ Z(W)_ R_ F_;
```

其中，X、Z、U、W、F的含义与G90相同；R表示锥端面切削起点(图3-4-6中的B点)处的Z坐标值减去其终点(图3-4-6中的C点)处的Z坐标值。

(2)指令运动轨迹说明

图3-4-6所示为锥端面切削循环的运动轨迹。刀具从程序起点A开始以G00方式快速到达指令中的Z坐标处(图3-4-6中的B点)，再以G01的方式切削进给至终点坐标处(图3-4-6中的C点)，然后退至循环起点的Z坐标处(图3-4-6中的D点)，再以G00方式返回循环起始点A，准备下次切削循环的动作。

(3)R值的确定

实际加工中，考虑到G00进刀的安全性，循环起点一般比毛坯直径大1～2 mm，为避免锥度误差，需要重新计算R值，如图3-4-7所示。

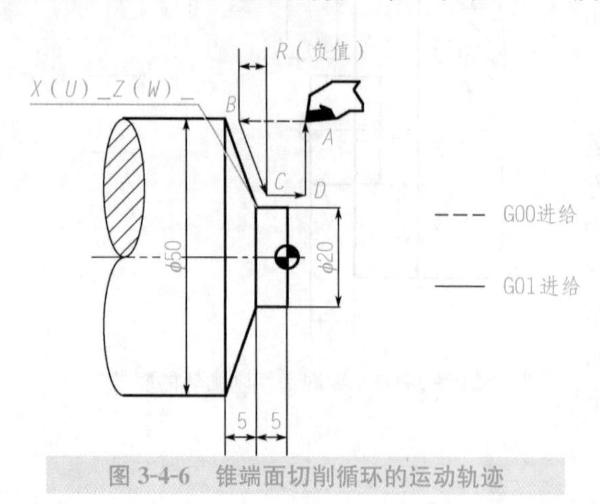

图3-4-6 锥端面切削循环的运动轨迹

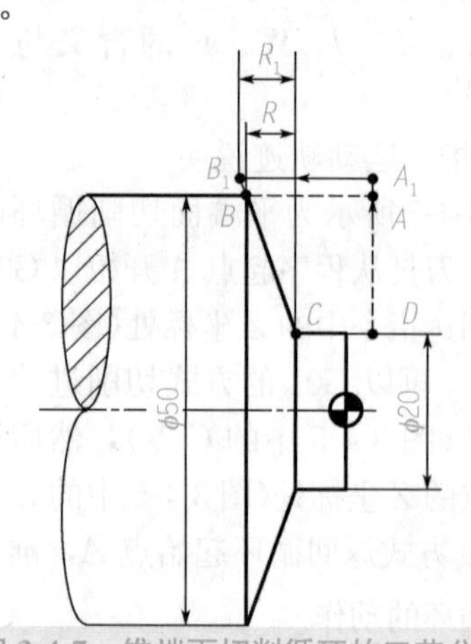

图3-4-7 锥端面切削循环的工艺分析

根据相似三角形原理，对应边长成比例，即

$$\frac{R_1}{R}=\frac{A_1D}{AD}$$

$$\begin{aligned}R_1 &= R\times(AD+AA_1)/AD \\ &= -5\times(15+0.75)/15 \\ &= -5.25(\mathrm{mm})\end{aligned}$$

(4)编程举例

编写图 3-4-6 所示工件的加工程序。其加工程序如下：

```
O0004;
N10 S500 M03 T0101;
N20 G00 X51.5 Z3;                        快速进刀至循环点
N30 G94 X20.3 Z3 R-5.25 F0.2;            粗加工第一刀
N40 Z1;                                  第二刀
N50 Z-1;                                 第三刀
N60 Z-3;                                 第四刀
N70 Z-4.8;                               第五刀
N80 G94 X20 Z-5  R-5.25 F0.1 S1000;      精加工走刀
N90 G00 X100 Z100;
N100 M30;
```

二、使用单一固定循环指令 G90、G94 时的注意事项

1)使用固定循环指令 G90、G94，应根据坯件的形状和工件的加工轮廓进行适当的选择。一般情况下的选择如图 3-4-8 所示。

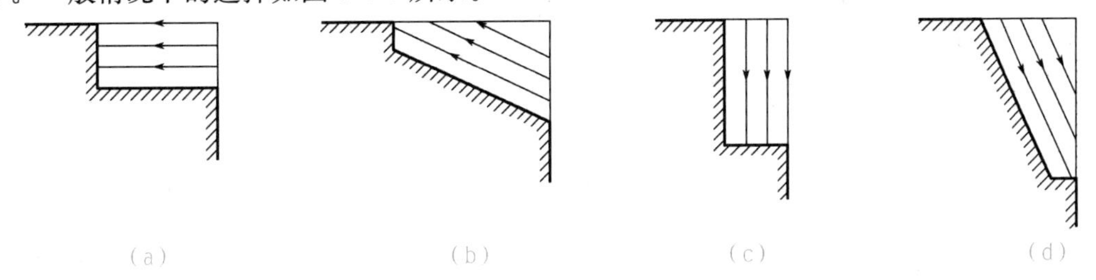

图 3-4-8 固定循环指令 G90、G94 的选择

图 3-4-8(a)为圆柱面切削循环指令 G90，图 3-4-8(b)为圆锥面切削循环指令 G90(考虑 R)，图 3-4-8(c)为平端面切削循环指令 G94，图 3-4-8(d)为锥端面切削循环指令 G94(考虑 R)。

2)由于 X/U、Z/W 和 R 的数值在固定循环期间是模态的，所以，如果没有重新指定 X/U、Z/W 和 R，则原来指定的数据仍有效。

3)对于圆锥切削循环中的 R，在 FANUC 0i 系统数控车床上，有时也用“I”或“K”来执行 R 的功能。

4)如果在使用固定循环的程序段中指定了 EOB 或零运动指令，则重复执行同一固定

循环。

5)如果在固定循环方式下，又指令了 M、S、T 功能，则固定循环和 M、S、T 功能同时完成。

任务实施

一、准备工作

1)工件：材料为 45 钢，毛坯尺寸为 ϕ60 mm×100 mm。

2)设备：FANUC 0i 系统数控车床。

3)工、量、刃具：清单见表 3-4-1。

表 3-4-1 工、量、刃具清单

序号	名称	规格	数量	备注
1	千分尺	0～25 mm，25～50 mm/0.01 mm	1	
2	游标卡尺	0～150 mm/0.02 mm	1	
3	万能角度尺	0°～320°	1	
4	外圆粗车刀	90°	1	T01
5	外圆粗车刀	93°	1	T02

二、制定加工方案

1. 装夹方式

工件采用通用自定心卡盘进行定位与装夹，工件伸出卡盘端面外长度约为 60 mm。

2. 加工方案及加工路线

采用一次装夹，先分段粗车圆柱面、圆锥面，再按轮廓完成表面的精加工。圆柱面加工的循环起点为(X62.0，Z2.0)，圆锥面加工的循环起点为(X64.0，Z−22.0)。加工路线如图 3-4-9 所示。

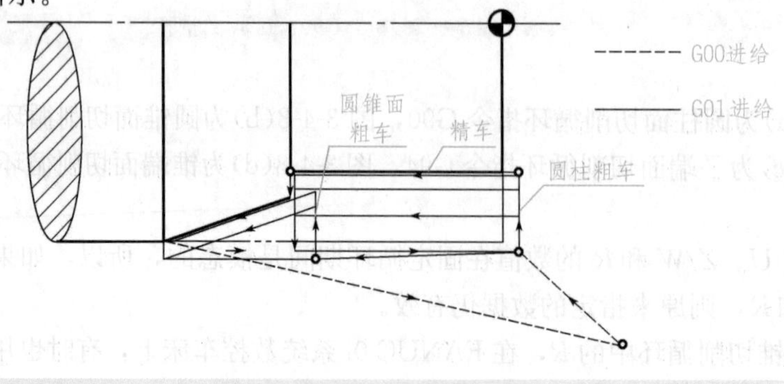

图 3-4-9 加工路线

3. 填写加工工序卡

填写数控车床加工工序卡，如表 3-4-2 所示。

表 3-4-2 数控车床加工工序卡

零件图号	3-4-1	数控车床加工工艺卡		机床型号	CK6140
零件名称	阶梯轴			机床编号	01
工序	加工内容	切削用量			备注
		S/(r/min)	F/(mm/r)	a_p/mm	
1	平端面	500	—	—	手动
2	粗车轮廓	500	0.2	3	自动
3	精车轮廓	1000	0.1	0.25	自动

三、数值计算及基点坐标的确定

1. 锥度 R 值的计算

根据公式 $C=(D—d)/L$，则：

$$\frac{(60-40)}{15}=\frac{\Delta}{(15+3)}$$

得 $\Delta=24$ mm，即 $R=-\Delta/2=-12$(mm)。

2. 轮廓基点坐标的确定

选择工件右端面的回转中心作为工件的编程原点，确定各基点坐标，其中 X 向坐标以直径量表示。

如图 3-4-10 所示，基点坐标如下：原点 O(X0，Z0)、A(X62，Z2)、B(X64，Z−22)、C(X30，Z0)、D(X30，Z−25)、E(X40，Z−25)、F(X60，Z−40)。

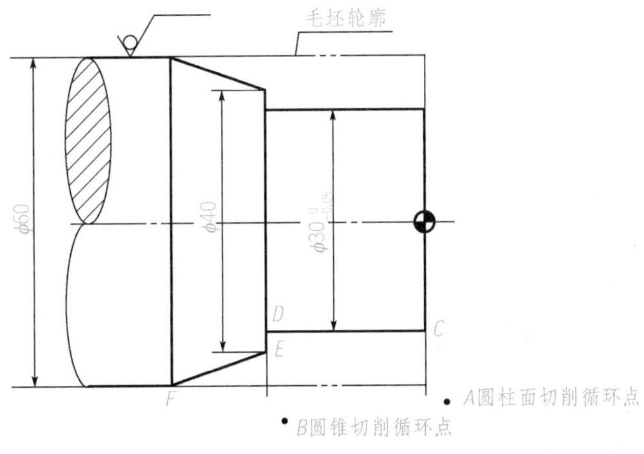

图 3-4-10 轮廓基点确定

四、编写加工程序

本任务的加工程序如表 3-4-3 所示。

表 3-4-3 加工程序

程序内容	程序说明
O0004;	程序名
N10 G97 G99 G21 G18;	程序初始化，恒转速，每转进给，公制尺寸，XZ 平面加工
N20 S500 M03 T0101;	主轴正转，500 r/min 换 1 号刀
N30 G00 X62 Z2 M08;	快速定位至圆柱面切削循环点，打开切削液
N40 G90 X54 Z-25 F0.2;	第一刀循环粗车切削深度为单边 3mm
N50 X48;	第二刀
N60 X42;	第三刀
N70 X36;	第四刀
N80 X30.5;	第五刀
N90 G00 X64 Z-22;	快速定位至圆锥面切削循环点
N100 G90 X64 Z-40 R-12 F0.2;	粗车圆锥面第一刀
N110 X60.5;	第二刀
N120 G00 X100 Z100;	回换刀点
N130 M05;	主轴停
N140 M00;	程序暂停
N150 T0202 S1000 M03;	换 2 号精车刀，主轴变速
N160 G00 X62 Z2;	快速定位至精加工起刀点
N170 X30;	进刀至切入点
N180 G01 Z-25 F0, 1;	
N190 X40;	精车外轮廓
N200 X60 Z-40;	
N210 G00 X100 Z100 M05;	程序结束部分
N220 M30	

五、操作步骤与要点

1)打开机床，回参考点。
2)安装工件、刀具(T01、T02)。
3)对刀并设置刀补参数(T01、T02)。
4)输入程序(O0004)并校验。
5)自动加工。
6)测量工件尺寸。
7)调整、校正工件尺寸。
8)再次测量工件尺寸，合格后拆卸工件。

任务评价

评价标准如表 3-4-4 所示。

表 3-4-4　评价标准表

班级：__________　姓名：__________　学号：__________　成绩：__________

检测项目		技术要求	配分	评分标准	自检记录	交检记录	得分
1	圆柱	$\phi30_{-0.05}^{0}$ mm	20	超差 0.01 mm 全扣			
2	圆锥		20	超差 0.01 mm 全扣			
3	长度	25 mm±0.1 mm	10	超差 0.01 mm 全扣			
4		15 mm±0.1 mm	10	超差 0.01 mm 全扣			
5	程序编写与工艺安排		20	每错一处扣 2 分			
6	安全文明操作		10	倒扣，违者每次扣 2 分			
7	时间：45 min		10	倒扣，酌情扣分			
学生任务实施过程的小结及反馈：							
教师点评：							

知识拓展

编写图 3-4-11 所示零件外圆、台阶、圆弧、圆锥的程序并进行加工，毛坯尺寸为 $\phi45$ mm×50 mm。

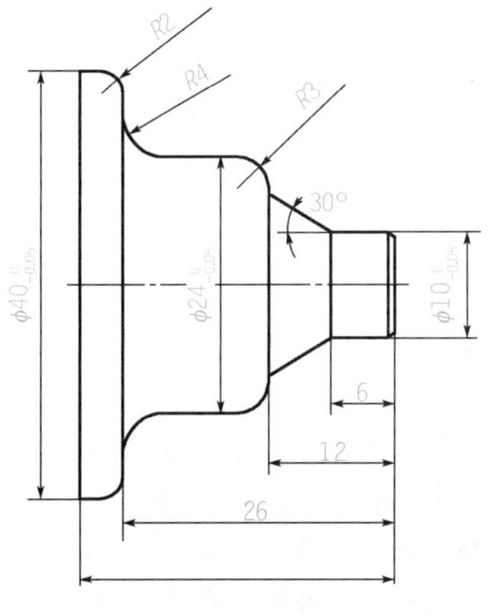

图 3-4-11　拓展练习

拓展练习评价标准如表 3-4-5 所示。

表 3-4-5 拓展练习评价标准表

班级：__________ 姓名：__________ 学号：__________ 成绩：__________

检测项目		技术要求	配分	评分标准	自检记录	交检记录	得分
1	外圆	$\phi 10_{-0.05}^{0}$ mm	10	超差 0.05 mm 全扣			
2		$\phi 24_{-0.05}^{0}$ mm	10	超差 0.05 mm 全扣			
3		$\phi 40_{-0.05}^{0}$ mm	10	超差 0.05 mm 全扣			
4	锥度	$\frac{\alpha}{2}=30°$	10	超差全扣			
5	长度	6 mm	5	超差 0.05 mm 全扣			
6		12 mm	5	超差 0.05 mm 全扣			
7		26 mm	5	超差 0.05 mm 全扣			
8		30 mm	5	超差 0.05 mm 全扣			
9	程序编写与工艺安排		20	每错一处扣 2 分			
10	安全文明操作		10	倒扣，违者每次扣 2 分			
11	时间：45 min		10	倒扣，酌情扣分			
学生任务实施过程的小结及反馈：							
教师点评：							

任务五 成形面加工

任务目标

1. 掌握复合固定循环指令 G70、G71、G73 的指令格式、功能。
2. 掌握 G71、G73 指令内部参数的含义及其加工轨迹的特点。
3. 掌握 G70、G71、G73 的编程方法及编程规则。
4. 熟悉较复杂轮廓工件加工方案的确定方法，合理选择加工路线。
5. 完成工件加工，掌握数控加工中外圆尺寸的修调方法。

任务描述

如图 3-5-1 所示，工件的毛坯尺寸为 ϕ120 mm×200 mm，材料为 45 钢，试编写其数控车削加工程序并进行加工。

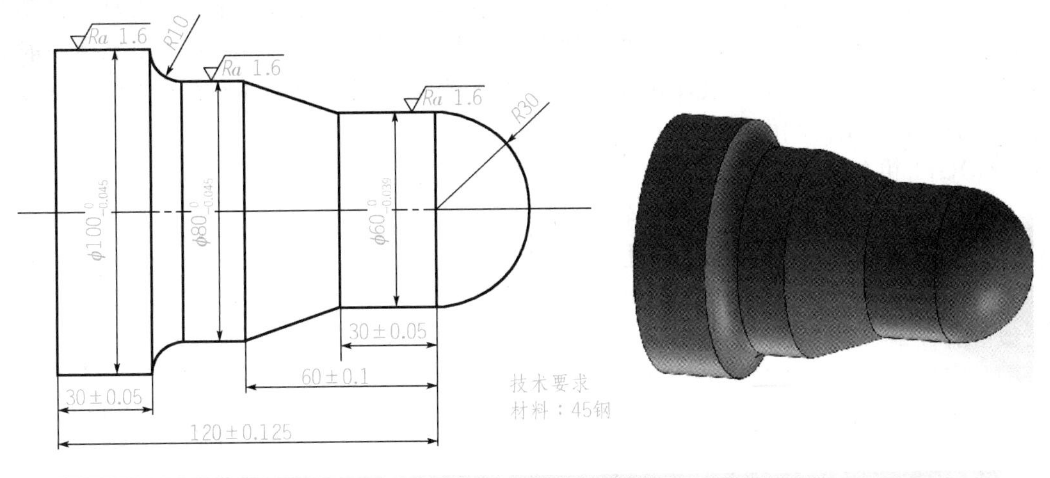

图 3-5-1 成形面加工实例

任务分析

本任务中零件外形轮廓的形状比较复杂，为了简化程序，更快捷地去除余量，需要学习复合固定循环指令 G70、G71、G73 等。由图 3-5-1 可知，该零件外圆尺寸的加工精度比较高，如何在加工中进行尺寸修调以保证精度，也是本任务将要学习的重要技能之一。

知识准备

一、内、外圆粗、精车固定循环指令

1. 粗车循环指令 G71

(1)指令格式

G00 X__ Z__；(快速定位至循环起点)

G71 U $\underline{\Delta d}$ R $\underline{e}$；

G71 P$\underline{ns}$ Q$\underline{nf}$ U$\underline{\Delta u}$ W$\underline{\Delta w}$ F__ S__ T__；

N $\underline{ns}$……；

⋮　　(用以描述精加工轮廓)

⋮

N $\underline{nf}$……；

其中：Δd 表示 X 向切削深度(半径量指定)，不带符号，且为模态值；e 表示退刀量(半径量指定)，其值为模态值；Δu 表示 X 方向精车余量的大小和方向，用直径量指定，该加工

余量具有方向性，即外圆的加工余量为正，内孔加工余量为负；Δw 表示 Z 方向精车余量的大小和方向；ns 表示精加工程序段的起始段号；nf 表示精加工程序段的结束段号；F、S、T 分别表示粗加工循环中的进给速度、主轴转速与刀具功能。

(2)循环起点的确定

通常，执行之前循环指令，要让刀具先定位到循环起点，循环结束后，刀具会自动退刀至循环起点，准备下一次循环。考虑到安全因素，外圆车削循环起点的 X 坐标一般取比毛坯直径大 2～3 mm，内孔车削循环起点的 X 坐标一般取比毛坯底孔小 2～3 mm，Z 坐标一般取距离工件端面 1～2 mm。

(3)G71 粗车循环走刀轨迹

图 3-5-2 所示为 G71 粗车循环轨迹：数控系统根据程序中从程序段“Nns”到“Nnf”所描述的精加工轮廓，在预留出 X 和 Z 向精加工余量 Δu 和 Δw 后，计算出粗加工实际轮廓的各个坐标值。刀具按照分层粗切法将余量去除(刀具向 X 向进刀 Δd 后，切削外圆后按 e“值沿 45°方向退刀，循环切削直至粗加工余量被切除)。此时工件斜面和圆弧部分形成台阶状表面，然后按精加工轮廓光整表面，最终形成在工件 X 向留有 Δu 大小的余量、Z 向留有 Δw 大小余量的轴。

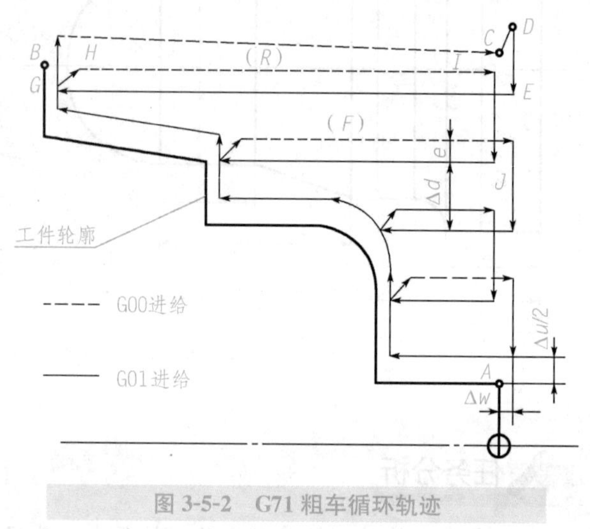

图 3-5-2 G71 粗车循环轨迹

(4)指令说明

1)在 FANUC 0i 系统中，G71 指令要求加工零件的轮廓形状必须是单调递增(外圆加工)或单调递减(内孔加工)的形式。

2)G71 指令中的 F 和 S 值是粗加工循环中的 F 和 S 值，该值一经指定，则在程序段段号“Nns”和“Nnf”之间所有的 F 和 S 值均无效。另外，该值也可以不指定，而沿用前面程序段中的 F、S 值，并可以沿用到粗、精加工结束后的程序中去。

3)在 FANUC 系统中，G71 指令的“Nns”程序段必须沿 X 向进刀，且不能出现 Z 坐标字，否则系统会出现程序报警，如下所示：

```
N100 G01 X30; 正确的 Nns 程序段格式
N100 G01 X30 Z2; 错误的 Nns 程序段格式，程序段中出现了 Z 坐标字
```

4)G71 指令中的“Nnf”程序段的编写，应尽量使刀具沿 X 方向退至毛坯。

2. 精车循环 G70

(1)指令格式

```
G00 X__ Z__; 快速定位至循环起点
G70 Pns  Qnf ;
```

其中，ns 表示精加工程序段的起始段号；nf 表示精加工程序段的结束段号；

(2)指令说明

1)G70 循环起点与对应的粗加工复合循环指令的循环起点可取相同值。

2)执行 G70 循环时，刀具沿工件的实际轨迹进行切削，循环结束后刀具返回循环起点。

3)G70 指令用在 G71、G72、G73 指令的程序内容之后，不能单独使用。

4)G70 执行过程中的 F 和 S 值，由精加工程序段 ns 和 nf 之间给出的 F 和 S 值指定。

3. 编程实例

1)编写图 3-5-3 所示工件的粗、精加工程序(毛坯尺寸为 ϕ26 mm×80 mm)。

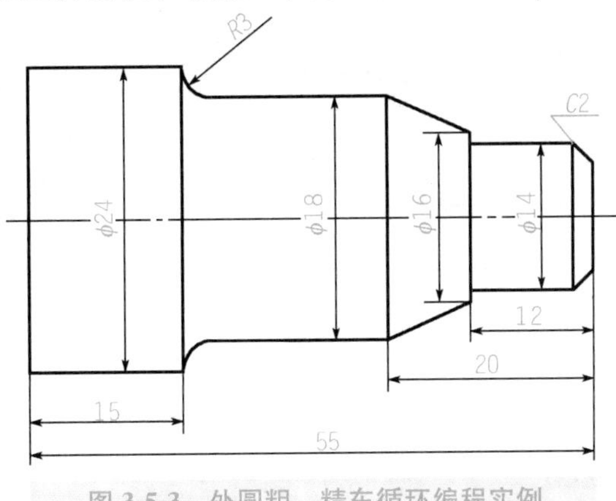

图 3-5-3 外圆粗、精车循环编程实例

其加工程序如下：

```
O0001;
N10  G97 G99 G21;
N20  G00 X100 Z100 S500 M03 T0101;
N30  G00 X28 Z2;                          快速定位至循环点
N40  G71 U1 R1;                           粗加工循环，每刀单边切深 1mm，退刀量 1 mm
N50  G71  P60  Q160  U0.5  F0.2;          X 向留 0.5mm 精加工余量
N60  G00 X0;
N70  G01 Z0;
N80      X10;
N90      X14 Z-2;
N100    Z-12;
N110    X16;                              N60～N160 精加工轮廓描述程序
N120    X18 Z-20;
N130    Z-37;
N140  G02 X24 Z-40 R3;
N150  Z-55;
N160  X26;
N170  G70 P60 Q160 F0.1 S1000;            精加工循环
N180  G00  X50  Z50;
N190  M05;
N200  M30;
```

2)编写图 3-5-4 所示零件的内孔粗、精加工循环程序。

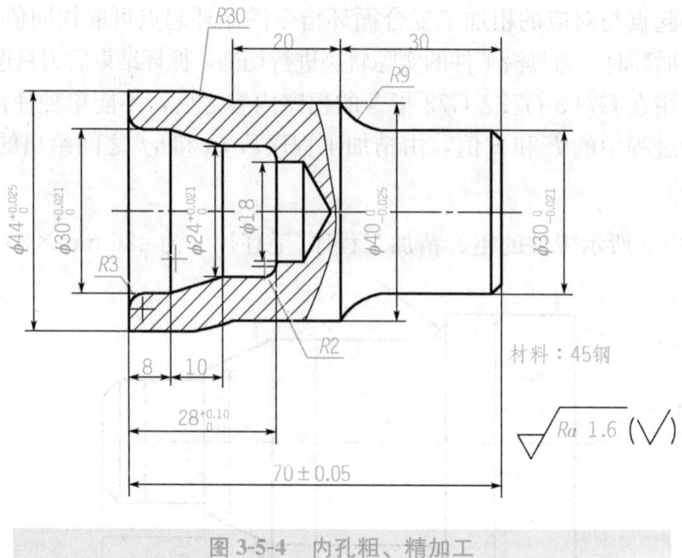

图 3-5-4 内孔粗、精加工

其加工程序如下：

```
O0002;
N10   G97 G99 G21 G18 ;
N20   G00 X100 Z100 S500 M03 T0101;       T01 粗车循环刀具
N30   G00 X16 Z2 M08;                     快速定位至循环点
N40   G71 U1 R1;                          粗加工循环，每刀单边切深 1 mm，退刀量 1 mm
N50   G71 P60 Q130 U-0.5 F0.2;            X 向留 0.5 mm 精加工余量因内孔循环，U 取负值
N60G00 X36.0 S1000;
N70G01 Z0 F0.08;
N80   G02 X30 Z-3 R3;
N90G01 Z-8;                               N60～N130 精加工轮廓描述程序
N100G01 X24 Z-18;
N110Z-26;
N120G03 X20 Z-28 R2;
N130G01 X18;
N140G00 X100 Z100;                        T02 精车循环刀具
N150M05;
N160M00;
N170T0202;
N180   S1000 M03;
N190   G00 X16 Z2;
N200   G70 P60 Q130;                      精加工循环
N210   G00 X100 Z100   M05;
N220 M30;
```

二、端面粗车固定循环指令 G72

1. 指令格式

```
G00 X__ Z__; 快速定位至循环起点
G72 WΔd Re;
G72 Pns Qnf UΔu WΔw F__ S__ T__;
Nns……;
  ⋮      用以描述精加工轮廓
  ⋮
Nnf……;
```

其中：Δd 表示 Z 向切削深度，不带符号，且为模态值；其余参数意义同 G71 一样。

2. 循环起点的确定

G72 循环起点尽量靠近毛坯，对外轮廓，宜取在毛坯右下角点，X 向略大于毛坯直径，Z 向距离端面 1～2 mm；对内轮廓，X 向略小于底孔直径。

3. 端面循环走刀轨迹

图 3-5-5 所示为 G72 循环的加工轨迹，首先根据精加工程序描述的轮廓，预留出 X 和 Z 向精加工余量 Δu 和 Δw 后，计算出粗加工实际轮廓的各个坐标值。刀具按层切法将余量去除(刀具向 Z 向进刀 Δd 后，切削端面后按 e 值 45°退刀，循环切削直至粗加工余量被切除)，此时工件斜面和圆弧部分形成台阶状表面，而后按精加工轮廓光整表面，最终在工件 X 向留有 Δu 大小的余量、Z 向留有 Δw 大小的余量。

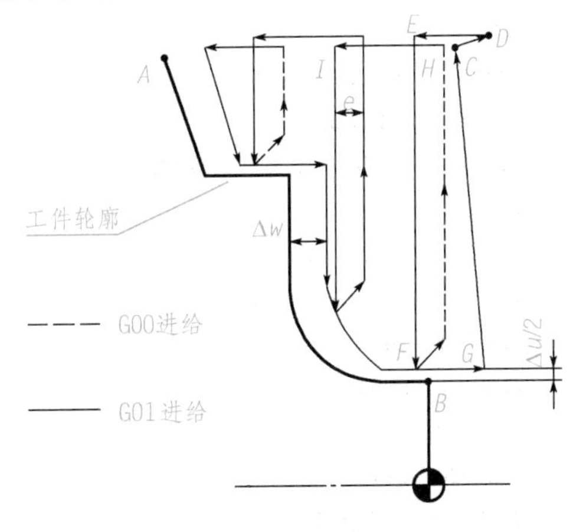

图 3-5-5 G72 端面循环走刀轨迹

4. 指令说明

G72 循环所加工的轮廓形状，必须采用单调增加或单调递减的形状。对于 G72 指令中的“ns”程序段，同样应特别注意其书写格式，如下所示：

```
N100 G01 Z-30;          正确的“ns”程序段
N100 G01 X30 Z-30;      错误的“ns”程序段，程序段中出现了 X 坐标字
```

5. 端面精车循环

端面精车循环指令格式与前面 G70 的格式完全相同，执行 G70 循环时，刀具沿工件的实际轨迹进行切削，循环结束后刀具返回循环起点。

6. 编程实例

编写图 3-5-6 所示零件的加工程序。

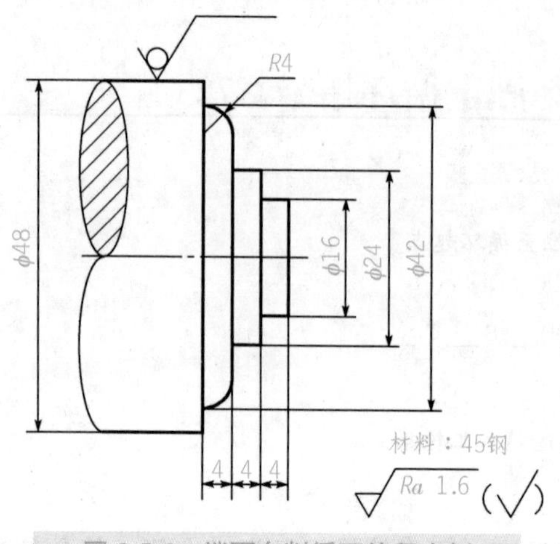

图 3-5-6 端面车削循环编程实例

其加工程序如下：

```
O0003;
N10 G99 G40 G21;
N20 T0101;
N30 G00 X50 Z1 M03 S500;          快速定位至粗车循环起点
N40 G72 W2 R0.5;                  端面粗车循环，加工参数设定
N50 G72 P60 Q120 U0.1W0.3 F0.15;
N60 G00 Z-12 S1000;
N70 G01 X42 F0.08;
N80 G02 X34 Z-8 R4.0;
N90 G01 X24;
N100 G01 Z-4;
N110 G01 X16;
N120 G01 Z1;                      走刀至切出点
N130 G70 P60 Q120;                不换刀，精车循环
N140 G00 X100 Z100;
N150 M30;
```

三、复合固定循环 G73

1. 指令格式

```
G00 X__ Z__; 快速定位至循环起点
G73 UΔi  WΔk  Rd ;
G73 Pns Qnf  UΔu WΔw  F__ S__ T__ ;
N ns......;
    ⋮          用以描述精加工轮廓
    ⋮
N nf......;
```

其中，Δi 表示 X 向毛坯最大切除余量(半径值、正值)；Δk 表示 Z 向毛坯切除余量(正

值)；d 表示粗切循环的次数；其余参数参照 G71 指令。

2. G73 粗车循环走刀轨迹

图 3-5-7 所示为 G73 粗车循环走刀轨迹。刀具从循环起点 C 点开始，快速退刀至 D 点(在 X 向的退刀量为 $\Delta u/2+\Delta i$，在 Z 向的退刀量为 $\Delta w+\Delta k$)；快速进刀至 E 点(E 点坐标值系统会自动根据 A 点坐标、精加工余量、X 向毛坯切除余量 Δi 和 Z 向毛坯切除余量 Δk 及粗加工次数确定)；沿轮廓形状偏移一定值后切削至 F 点；然后快速返回 G 点，准备第二层循环切削；如此分层(分层次数由循环程序中的参数 d 确定)切削至循环结束后，快速退回循环起点 C 点。

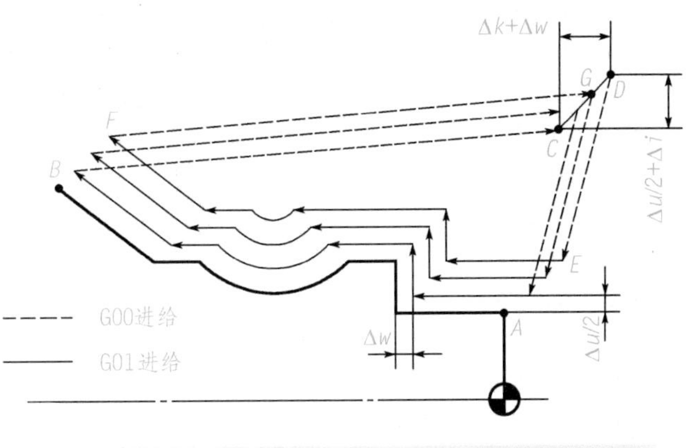

图 3-5-7　G73 粗车循环走刀轨迹

3. 指令说明

1)G73 程序段中，"ns"所指程序段可以向 X 轴或 Z 轴的任意方向进刀。

2)G73 循环加工的轮廓形状，没有单调递增或单调递减形式的限制。该指令一般用于毛坯为铸造件的轮廓的粗车循环加工。

3)G73 循环粗车后仍采用 G70 循环进行工件的精车，执行 G70 循环时，刀具沿工件的实际轨迹进行切削。

4)加工未切除余料的棒料毛坯时，Δi 为 X 向毛坯最大切除余量，可通过(毛坯尺寸－零件轮廓最小部分尺寸)/2 来估算。

5)加工有内凹结构的工件时，为了保证刀具副后面在加工过程中不与工件表面发生摩擦，往往要求刀具的副偏角 K_r 较大，由于刀具的主偏角 K_r 一般取 90°～93°，所以应选择刀尖角 ε_r 较小的刀具，俗称"菱形刀"。常用的数控机夹式外圆车刀的刀尖角有 55°和 35°两种。

4. 编程实例

编写图 3-5-8 所示零件的加工程序。

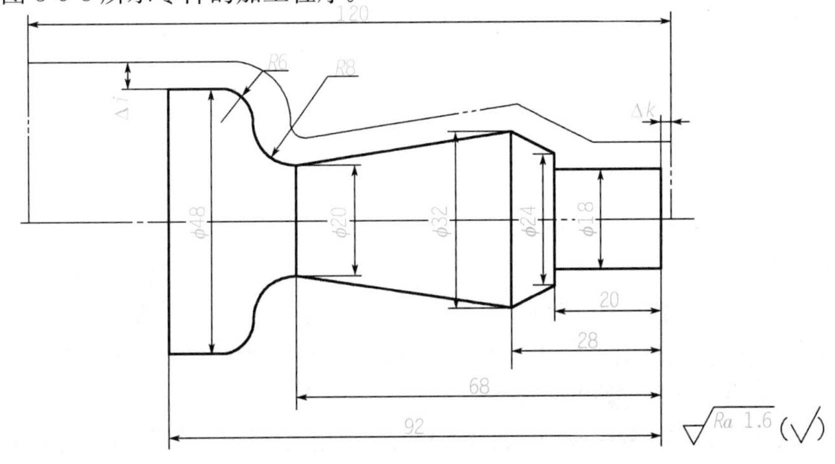

图 3-5-8　G73 粗车循环编程实例

其加工程序如下：

```
O0004;
N10 T0101;                           55°菱形刀片外圆车刀
N20 G00 X60 Z5 S500 M03;             快速定位至粗车循环起点
N30 G73 U5 W0 R3;                    粗车循环及参数设定
N40 G73 P50 Q140 U0.5 W0.1 F0.15;
N50 G00 X18 Z1 S1000;
N60 G01 Z-20 F0.08;
N70 X24;
N80 X32 Z-28;
N90 X20 Z-68;
N100 G02 X36 Z-76 R8;
N120 G03 X48 Z-82 R6;
N130 G01 Z-92;
N140 G01 X60
N150 G70 P50 Q140;
N160 G00 X100 Z100;
N170 M30;
```

四、使用固定循环指令 G71、G72、G73、G70 的注意事项

1)选用内、外圆复合固定循环，应根据毛坯的形状、工件的加工轮廓及其加工要求适当进行。

①G71 固定循环主要用于径向尺寸要求比较高、轴向切削尺寸大于径向切削尺寸的毛坯工件的粗车循环。编程时，X 向的精车余量取值一般大于 Z 向精车余量的取值。

②G72 固定循环主要用于端面精度要求比较高、径向切削尺寸大于轴向切削尺寸的毛坯工件的粗车循环。编程时，Z 向的精车余量取值一般大于 X 向精车余量的取值。

③G73 固定循环主要用于已成形工件(如铸造毛坯)的粗车循环。精车余量根据具体的加工要求和加工形状来确定。

2)使用内、外圆复合固定循环进行编程时，在其“ns”～“nf”之间的程序段中，不能含有以下指令。

①固定循环指令；

②参考点返回指令；

③螺纹切削指令；

④宏程序调用或子程序调用指令。

3)执行 G71、G72、G73 循环指令时，只有在 G71、G72、G73 指令的程序段中 F、S、T 是有效的，在调用的程序段“ns”～“nf”之间编入的 F、S、T 功能将被全部忽略。相反，在执行 G70 精车循环时，G71、G72、G73 程序段中指令的 F、S、T 功能无效，这时，F、S、T 值决定于程序段“ns”～“nf”之间编入的 F、S、T 功能。

4)在 G71、G72、G73 程序段中，$\Delta d(\Delta i)$、Δu 都用地址符 U 进行指定，而 Δk、Δw 都用地址符 W 进行指定，系统是根据 G71、G72、G73 程序段中是否指定 P、Q 以区分 $\Delta d(\Delta i)$、

Δu及Δk、Δw的。当程序段中没有指定P、Q时，该程序段中的U和W分别表示$\Delta d(\Delta i)$和Δk；当程序段中指定了P、Q时，该程序段中的U、W分别表示Δu和Δw。

5)在G71、G72、G73程序段中的Δw、Δu是指精加工余量值，该值按其余量的方向有正、负之分。另外，G73指令中的Δi、Δk值也有正、负之分，其正负值是根据刀具位置和进退刀方式来判定的。

五、外圆尺寸的修调方法

当零件外圆尺寸精度要求较高时，因机床精度误差、刀具磨损误差及测量误差等因素的影响，通过常规对刀后直接按程序加工通常无法保证加工精度，需要通过修调来保证。常见的修调方法有修改程序中的编程坐标、在对刀建立工件坐标系时有针对性地对径向坐标进行补偿，借助磨耗进行修调等。加工中常需要根据误差的不同特点选择不同的方法。

数控机床上刀具补偿参数界面中的磨耗值通常用于补偿刀具的磨损量，改变该值可以改变零件的加工尺寸，所以也常用于补偿加工误差值。实际加工中，借助磨耗值修调尺寸的方法正确率高，操作方便。

通常为避免粗加工误差对精加工的影响，通常采用两次精加工，即粗加工、精加工、二次精加工的加工方案，精加工与二次精加工条件保证基本一致。例如，外圆加工尺寸为$\phi 34_{-0.05}^{\ 0}$ mm，其外圆尺寸的修调及磨耗值的确定如表3-5-1所示。

表3-5-1　外圆尺寸的修调及磨耗值的确定　　　　单位：mm

加工阶段	编程值	磨耗值	实测值	误差
粗加工(分层)	34.5	+0.5(预留)		
粗加工	34.0	+0.5(预留)	34.45	−0.05
二次精加工	34.0	−0.025+0.05	33.98	

由表3-5-1可知，借助于磨耗修调尺寸的具体操作过程如下：首先在磨耗中预留精加工余量(注意，该余量应与程序中的精加工余量取相同值)，接着按程序执行完粗加工、精加工后检测工件尺寸，根据实测值再次修调磨耗值(注意，误差为负值，磨耗中应补偿对应的正值)，最后在编辑模式下在精加工程序段前插入刀号刀补号，切换至自动加工模式，循环启动再执行一次精加工程序以完成零件的加工。二次精加工中，尺寸按中间公差值进行修调，如表3-5-1中−0.025 mm，这样通过两次精加工有效保证了加工精度。

任务实施

一、准备工作

1)工件：材料为45钢，毛坯尺寸为ϕ120 mm×200 mm。

2)设备：FANUC 0i系统数控车床。

3)工、量、刃具：清单见表3-5-2。

表 3-5-2 工、量、刃具清单

序号	名称	规格	数量	备注
1	千分尺	50～75 mm，75～100 mm/0.01 mm	各 1	
2	游标卡尺	0～150 mm/0.02 mm	1	
3	R 规	R10 mm～R30 mm	1 套	
4	外圆粗车刀	90°	1	T0101
5	外圆精车刀	93°	1	T0202
6	切断刀	刀宽 3 mm	1	

二、制定加工方案

1. 装夹方式

工件采用通用自定心卡盘进行定位与装夹。工件伸出卡盘端面外长度约 160 mm。

2. 加工方案及加工路线

本任务采用一次装夹，用 G71 循环依次完成 R30 mm 的圆弧、ϕ60 mm 外圆、ϕ80 mm 外圆、ϕ100 mm 外圆、R10 mm 圆弧的粗加工，再用 G70 循环完成精加工，最后切断。粗、精加工的循环起点为(X122，Z2)。

3. 填写加工工序卡

填写数控车床加工工序卡，如表 3-5-3 所示。

表 3-5-3 数控车床加工工序卡

零件图号	3-5-1	数控车床加工工艺卡		机床型号	CK6140
零件名称	轴			机床编号	01
工序	加工内容	切削用量			备注
		S/(r/min)	F/(mm/r)	a_p/mm	
1	平端面	500	—	—	手动
2	粗车轮廓	500	0.2	2	自动
3	精车轮廓	1 000	0.1	0.25	自动
4	切断	400			手动

三、数值计算及基点坐标的确定

选择工件右端面的回转中心作为工件的编程原点，确定各基点坐标，其中 X 向坐标以直径量表示。如图 3-5-9所示，各基点坐标如下：原点 O(X0，Z0)、A(X60，$Z-30$)、B(X60，$Z-60$)、C(X80，$Z-90$)、D(X80，$Z-110$)、E(X100，$Z-120$)、F(X100，$Z-150$)。

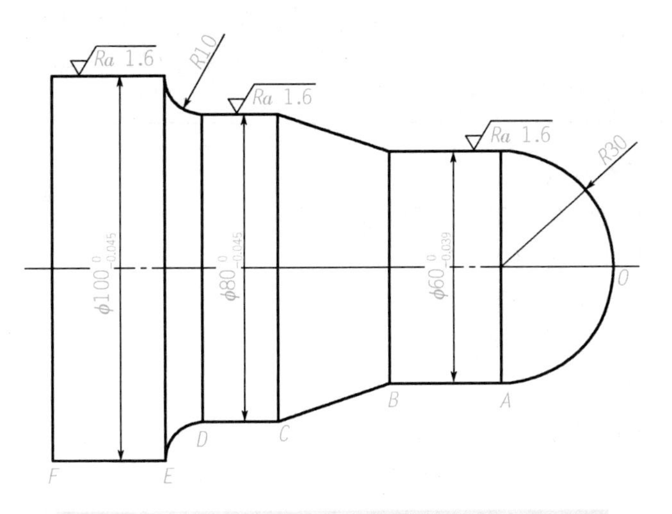

图 3-5-9　轮廓基点确定

四、编写加工程序

本任务的加工程序如表 3-5-4 所示。

表 3-5-4　加工程序

程序内容	程序说明
O0005;	程序名
N10 G97 G99 G21 G18;	程序初始化，恒转速，每转进给，公制尺寸，XZ 平面加工主轴正转，500r/min 换 1 号刀
N20 S500 M03 T0101;	
N30 G00 X122 Z2 M08;	快速定位至粗车循环点
N40 G71 U2 R1;	粗车循环
N50 G71 P60 Q140 U0.5 F0.2;	
N60 G00 X0;	
N70 G01 Z0 F0.1;	
N80 G03 X60 Z-30 R30;	
N90 G01 Z-60;	
N100 G01 X80 Z-90;	
N110 Z-110;	
N120 G02 X100 Z-120 R10;	
N130 G01 Z-150;	
N140 G01 X120;	
N145 G00 X150 Z100;	
N150 M05;	
N160 M00;	
N170 T0202 S1000 M03;	换 2 号精车刀
N180 G00 X122 Z2;	
N190 G70 P60 Q140;	精车外轮廓
N200 G00 X150 Z100;	
N210 M05;	
N220 M09;	程序结束部分
N230 M30	

五、操作步骤与要点

1)打开机床，回参考点。
2)安装工件、刀具(T01、T02、T03)。
3)对刀并设置刀补参数(T01、T02)。
4)输入程序(O0005)并校验。
5)自动加工。
6)测量工件尺寸。
7)调整、校正工件尺寸。
8)再次测量工件尺寸，合格后拆卸工件。

任务评价

评价标准如表 3-5-5 所示。

表 3-5-5　评价标准表

班级：__________　姓名：__________　学号：__________　成绩：__________

检测项目		技术要求	配分	评分标准	自检记录	交检记录	得分
1	圆柱	$\phi60_{-0.039}^{0}$ mm	10	超差 0.01 mm 全扣			
2		$\phi80_{-0.045}^{0}$ mm	10	超差 0.01 mm 全扣			
3		$\phi100_{-0.045}^{0}$ mm	10	超差 0.01 mm 全扣			
4	圆弧	$R30$ mm	5	超差全扣			
5		$R10$ mm	5	超差全扣			
6	长度	30 mm±0.05 mm	5	超差 0.01 mm 全扣			
7		60 mm±0.1 mm	5	超差 0.01 mm 全扣			
8		30 mm±0.05 mm	5	超差 0.01 mm 全扣			
9		120 mm±0.125 mm	5	超差 0.01 mm 全扣			
10	程序编写与工艺安排		20	每错一处扣 2 分			
11	安全文明操作		10	倒扣，违者每次扣 2 分			
12	时间：45 min		10	倒扣，酌情扣分			
学生任务实施过程的小结及反馈：							
教师点评：							

知识拓展

编写图 3-5-10 所示零件外圆、台阶、圆弧的程序并进行加工，毛坯尺寸为 ϕ45 mm×100 mm。

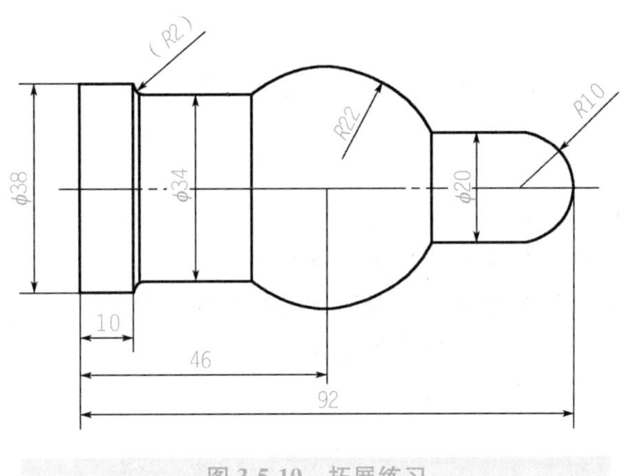

图 3-5-10　拓展练习

拓展练习评价标准如表 3-5-6 所示。

表 3-5-6　拓展练习评价标准表

班级：__________　姓名：__________　学号：__________　成绩：__________

检测项目		技术要求	配分	评分标准	自检记录	交检记录	得分
1	外圆	ϕ20 mm	10	超差 0.05 mm 全扣			
2		ϕ34 mm	10	超差 0.05 mm 全扣			
3		ϕ38 mm	10	超差 0.05 mm 全扣			
4	圆弧	R10 mm	5	超差全扣			
5		R22 mm	5	超差全扣			
6		R2 mm	5	超差全扣			
7	长度	10 mm	5	超差 0.05 mm 全扣			
8		46 mm	5	超差 0.05 mm 全扣			
9		92 mm	5	超差 0.05 mm 全扣			
10	程序编写与工艺安排		20	每错一处扣 2 分			
11	安全文明操作		10	倒扣，违者每次扣 2 分			
12	时间：45 min		10	倒扣，酌情扣分			
学生任务实施过程的小结及反馈：							
教师点评：							

任务六 槽加工

任务目标

熟悉切槽加工中的相关工艺。

根据加工要求合理确定加工方案和加工路线。

运用 G00、G01 指令及子程序调用编写外沟槽加工程序。

掌握切槽刀的装刀、对刀及刀补设定方法。

根据图样要求，完成切槽编程加工。

任务描述

如图 3-6-1 所示，梯形槽类零件的毛坯尺寸为 $\phi70$ mm×75 mm，材料为 HT150 灰口铸铁，外形轮廓加工已完成，试编写工件上均布梯形槽的数控车削加工程序并进行加工。

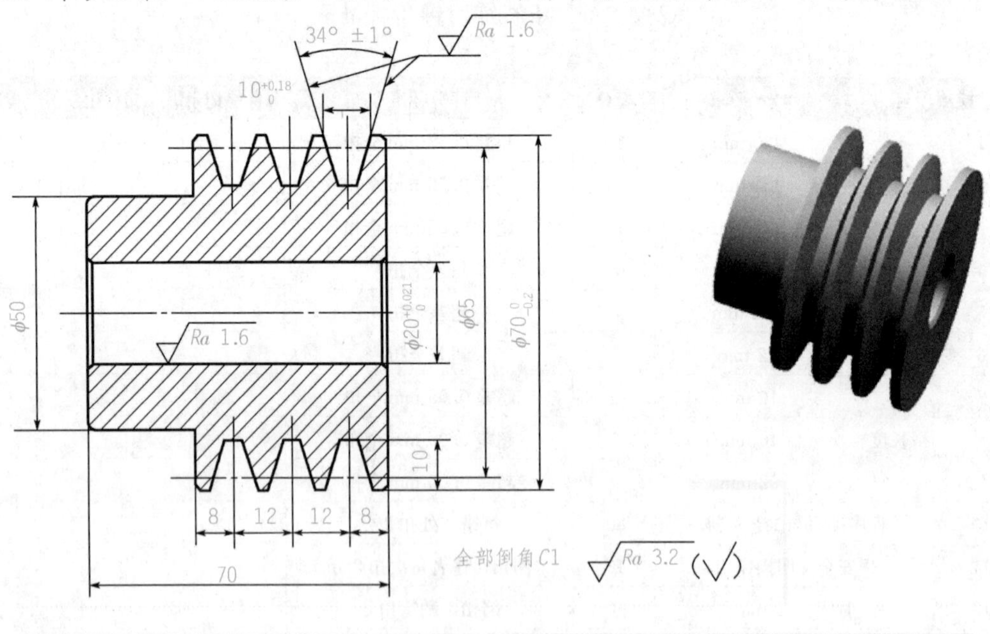

图 3-6-1 槽加工实例

任务分析

本任务中梯形槽尺寸较大，且表面粗糙度要求较高，不宜采用成形刀一次完成。在数控加工中，通常选择刃宽等于或略小于槽底宽的切槽刀，先切直槽，再用切槽刀左右切削车出两侧斜面。

本任务中，梯形槽的刀位点加工轨迹的描述既是重点，也是难点。3 处均匀布置梯形槽，其形状、大小一样，采用子程序调用编程可以达到简化编程的目的。

一、切槽加工工艺

1. 切槽刀具

切槽切具如图 3-6-2 所示，常用焊接式和机夹式切槽(断)刀，刀片材料一般为硬质合金或硬质合金涂层刀片。

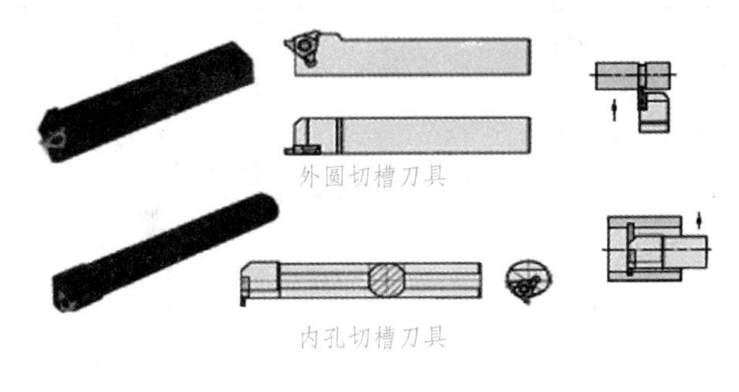

图 3-6-2 切槽刀具

2. 切槽加工的方法

1)车削矩形沟槽时，可用刀宽等于槽宽的切槽刀，采用直进法一次进给车出。对于精度要求较高的沟槽，一般采用二次进给车成，即第一次进给车槽时，槽壁两侧留精车余量，第二次进给时用宽刀修整。

2)车削较宽的沟槽，可以采用多次直进法切割，并在槽壁及底面留精加工余量，最后一刀精车至尺寸。

3)较小的梯形槽一般用成形刀车削完成。对于较大的梯形槽，通常先车直槽，然后用梯形刀直进法或左右切削法完成。

二、G01 指令切槽

1. 退刀槽

退刀槽是轴类零件上典型的矩形沟槽，精度不高且宽度较窄，一般采用刃宽等于或略小于槽宽的切槽刀，采用直进法切出，如图 3-6-3 所示。

(1)退刀槽加工路线

退刀槽加工路线如图 3-6-4 所示，确定切槽刀的左刀尖为刀位点，在切槽的同时将槽右侧倒角同时切。

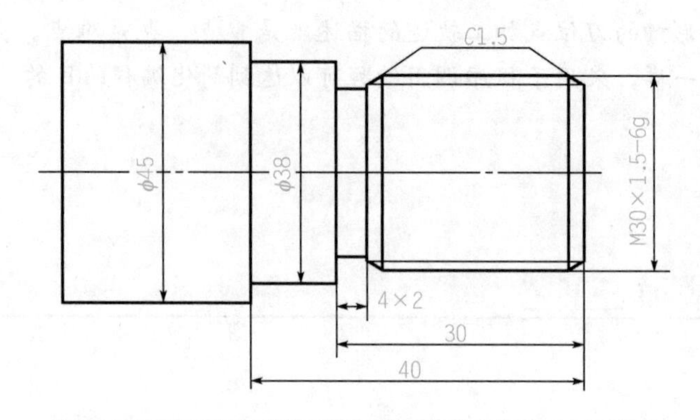

图 3-6-3 退刀槽实例

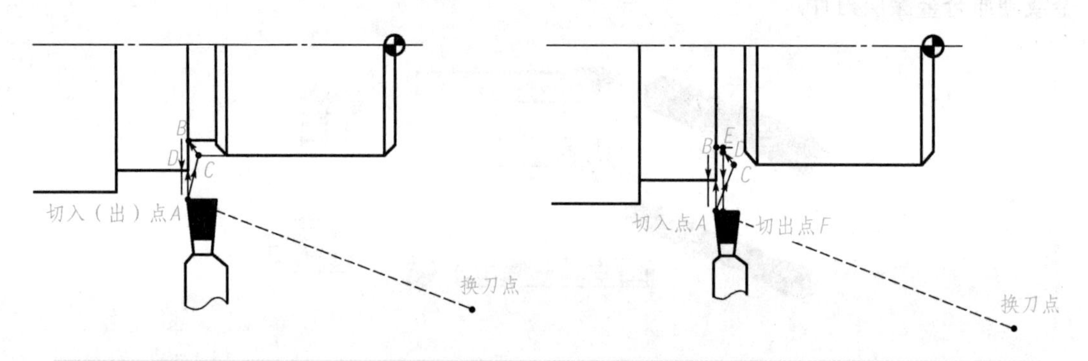

图 3-6-4 退刀槽加工轨迹

(2)编程实例

编写图 3-6-3 所示零件槽的加工程序。其加工程序如下：

```
O0001;
N10 G97 G99 G21 G18;
N20 S500 M03 T0101;
……                               外形轮廓加工程序(略)
N100 G00 X100 Z100;               回换刀点
N110 T0202;                       外切槽刀，左刀尖为刀位点，刃宽为 3 mm
N120 G00 X47 Z-29 S400 M03;       定位至切入点
N130 G01 X26 F0.1;                切槽至槽宽 3 mm，进给量 0.1 mm/r
N140 G04 X2;                      槽底暂停
N150 X47 F1.0;                    退出
N160 G01 X30 Z-26.5 F1.0;         定位至倒角起点
N170 G01 X27 Z-28 F0.1;           倒角
N180 X26;                         切至槽底
N190 G01  X47 F1.0;               退出
N200 G00  X100 Z100;
N210 M05;
N220 M30;
```

2. 梯形槽

通常采用刃宽等于或略小于槽底宽的切槽刀，先切直槽，再用切槽刀左右刀尖车出两侧斜面。

(1)车削加工路线

梯形槽车削加工路线如图 3-6-5 所示。

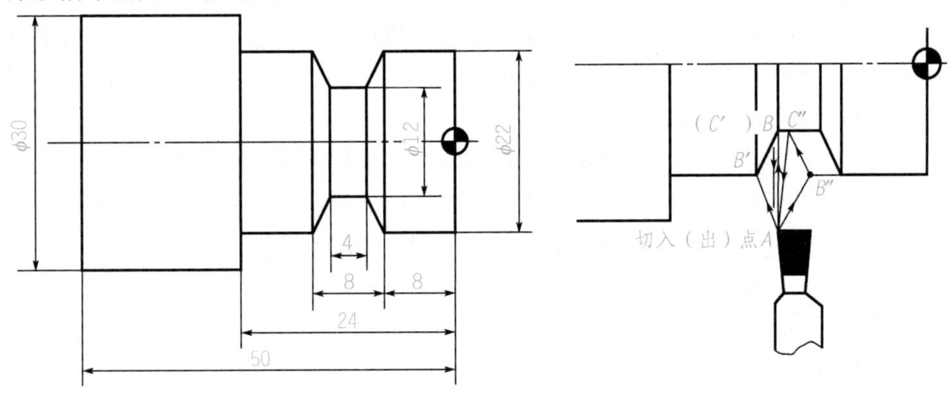

图 3-6-5　梯形槽加工实例

(2)编程实例

编写图 3-6-5 所示零件梯形槽加工程序。其加工程序如下：

```
O0001;
N10 G97 G99 G21 G18;
N20 S500 M03 T0101;
……                              外形轮廓加工程序(略)
N100 G00 X100 Z100;              回换刀点
N110 T0202 S400 M03;             外切槽刀，左刀尖为刀位点，刃宽为 3 mm
N120 G00 X32 Z-14;               定位至切入点
N130 G01 X12 F0.1;               切槽至槽宽 3 mm，进给量 0.1 mm/r
N140 G04 X2;                     槽底暂停
N150 G01 X32 F1.0;               退出
N160 G01 X22 Z-16 F1.0;          进刀至左侧斜面加工起点
N170 G01 X12 Z-14 F0.1;          切左侧斜面，并退刀
N180 X29 F1.0;
N190 G01 X22 Z-11 F1.0;          进刀至右侧斜面加工起点
N200 G01 X12 Z-13 F0.1;          切右侧斜面，并退刀
N210 X32 F1.0;
N220 G00 X100 Z100;
N230 M30;
```

三、子程序编程切多槽

1. 子程序的概念

(1)子程序的定义

数控机床的加工程序可以分为主程序和子程序两种。主程序是一个完整的零件加工程序，或是零件加工程序的主体部分。与被加工零件或加工要求一一对应，不同的零件或不同的加工要求，都有唯一的主程序。

在编制加工程序中，有时会遇到一组程序段在一个程序中多次出现，或者在几个程序中都要使用的加工程序，称为子程序。这个典型的加工程序可以做成固定程序，并单独加以命名。它只能通过主程序进行调用，实现加工中的局部动作。子程序执行结束后，能自动返回调用它的主程序中。

(2)子程序的嵌套

子程序的嵌套如图 3-6-6 所示。

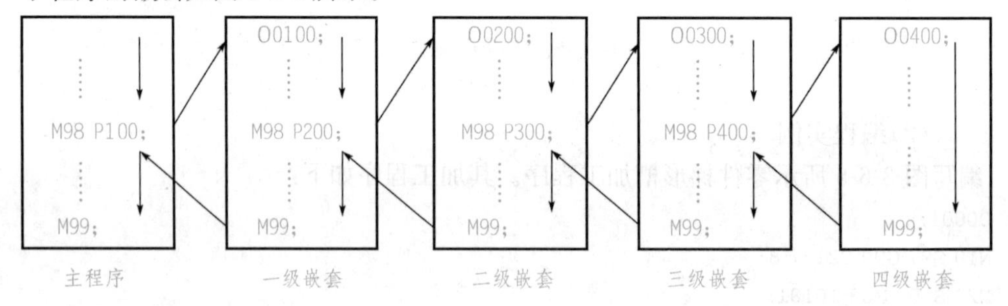

图 3-6-6 子程序的嵌套

子程序和主程序在程序号及程序内容方面基本相同，仅结束标记不同。主程序用 M02 或 M30 表示其结束，而子程序在 FANUC 系统中则用 M99 表示子程序结束，并实现自动返回主程序功能。

(3)子程序在 FANUC 系统中的调用

在 FANUC 0i 系列的系统中，子程序的调用可通过辅助功能指令 M98 进行，同时在调用格式中将子程序的程序号地址改为 P，其常用的子程序调用格式有两种。

格式一：

```
M98 P×××× L××××;
```

例如：

```
M98 P100 L5;
M98 P100;
```

地址符 P 后面的 4 位数字为子程序号，地址 L 的数字表示重复调用的次数，子程序号及调用次数前的 0 可省略不写。如果只调用子程序一次，则地址 L 及其后的数字可省略。

格式二：

```
M98 P××××××××;
```

例如：

```
M98 P50010;
M98 P510;
```

地址 P 后面的 8 位数字中，前 4 位表示调用次数，后 4 位表示子程序号，采用这种调用格式时，调用次数前的 0 可以省略不写，但子程序号前的 0 不可省略。例如，M98 M50010 表示调用 0010 子程序 5 次，M98 P510 表示调用 0510 子程序 1 次。

任务实施

一、准备工作

1)工件：材料为 HT150 灰口铸铁，毛坯尺寸为 ϕ70 mm×65 mm。

2)设备：FANUC 0i 系统数控车床。

3. 工、量、刃具：清单见表 3-6-1。

表 3-6-1　工、量、刃具清单

序号	名称	规格	数量	备注
1	千分尺	0～25 mm，25～50 mm， 50～75 mm/0.01 mm	各 1	
2	游标卡尺	0～150 mm/0.02 mm	1	
3	万能角度尺	0°～320°	1	
4	切槽刀	刀宽 3 mm	1	T02

二、制定加工方案

1. 装夹方式

工件采用通用自定心卡盘进行定位与装夹，装夹已经加工好的 ϕ46 mm 的外圆。工件伸出卡盘端面外长度约为 50 mm。

2. 加工方案及加工路线

根据槽底宽度尺寸，选用刃宽 3 mm 的切槽刀，先切直槽，再用切槽刀左右刀尖车出两侧斜面并各留 0.5 mm 的精加工余量，最后精车两侧面。

(1)粗车梯形槽走刀轨迹

粗手梯形槽走刀轨迹如图 3-6-7 所示。

(2)精车槽侧面走刀轨迹

精车槽侧面走刀轨迹如图 3-6-8 所示。

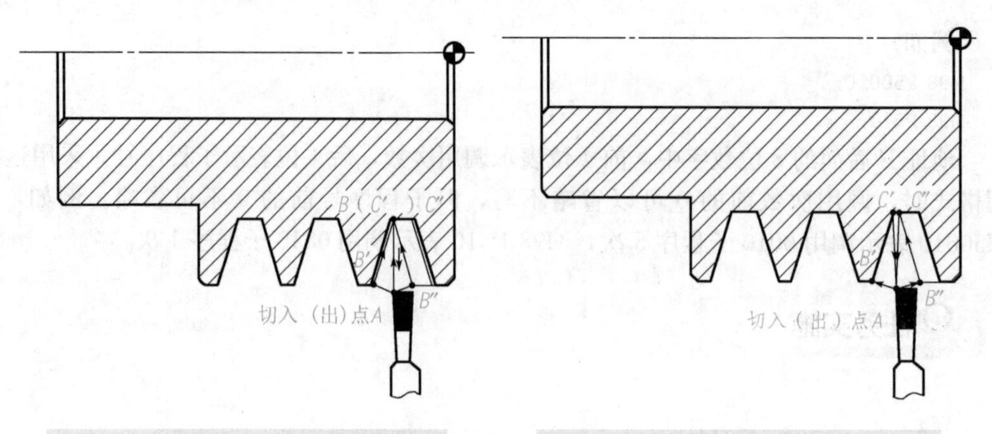

图 3-6-7 粗车梯形槽走刀轨迹

图 3-6-8 精车槽侧面走刀轨迹

3. 填写加工工序卡

填写数控车床加工工序卡，如表 3-6-2 所示。

表 3-6-2 数控车床加工工序卡

零件图号	3-6-1	数控车床加工工艺卡		机床型号	CK6140
零件名称	阶梯轴			机床编号	01
工序	加工内容	切削用量			备注
		S/(r/min)	F/(mm/r)	a_p/mm	
1	平端面	500	—	—	手动
2	粗车轮廓梯形槽	500	0.1	2	自动
3	精车梯形槽	800	0.08	0.5	自动

三、数值计算及基点坐标的确定

选择工件右端面的回转中心作为工件的编程原点，确定各基点坐标，其中 X 向坐标以直径量表示。

(1)粗车梯形槽基点坐标

如图 3-6-7 所示，计算基点坐标如下：切入/切出点 A(X72，Z−9.5)、B(X50，Z−9.5)、B′(X70，Z−12.5)、C′(X50，Z−9.5)、B″(X70，Z−6.5)、C″(X50，Z−9.5)。

(2)精车梯形槽基点坐标

如图 3-6-8 所示计算基点坐标如下：切入/切出点 A(X72，Z−9.5)、B′(X70，−13Z)、C′(X50，Z−9.94)、B″(X70，Z−6)、C″(X50，Z−9.06)。

四、编写加工程序

本任务的加工程序如表 3-6-3 所示。

表 3-6-3 加工程序

程序内容	程序说明
主程序	
O0006;	程序名(主程序名)
……	外圆加工程序(略)
N120 G00 X100 Z100;	快速定位至粗车循环点
N130 T0202;	车槽刀
N135 M03 S400 M08;	
N140 G00 X72 Z-9.5;	定位至第一槽的切入点
N150 M98 P0010;	调用子程序切槽
N160 G00 W-12;	定位至第二槽的切入点
N170 M98 P0010;	调用子程序切槽
N180 G00 W-12;	定位至第三槽的切入点
N190 M98 P0010;	调用子程序切槽
N200 G00 X100 Z100;	
N210 M09;	
N220 M30;	主程序结束
子程序	
O0010;	子程序名
N10 G01 U-22 F0.1;	切槽至槽宽 3 mm
N20 G04 X1;	槽底暂停 1 s
N30 G01 U22 F1;	退刀
N35 U-2 W-3 F1	进刀至槽左侧斜面加工起点
N40 U-20 W3 F0.1;	切槽左侧斜面
N50 U22 F1;	退刀
N60 U-2 W3 F1;	进刀至槽右侧斜面加工起点
N70 U-20 W-3 F0.1;	切槽右端面
N80 U22 F1;	退刀
N90 M99	子程序结束

五、操作步骤与要点

1)打开机床，回参考点。
2)安装工件、刀具(T02)。
3)对刀并设置刀补参数(T02)。
4)输入程序(O0006)并校验。
5)自动加工。
6)测量工件尺寸。
7)调整、校正工件尺寸。
8)再次测量工件尺寸，合格后拆卸工件。

任务评价

评价标准如表 3-6-4 所示。

表 3-6-4 评价标准表

班级：________ 姓名：________ 学号：________ 成绩：________

检测项目		技术要求	配分	评分标准	自检记录	交检记录	得分
1	槽	$10^{+0.18}_{0}$ mm	20	超差 0.01 mm 全扣			
2		34°±1°	20	超差 0.01 mm 全扣			
3	程序编写与工艺安排		30	每错一处扣 2 分			
4	安全文明操作		15	倒扣，违者每次扣 2 分			
6	时间：45 min		15	倒扣，酌情扣分			
学生任务实施过程的小结及反馈：							
教师点评：							

知识拓展

编写图 3-6-9 所示零件外圆、槽、锥度、倒角的程序并进行加工，毛坯尺寸为 ϕ40 mm×65 mm。

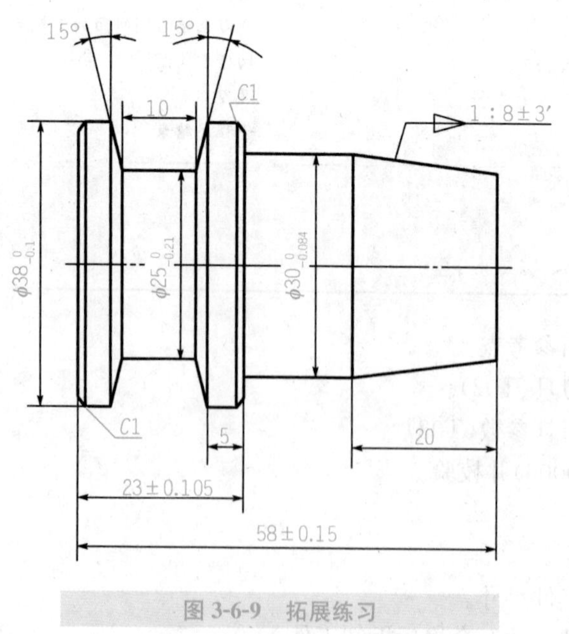

图 3-6-9 拓展练习

拓展练习评价标准如表 3-6-5 所示。

表 3-6-5　拓展练习评价标准表

班级：__________　姓名：__________　学号：__________　成绩：__________

检测项目		技术要求	配分	评分标准	自检记录	交检记录	得分
1	外圆	$\phi38_{-0.084}^{0}$ mm	10	超差 0.01 mm 全扣			
2		$\phi38_{-0.01}^{0}$ mm	10	超差 0.01 mm 全扣			
3	槽	10	5	超差全扣			
4		$\phi25_{-0.021}^{0}$ mm	10	超差 0.01 全扣			
5	锥度	1∶8	5	超差全扣			
6	长度	5 mm	5	超差 0.05 mm 全扣			
7		23 mm±0.105 mm	10	超差 0.05 mm 全扣			
8		58 nn±0.15 mm	10	超差 0.05 mm 全扣			
9	程序编写与工艺安排		15	每错一处扣 2 分			
10	安全文明操作		10	倒扣，违者每次扣 2 分			
11	时间：45 min		10	倒扣，酌情扣分			
学生任务实施过程的小结及反馈：							
教师点评：							

任务七　普通外螺纹加工

任务目标

熟悉普通三角螺纹加工中的相关工艺。

掌握螺纹切削循环指令 G92、G76 的指令格式、功能，掌握其指令中参数的设置方法。

运用 G00、G01 指令及子程序调用编写外沟槽加工程序。

掌握普通三角外螺纹的编程方法。

根据图样要求，完成螺纹的编程加工及精度检验。

任务描述

如图 3-7-1 所示，毛坯尺寸为 $\phi50$ mm×65 mm，材料为 45 钢，试完成工件右端面圆柱外螺纹的编程加工。

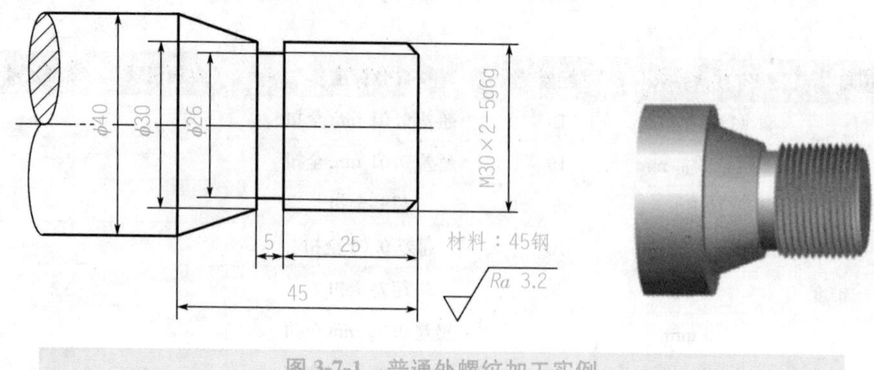

图 3-7-1 普通外螺纹加工实例

任务分析

本任务中螺纹是普通三角外螺纹，数控加工螺纹的编程指令有很多，一般以单一螺纹循环指令 G92 和复合螺纹循环指令 G76 应用较为普遍。本任务中，主要学习 G92 和 G76 的编程方法，复习并巩固普通三角螺纹加工工艺的相关知识。

知识准备

一、普通三角螺纹加工工艺

螺纹一般分为连接螺纹、传动螺纹和密封螺纹，而普通螺纹属于连接螺纹，也是应用最为广泛的一种三角螺纹，其牙型角为 60°。

1. 普通螺纹代号

普通螺纹分粗牙普通螺纹和细牙普通螺纹。粗牙普通螺纹螺距是标准螺距，其代号用字母“M”及公称直径表示，如 M12、M16 等。细牙普通螺纹代号用字母“M”及公称直径×螺距表示，如 M20×1.5、M30×2 等。普通螺纹有左旋和右旋之分，左旋螺纹应在螺纹标记的末尾处加注“LH”字，如 M24×1.5LH，未注明的是右旋螺纹。

2. 普通螺纹的计算

(1)基本牙型

螺纹牙型是通过螺纹轴线的剖面上的螺纹的轮廓形状。普通螺纹的基本牙型如图3-7-2所示，相关要素及径向尺寸的计算如下：

P：螺纹螺距；

H：螺纹原始三角形高度，$H=0.866\ P$；

h：牙型高度，$h=5H/8=0.54\ P$；

D、d：螺纹大径，螺纹大径的基本尺寸与螺纹的公称直径相同。

D_2、d_2：螺纹中径，$D_2(d_2)=D(d)-0.6495\ P$；

D_1、d_1：螺纹小径，$D_1(d_1)=D(d)-1.08\ P$。

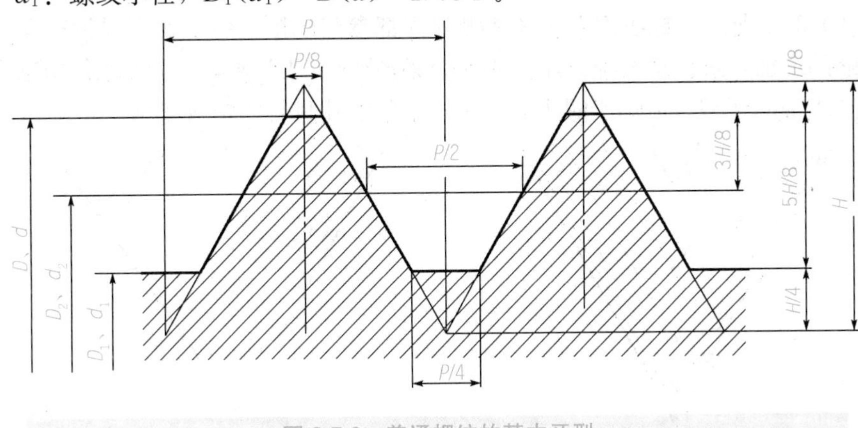

图 3-7-2　普通螺纹的基本牙型

(2)车削螺纹前工件大径的确定

车削三角外螺纹时，考虑螺纹的公差要求和螺纹切削过程中对大径的挤压作用，编程或车削过程中的实际大径应比其公称直径略小，按经验公式取值为 0.13 P，车好螺纹后牙顶处有 0.125 P 的顶宽，即车削螺纹前工件大径 $d'\approx d-0.13\ P$。

(3)螺纹总切削深度的确定

根据实际加工经验，螺纹总切深与螺纹牙型高度、螺纹中径的公差带有关，考虑到采用直进方式在编制螺纹加工程序时，总切深量 $h'=2h+T$(T 为螺纹中径公差带的中值)。在实际加工中，螺纹中径会受到螺纹车刀刀尖形状、尺寸及刃磨精度等影响，为了保证螺纹中径达到要求，一般要根据实际做一些调整，通常取总切深量为 1.3 P，即螺纹总切深 $h'\approx 1.3\ P$。

3. 螺纹加工的多次切削

根据螺纹总切深公式确定螺纹总切深后，如果螺纹的牙型较深，可分多次进给。每次进给的切削深度依次按照递减规律分配。常用普通螺纹切削进给次数及切削深度(直径量)如表 3-7-1 所示。

表 3-7-1　常用普通螺纹切削进给次数与切削深度

螺距 P/mm		1.0	1.5	2.0	2.5
总切深量 1.3P/mm		1.3	1.95	2.6	3.25
切削深度及切削次数	1 次	0.8	1.0	1.2	1.3
	2 次	0.4	0.6	0.7	0.9
	3 次	0.1	0.25	0.4	0.5
	4 次		0.1	0.2	0.3
	5 次			0.1	0.15
	6 次				0.1

在数控车床上，多刀车削普通螺纹的常用方法有直进法、斜进法两种。

(1)直进法

如图 3-7-3(a)所示，螺纹刀刀尖及两侧刀刃都参与切削，每次进刀只做径向进给，随着螺纹深度的增加，进刀量相应减小，否则容易产生“扎刀”现象。采用这种切削方法，可以得到比较正确的牙型，适用于螺距小于 2 mm 及脆性材料的螺纹车削。

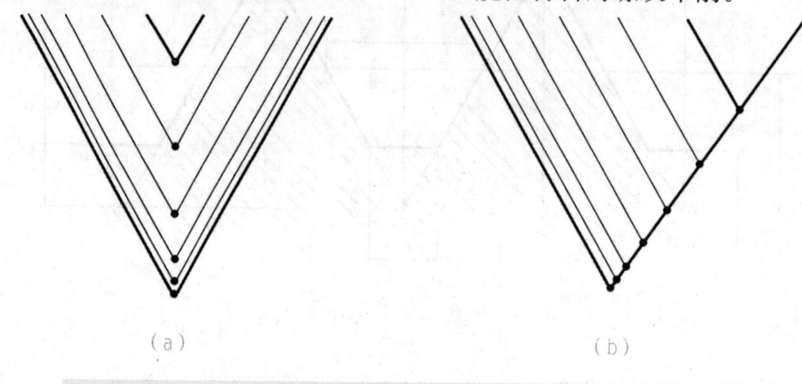

图 3-7-3 螺纹的切削方法

(a)直进法；(b)斜进法

(2)斜进法

如图 3-7-3(b)所示，螺纹车刀沿着牙型一侧平行的方向斜向进刀，直至牙底处。采用这种方法加工螺纹时，螺纹车刀始终只有一侧切削刃参与切削，从而使排屑顺畅，刀尖的受力和受热情况有所改善，在车削中不易引起“扎刀”现象。这种斜进法适用于加工螺距较大的螺纹。

4. 螺纹加工轴向进刀起点和终点位置的确定

如图 3-7-4(a)所示，车削螺纹时，刀具沿螺旋线方向的进给应与机床主轴的旋转保持严格的速比关系，即主轴每转一圈，刀具移动距离为一个导程或螺距值(单线螺纹)。

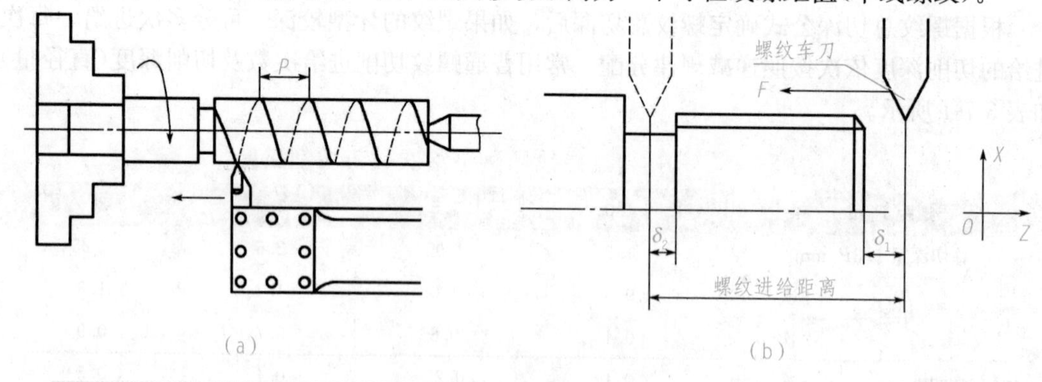

图 3-7-4 螺纹切削切入、切出距离

但在实际车削螺纹的开始时，伺服系统不可避免地有一个加速过程，结束前也相应地有一个减速过程。在这两个过程中，螺距或导程得不到有效保证，故在安排工艺时必须考虑设置合理的切入距离 δ_1 和切出距离 δ_2，如图 3-7-4(b)所示。一般 δ_1 取值 2 L～3 L，对大螺距和高精度的螺纹则取较大值；δ_2 一般取 L～2 L，退刀槽较宽时可取较大值。

二、常用螺纹加工循环指令

1. 圆柱螺纹切削单一固定循环指令 G92

(1)指令格式

G00 X__　Z__；螺纹切削循环起点坐标

G92 X(U)__ Z(W)__ F__；

其中：$X(U)$__$Z(W)$__表示螺纹切削终点坐标；F 表示螺纹导程的大小，如果是单线螺纹，则为螺距的大小。

(2)G92 螺纹循环走刀轨迹

如图 3-7-5 所示，与 G90 循环相似，G92 循环的运动轨迹也是一个矩形轨迹。刀具从循环起点 A 点沿 X 向快速移动至 B 点，然后以工件每转进给一个导程的进给速度沿 Z 向切削进给至 C 点，再从 X 向快速退刀至 D 点，最后返回循环起点 A 点，准备下一次循环。

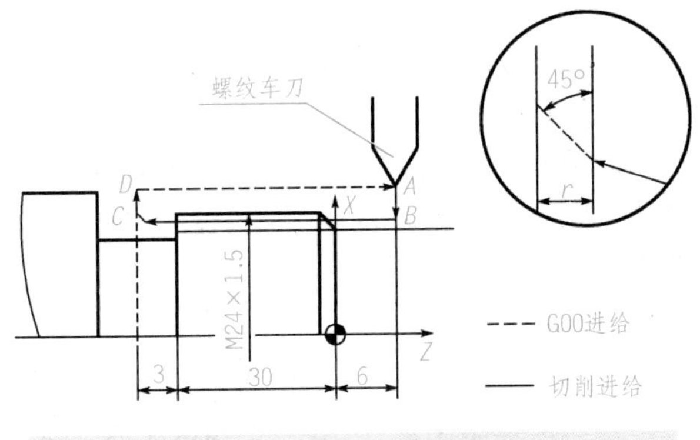

图 3-7-5　G92 螺纹循环走刀轨迹

(3)循环起点坐标的确定

在 G92 循环编程中，应注意循环起点的正确选择。一般 X 向循环起点坐标值比外圆直径大 2 mm，Z 向的循环起点根据切入值的大小来进行选取。

(4)编程实例

如图 3-7-5 所示，试用 G92 指令编写圆柱螺纹加工程序。其加工程序如下：

```
O0001;
……
N10 T0202;                        螺纹车刀的前面向下
N20 M03 S600;
N30 G00 X26.0 Z6.0 M08;           快速定位至螺纹切削循环起点
N40 G92 X22.9 Z-33.0 F1.5;        循环切削螺纹，第一刀切削深度为 1.1 mm
N50 X22.4;                        螺纹切削第二刀，切削深度为 0.5 mm
N60 X22.15;                       螺纹切削第三刀，切削深度为 0.25 mm
N70 X22.05;                       螺纹切削第四刀，切削深度为 0.1 mm
N80 G00 X100.0 Z100.0;
```

```
N90 M05 M09;
N100 M30;
```

2. 螺纹切削复合循环指令 G76

(1)指令格式

```
G00 X__ Z__;    循环点坐标
G76 Pmrα QΔdmin Rd;
G76 X(U)__ Z(W)__ Ri Pk QΔd F;
```

其中，m 表示精加工重复次数 1～99；r 表示倒角量，即螺纹切削退尾处(45°)的 Z 向退刀距离；a 表示刀尖角度(螺纹牙型角)。Δdmin 表示最小切深，该值用不带小数点的半径值指定；d 表示精加工余量，该值用带小数点的半径量表示，外螺纹取正值，内螺纹取负值；$X(U)$_ $Z(W)$_ 表示螺纹切削终点处的坐标；i 表示螺纹半径差，如果 $i=0$，则进行圆柱螺纹切削；k 表示牙型编程高度，该值用不带小数点的半径量表示；Δd 表示第一刀切削深度，该值用不带小数点的半径量表示；L 表示导程，如果是单线螺纹，则该值为螺距。

(2)G76 螺纹循环走刀轨迹

如图 3-7-6 所示，以圆锥外螺纹切削循环为例，刀具从循环起点 A 处，以 G00 方式沿 X 向进给至螺纹牙顶 X 坐标处(B 点，该点的 X 坐标值＝小径＋2k)，然后沿基本牙型一侧平行的方向进给，X 向切深为 Δd，再以螺纹切削方式切削至离 Z 向终点距离为 r 处，倒角退刀至 D 点，再沿 X 向退刀至 E 点，最后返回 A 点，准备第二刀切削循环。如此分多刀切削循环，直至循环结束。

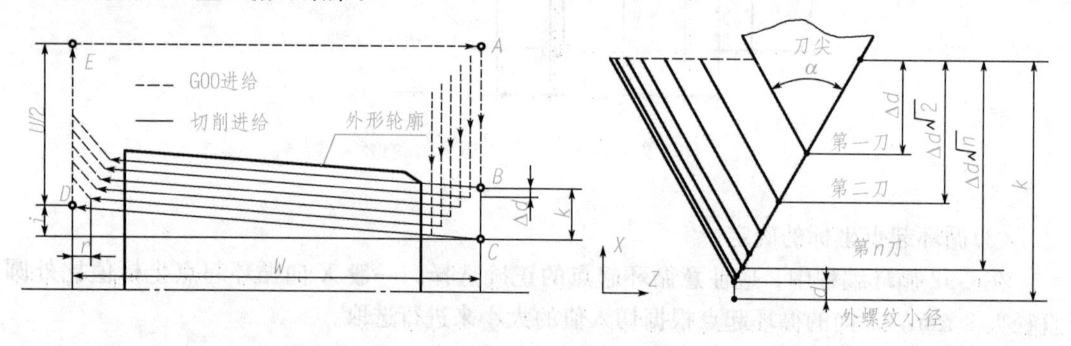

图 3-7-6　G76 螺纹循环走刀轨迹

(3)循环起点的确定

根据走刀轨迹分析，加工外螺纹时，X 向坐标略大于螺纹顶径；加工内螺纹时，X 向坐标略小于螺纹底孔直径，一般取±2 mm，以缩短空行程。Z 向在螺纹起点的 Z 向坐标的基础上加上螺纹切入距离 δ_1。

(4)指令说明

如图 3-7-6 所示，第一刀切削循环时，切削深度为 Δd，第二刀的切削深度为$(\sqrt{2}-1)\Delta d$，第 n 刀的切削深度为$(\sqrt{n}-\sqrt{n-1})\Delta d$。因此，执行 G76 循环的切削深度是逐步递减的。

如图 3-7-6 所示，G76 指令进刀时，螺纹车刀向深度方向并沿基本牙型一侧的平行方向进刀，保证了螺纹粗车过程中始终用一个刀刃进行切削，减小了切削阻力，提高了刀具的使用寿命，为螺纹的精车质量提供了保证。

在 G76 循环指令中，m、r、a 用地址符 P 及后面各两位数字指定，每个两位数中的前置 0 不能省略。例如，P011560 的具体含义如下：精加工次数“01”，即 $m=1$；倒角量“15”，即 $r=15\times0.1\ L=1.5\ L$(L 是导程)；螺纹牙型角“60”，即 $\alpha=60°$。

(5)G76 使用注意事项

G76 可以在 MDI 方式下使用；在执行 G76 循环时，如按下循环暂停键，则刀具在螺纹切削后的程序段暂停；G76 是非模态指令，必须每次指定；在执行 G76 时，如果需要进行手动操作，刀具应返回到循环操作停止的位置。如果没有返回到循环停止位置就重新启动循环操作，手动操作的位移将叠加在该程序段停止时的位置上，刀具轨迹就多移动了一个手动操作的位移量。

(6)编程实例

试用 G76 指令编写图 3-7-7 所示外螺纹的加工程序。

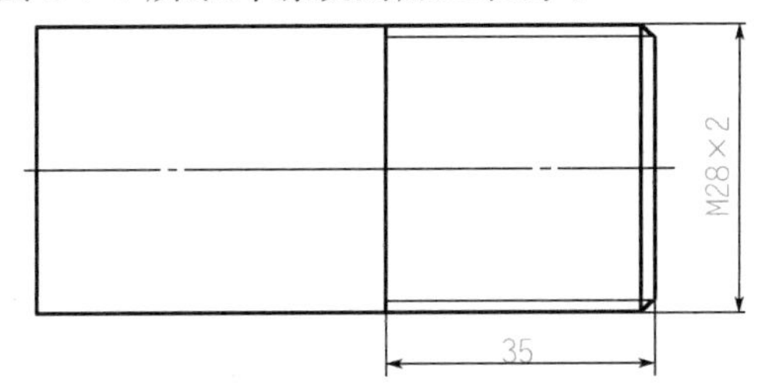

图 3-7-7　G76 编写外螺纹加工实例

其加工程序如下：

```
O0002;
……
N100 T0404 S500 M03;
N110 G00 X30 Z4;
N120 G76 P021060 Q50 R0.1;
N130 G76 X25.4 Z-35 P1300 Q600 F2.0;
N140 G00 X100 Z100;
N150 M05;
N160 M30;
```

任务实施

一、准备工作

1)工件：材料为 45 钢，毛坯尺寸为 $\phi50$ mm×65 mm。

2)设备：FANUC 0i 系统数控车床。

3)工、量、刃具：清单见表 3-7-2。

表 3-7-2 工、量、刃具清单

序号	名称	规格	数量	备注
1	千分尺	25～50 mm/0.01 mm	1	
2	游标卡尺	0～150 mm/0.02 mm	1	
3	万能角度尺	0°～320°	1	
4	螺纹千分尺	25～50 mm/0.01 mm	各 1	
5	外圆车刀	93° 45°	各 1	T01
6	切槽刀	刃宽 3 mm	1	T02
7	外螺纹车刀	牙型角 60°	1	T03

二、制定加工方案

1. 装夹方式

工件采用通用自定心卡盘进行定位与装夹。工件伸出卡盘端面外长度约为 50 mm。

2. 加工方案及加工路线

根据图样分析，该零件可在一次装夹中依次完成外轮廓粗、精加工，切槽加工，外螺纹加工。具体加工步骤如下：

1)采用 G71、G70 指令粗、精车外轮廓。

2)采用 G00、G01 指令切槽。

3)采用 G92 指令切螺纹。

3. 填写加工工序卡

填写数控车床加工工序卡，如表 3-7-3 所示。

表 3-7-3 数控车床加工工序卡

零件图号	3-7-1	数控车床加工工艺卡			机床型号	CK6140
零件名称	轴				机床编号	01
工序	加工内容	切削用量			备注	
		$S/(\mathrm{r/min})$	$F/(\mathrm{mm/r})$	a_p/mm		
1	平端面	500	—	—	手动	
2	粗车外轮廓	500	0.1	2	自动	
3	精车外轮廓	800	0.08	0.5	自动	
4	车槽	400	0.05	2	自动	
5	车螺纹	500	2	分层	自动	

三、数值计算

1. 螺纹切削径向尺寸的计算

车削螺纹前工件大径 $d' \approx d-0.13P=30-0.13P=30-0.13\times2=29.74(\mathrm{mm})$。

螺纹总切深量：$h'\approx 1.3P=1.3\times 2=2.6$(mm)，查表分 5 次切削，切削深度依次是 1.2 mm、0.7 mm、0.4 mm、0.2 mm、0.1 mm。

2. 螺纹加工起点和终点位置的确定

螺纹切削切入距离 $\delta_1=(2\sim3)P=4\sim6$(mm)，取 4 mm。

切出距离 $\delta_2=(1\sim2)P=2\sim4$(mm)，取 2 mm。

螺纹加工起点坐标：(X32，Z4)。

螺纹加工终点坐标：第一刀(X28.8，Z－27)；第二刀(X28.1，Z－27)；第三刀(X27.7，Z－27)；第四刀(X27.5，Z－27)；第五刀(X27.4，Z－27)。

四、编写加工程序

本任务的加工程序如表 3-7-4 所示。

表 3-7-4　加工程序

程序内容	程序说明
O0007;	程序名
……	外圆切槽、加工程序(略)
N220 G00 X100 Z100;	快速定位至换刀点
N230 T0303;	外螺纹车刀
N240 M03 S500 M08	
N250 G00 X32　Z4;	快速定位至循环点
N260 G92 X28.8 Z-27 F2;	车螺纹第一刀
N270 X28.1;	车螺纹第二刀
N280 X27.7;	车螺纹第三刀
N290 X27.5;	车螺纹第四刀
N300 X27.4;	车螺纹第五刀
N310 G00 X100 Z100;	
N320 M05;	
N330 M30;	程序结束

五、操作步骤与要点

1)打开机床，回参考点。

2)安装工件、刀具(T01、T02、T03)。

3)对刀及刀补参数设置(T01、T02、T03)。

4)输入程序(O0007)并校验。

5)自动加工。

6)测量工件尺寸。

7)调整、校正工件尺寸。

8)再次测量工件尺寸，合格后拆卸工件。

任务评价

评价标准如表 3-7-5 所示。

表 3-7-5 评价标准表

班级：＿＿＿＿＿ 姓名：＿＿＿＿＿ 学号：＿＿＿＿＿ 成绩：＿＿＿＿＿

检测项目		技术要求	配分	评分标准	自检记录	交检记录	得分
1	槽	ϕ26 mm	10	超差 0.05 mm 全扣			
2		宽 5 mm	10	超差 0.05 mm 全扣			
3	螺纹	大径(6 g)	15	超差 0.01 mm 全扣			
4		中径(5 g)	15	超差 0.01 mm 全扣			
5	程序编写与工艺安排		30	每错一处扣 2 分			
6	安全文明操作		10	倒扣，违者每次扣 2 分			
7	时间：45 min		10	倒扣，酌情扣分			
学生任务实施过程的小结及反馈：							
教师点评：							

知识拓展

编写图 3-7-8 所示零件车外圆、台阶、圆弧、沟槽、螺纹的程序并进行加工，毛坯尺寸为 ϕ45 mm×80 mm。

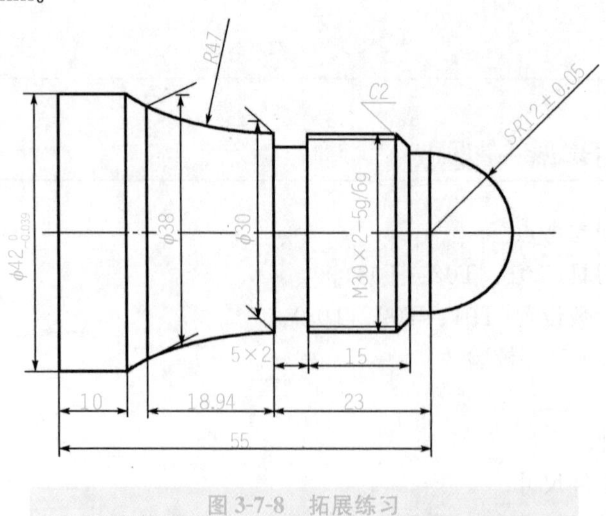

图 3-7-8 拓展练习

拓展练习评价标准如表 3-7-6 所示。

表 3-7-6　评价标准表

班级：＿＿＿＿＿＿　姓名：＿＿＿＿＿＿　学号：＿＿＿＿＿＿　成绩：＿＿＿＿＿＿

检测项目		技术要求	配分	评分标准	自检记录	交检记录	得分
1	外圆	$\phi42_{-0.039}^{0}$ mm	10	超差 0.01 mm 全扣			
2		ϕ38 mm	5	超差 0.05 mm 全扣			
3		ϕ30 mm	5	超差 0.05 mm 全扣			
4	槽	5 mm×2 mm	10	超差 0.05 全扣			
5	螺纹	大径	10	超差 0.01 全扣			
6		中径	10	超差 0.01 全扣			
7	圆弧	*SR*12 mm±0.05 mm	5	超差 0.01 全扣			
8		*R*47 mm	5	超差 0.05 全扣			
9	长度	10 mm	5	超差 0.05 mm 全扣			
10		55 mm	5	超差 0.05 mm 全扣			
11	程序编写与工艺安排		10	每错一处扣 2 分			
12	安全文明操作		10	倒扣，违者每次扣 2 分			
13	时间：45 min		10	倒扣，酌情扣分			
学生任务实施过程的小结及反馈：							
教师点评：							

项目四

内轮廓加工技术

项目描述

本项目分为两个任务：内阶梯孔加工、内三角螺纹加工。通过该项目的学习，使学生掌握如下知识目标和技能目标。

知识目标

1. 了解 G71、G70 内孔循环的加工特点。
2. 掌握用指令 G71、G70 编写内阶梯孔加工程序的方法。
3. 掌握用指令 G92 编写内三角螺纹加工程序的方法。
4. 熟悉内孔加工的相关工艺。
5. 掌握数控车床安全操作、日常维护与保养方法。

技能目标

1. 能根据加工要求，合理确定内孔加工路线。
2. 能根据加工要求，合理选择工、量具及切削用量。
3. 能熟练操作机床进行程序的输入、编辑与运行等操作。
4. 能熟练操作机床完成零件的加工与检验。
5. 能对数控车床进行安全操作、日常维护与保养。

任务一　内阶梯孔加工

任务目标

1. 掌握用指令 G71、G70 编写内阶梯孔加工程序的方法。
2. 合理确定内孔加工路线，正确写出内轮廓基点的坐标。
3. 熟悉内孔加工的相关工艺。
4. 掌握内孔车刀的安装、对刀及刀补设定的方法。
5. 完成内阶梯孔加工，掌握内孔尺寸的修调方法。

任务描述

如图 4-1-1 所示，工件的毛坯尺寸为 ϕ50 mm×60 mm，材料为 45 钢，试编写其内轮廓数控车削加工程序并进行加工。

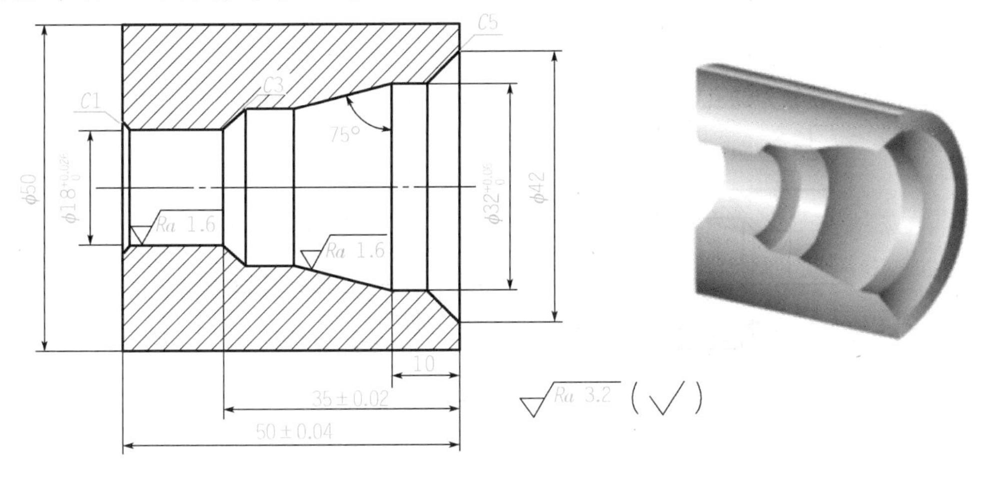

图 4-1-1　内阶梯孔加工实例

任务分析

本任务主要是内阶梯孔加工，通过该任务学习并巩固指令 G71、G70 的指令格式、参数意义及其编程方法。由于内孔加工的难度大于外圆车削，因此工艺方面侧重于学习内孔加工的相关工艺。

知识准备

一、内孔加工工艺

1. 内孔加工的相关技术

车削内孔是常用的孔加工方法之一，通常车内孔的加工阶段划分为粗车、半精车、精车3个阶段。内孔车削的加工精度可达到IT8～IT7，表面粗糙度可达到$Ra3.2$～$Ra1.6$ μm。影响内孔车削加工质量的关键问题是内孔车刀的刚度问题和内孔车削过程中的排屑问题。

车削过程中，为了增加车削刚度，防止产生振动，要尽量选择刀杆粗、刀尖位于刀柄中心线上的刀具，装夹时，刀杆伸出长度应尽可能短，一般只要略大于孔深即可。为了保证安全，可在车内孔前，先手动方式下让内孔车刀在孔内试走一遍。精车内孔时，应保持刀刃锋利，否则容易产生让刀，将直孔车成锥孔。车削孔时需要注意以下几点：

1)内孔车刀的刀尖应与工件中心等高或略高，以免产生扎刀现象，或造成孔径尺寸增大。

2)刀柄尽可能伸出短些，以防止产生振动，一般比被加工孔长5～10 mm。

3)刀柄基本平行于工件轴线，以防止车到一定深度时刀柄与孔壁相撞。

2. 车削内孔的刀具

内孔车刀一般分为通孔车刀和盲孔车刀两种，如图4-1-2所示。

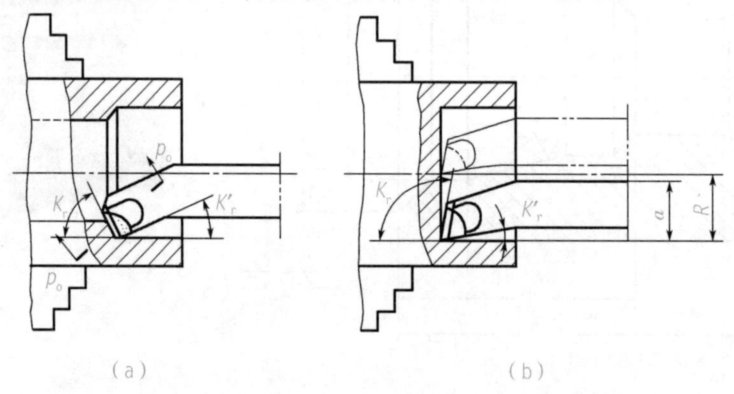

图4-1-2 内孔车刀

(a)通孔车刀；(b)盲孔车刀

(1)通孔车刀

如图4-1-3所示，为了减小径向切削力，防止振动，通孔车刀的主偏角一般取60°～75°，副偏角取15°～30°。

(2)盲孔车刀

如图4-1-4所示，盲孔车刀是用来车盲孔或台阶孔的，它的主偏角取90°～93°。刀尖在刀杆的最前端，刀尖与刀杆外端的距离[图4-1-2(b)中尺寸a]应小于内孔半径[图4-4-2

(b)中尺寸 R]，否则孔的底平面就无法车平。

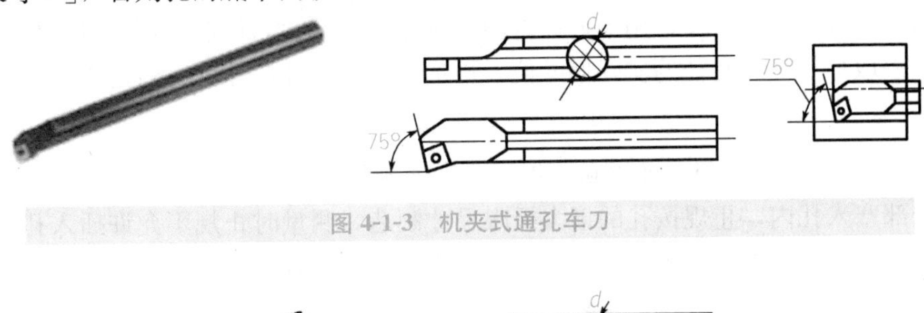

图 4-1-3　机夹式通孔车刀

图 4-1-4　机夹式盲孔车刀

二、内孔测量

当内孔尺寸精度要求较低时，可采用钢直尺、内卡钳或游标卡尺测量；当精度要求较高时，可用内径千分尺或内径百分表测量。标准孔还可采用塞规测量。

1. 游标卡尺

如图 4-1-5 所示，采用游标卡尺测量内孔时，应注意使尺身与工件端面平行，活动量爪沿圆周方向摆动，找到最大位置。

2. 内径千分尺

如图 4-1-6 所示，内径千分尺的刻度线方向和外径千分尺相反，采用内径千分尺测量内孔直径时，当微分筒顺时针旋转时，活动量爪向右移动，测量值增大；当微分筒逆时针旋转时，活动量爪向左移动，测量值减小。

图 4-1-5　游标卡尺测量孔径

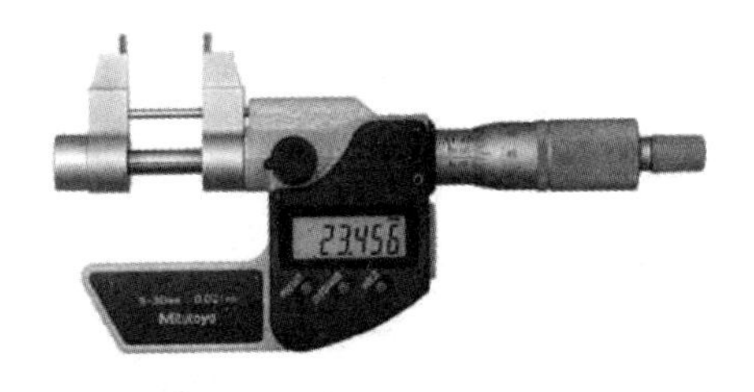

图 4-1-6　内径千分尺测量孔径

3. 内径百分表

如图 4-1-7 所示，内径百分表是将百分表装夹在测量架上构成的。它不能直接测量出孔的实际尺寸，只能测量出孔的实际偏差，它是一种相对测量的方法。测量前先根据被测孔的基本尺寸选择好测量头，用千分尺将内径百分表校准“零”位后，再进行测量。测量时摆动百分表取最小值为孔径的实际偏差值，再加上基本尺寸，即可得到孔的实际尺寸。

4. 塞规

如图 4-1-8 所示，塞规由通规和止规组成，通规按孔的最小极限尺寸制造，测量时通规应能全部塞入孔内，止规按孔的最大极限尺寸制造，测量时止规不允许插入孔内。测量时如果通规能塞入孔内而止规塞不进去，则说明该孔尺寸合格。

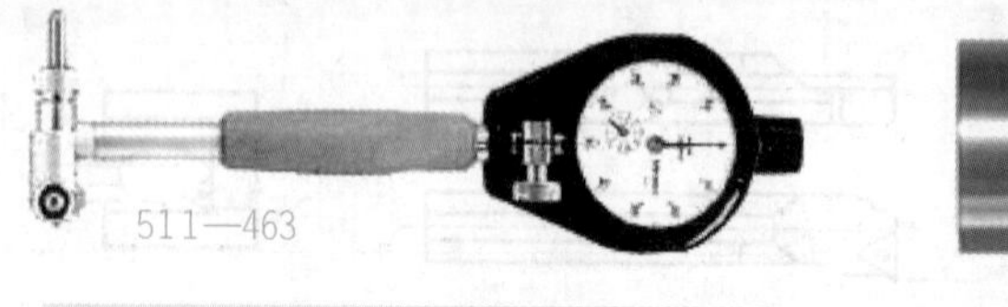

图 4-1-7 内径百分表测量孔径

图 4-1-8 塞规测量孔径

三、内孔尺寸的修调方法

内孔加工中常用的尺寸修调方法与外圆加工基本相同，采用借助磨耗值修调尺寸。例如一内孔加工尺寸为 $\phi24^{+0.021}_{0}$ mm，用磨耗值修调的具体方法如表 4-1-1 所示。

表 4-1-1 内孔尺寸的修调及磨耗值的确定 单位：mm

加工阶段	编程值	磨耗值	实测值	误差
粗加工(分层)	23.5	−0.5(预留)		
精加工	24.0	−0.5(预留)	23.45	−0.05
二次精加工	24.0	+0.01	24.01	

需要注意的是：

1)二次精加工中，尺寸按中间公差值修调，如表 4-1-1 中+0.01 mm。

2)磨耗中预留的精加工余量应与程序中的精加工余量取相同值。

3)误差为负值时，磨耗中应补偿对应的正值；误差为正值时，磨耗中应补偿对应的负值。

任务实施

一、准备工作

1)工件：材料为 45 钢，毛坯尺寸为 $\phi50$ mm×60 mm。

2)设备：FANUC 0i 系统数控车床。

3)工、量、刃具：清单见表 4-1-2。

表 4-1-2　工、量、刃具清单

序号	名称	规格	数量	备注
1	游标卡尺	0～150 mm/0.02 mm	1	
2	内径千分尺	5～30 mm/0.01 mm	1	
3	内径百分表	18～35 mm/0.01 mm	各 1	
4	麻花钻	ϕ16 mm	1	
5	外圆车刀	93°、45°	各 1	T01、T02
6	内孔车刀	93°	1	T03

二、制定加工方案

1. 装夹方式

工件采用通用自定心卡盘进行定位与装夹外圆加工内孔。

2. 加工方案及加工路线

该零件外轮廓需加工两端面、ϕ50 mm 外圆；内轮廓需加工 3 段直孔和 3 段锥孔，同时控制长度 50 mm 。零件图轮廓清楚，尺寸标注完整。零件材料为 45 钢，无热处理和硬度要求。

通过上述分析，可采用以下工艺措施：

1)对于图样上给定尺寸，编程时全部取其中值。

2)由于毛坯去除余量不太大，可按照工序集中的原则确定加工工序。

其加工工序如下：手动车右端面→钻 ϕ16 mm 孔→粗精车 ϕ50 mm 外圆→粗精车内轮廓面→调头装夹，手动车左端面并倒角。

3. 填写加工工序卡

填写数控车床加工工序卡，如表 4-1-3 所示。

表 4-1-3　数控车床加工工序卡

零件图号	4-1-3	数控车床加工工艺卡		机床型号	CK6140
零件名称	阶梯孔			机床编号	01
工序	加工内容	切削用量			备注
		S/(r/min)	F/(mm/r)	a_p/mm	
1	平端面	500	—	—	手动
2	钻孔	220	—	—	手动
3	粗车内轮廓	500	0.1	2	自动
4	精车内轮廓	800	0.08	0.5	自动

三、锥体长度的计算

根据锥度计算公式得

$$L=\frac{32-24}{2}\times\tan75°=4\times\tan75°=15(\text{mm})$$

四、编写加工程序

本任务的加工程序如表 4-1-4 所示。

表 4-1-4 加工程序

程序内容	程序说明
O0008;	(内孔加工程序)
N10 G97 G99 M03 S600;	主轴正转，转速为 600 r/min
N20 T0303;	选 3 号刀，执行 3 号刀补
N30 G00 X16 Z2 M08;	刀具快速定位至循环点，打开切削液
N40 G71 U1.5 R1;	设置内孔粗车循环参数
N50 G71 P60 Q140 U-0.5 W0 F0.2;	
N60 G01 X42 S1000 F0.1;	N60～N140 指定精车路线
N70 Z0;	
N80 X32.03 Z-5;	车右侧第一内锥面
N90 Z-10;	
N100 X24.013 W-15.0;	车第二内锥面
N110 W-7;	
N120 X18.013 Z-35;	车第三内锥面
N130 Z-50;	
N140 X16;	刀具退回底孔直径处
N150 G70 P60 Q140;	定义 G70 精车循环
N160 M09;	关闭切削液
N170 G00 Z100;	Z 向快速退刀
N180 M05;	
N190 M09;	程序结束部分
N200 M30;	

五、操作步骤与要点

1)打开机床，回参考点。
2)安装工件、刀具(T01、T02、T03)。
3)对刀并设置刀补参数(T01、T02、T03)。
4)输入程序(O0008)并校验。
5)自动加工。
6)测量工件尺寸。
7)调整、校正工件尺寸。
8)再次测量工件尺寸，合格后拆卸工件。

任务评价

评价标准如表 4-1-5 所示。

表 4-1-5 评价标准表

班级：________ 姓名：________ 学号：________ 成绩：________

检测项目		技术要求	配分	评分标准	自检记录	交检记录	得分
1	内孔	$\phi32^{+0.06}_{0}$ mm	15	超差 0.01 全扣			
2		$\phi18^{+0.026}_{0}$ mm	15	超差 0.01 全扣			
3		$\phi24$ mm	5	超差 0.05 全扣			
4	长度	10 mm	5	超差 0.05 全扣			
5		35 mm±0.02 mm	10	超差 0.01 全扣			
6		50 mm±0.04 mm	10	超差 0.01 全扣			
7	程序编写与工艺安排		20	每错一处扣 2 分			
8	安全文明操作		10	倒扣，违者每次扣 2 分			
9	时间：45 min		10	倒扣，酌情扣分			
学生任务实施过程的小结及反馈：							
教师点评：							

知识拓展

编写图 4-1-9 所示零件车削的程序并进行加工，毛坯尺寸为 $\phi50\times100$ mm。

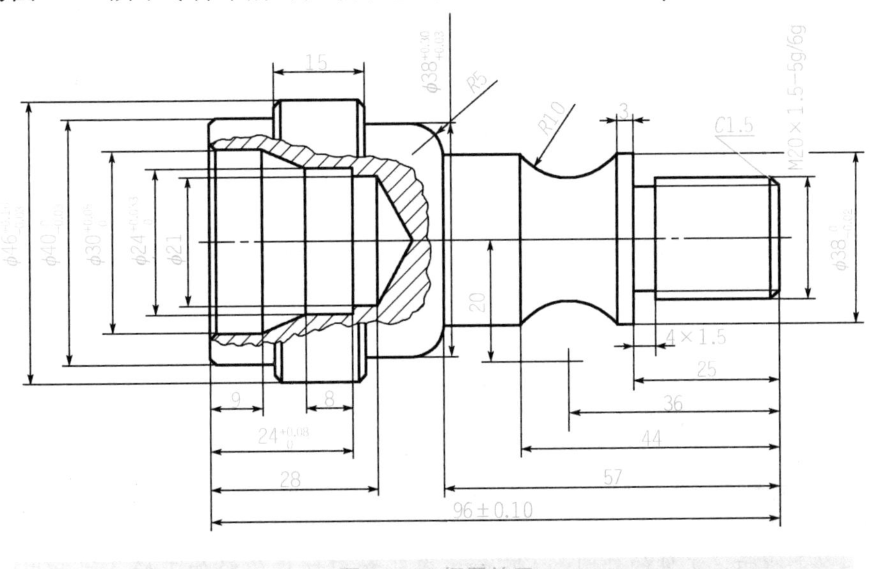

图 4-1-9 拓展练习

拓展练习评价标准如表 4-1-6 所示。

表 4-1-6　拓展练习评价标准表

班级：________　姓名：________　学号：________　成绩：________

检测项目		技术要求	配分	评分标准	自检记录	交检记录	得分
1	孔	$\phi30^{+0.05}_{0}$ mm	20	超差 0.01 mm 全扣			
2		$\phi24^{+0.033}_{0}$ mm	20	超差 0.01 mm 全扣			
3		$\phi21$ mm	10	超差 0.05 mm 全扣			
4	长度	$24^{+0.08}_{0}$ mm	10	超差 0.01 mm 全扣			
5		28 mm	5	超差 0.05 mm 全扣			
6	程序编写与工艺安排		15	每错一处扣 2 分			
7	安全文明操作		10	倒扣，违者每次扣 2 分			
8	时间：45 min		10	倒扣，酌情扣分			
学生任务实施过程的小结及反馈：							
教师点评：							

任务二　内螺纹加工

任务目标

1. 掌握用指令 G76 编写内螺纹的方法，巩固 G76 指令格式及参数意义。
2. 能根据加工要求合理确定 G76 指令中各参数值。
3. 掌握内螺纹加工的相关工艺。
4. 掌握内孔车刀的安装、对刀及刀补设定的方法。
5. 完成内螺纹的编程加工。

任务描述

如图 4-2-1 所示，工件的外圆、$\phi26$ mm 内孔和内切槽已经加工好，试采用螺纹切削指令 G76 编写其内螺纹加工程序(已将加工螺纹的孔加工成 $\phi28.5$ mm 的内孔)。

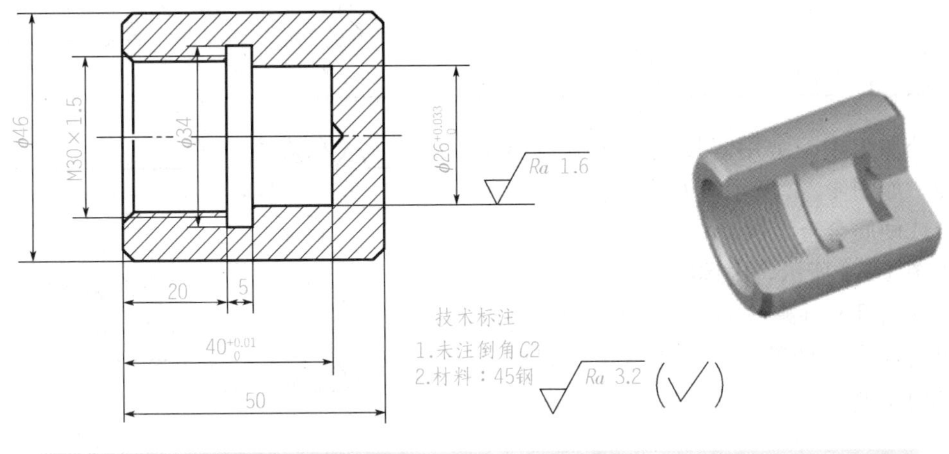

图 4-2-1　内螺纹加工实例

任务分析

本任务主要是内螺纹加工。通过本任务巩固指令 G76 的格式及其参数的意义，同时掌握内螺纹编程与加工的方法和规则。另外，内螺纹加工工艺也是本任务学习的重点内容。

知识准备

一、内螺纹径向尺寸的计算

1. 内螺纹顶径

内螺纹顶径即小径，与外螺纹车削一样，考虑螺纹的公差要求和螺纹切削过程中对小径的挤压作用，所以车内螺纹前的孔径(即实际小径 D_1')要比内螺纹理论小径 D_1 略大些，可以采用下列近似公式计算。

车削塑性金属的内螺纹的编程小径：$D'_1 \approx D-P$。

车削脆性金属的内螺纹的编程小径：$D'_1 \approx D-1.05\ P$。

2. 内螺纹的底径

内螺纹的底径即大径，取螺纹的公称直径 D 值，该直径为内螺纹切削终点处的 X 坐标。

3. 内螺纹的中径

螺纹的中径是通过控制螺纹的削平高度(由螺纹车刀的刀尖体现)、牙型高度、牙型角和底径来综合控制的。

4. 螺纹总切深

内螺纹加工中，螺纹总切深的取值与外螺纹加工相同，即 $h' \approx 1.3\ P$。

二、内螺纹车削的刀具

数控加工中，常用焊接式和机夹式内螺纹车刀，如图 4-2-2 所示，刀片材料一般为硬质合金或硬质合金涂层。

如图 4-2-3 所示，内螺纹车刀除了其刀刃几何形状应具有外螺纹刀尖几何形状特点外，还应具有内孔刀的特点，硬质合金内螺纹车刀的几何角度如图 4-2-3 所示。

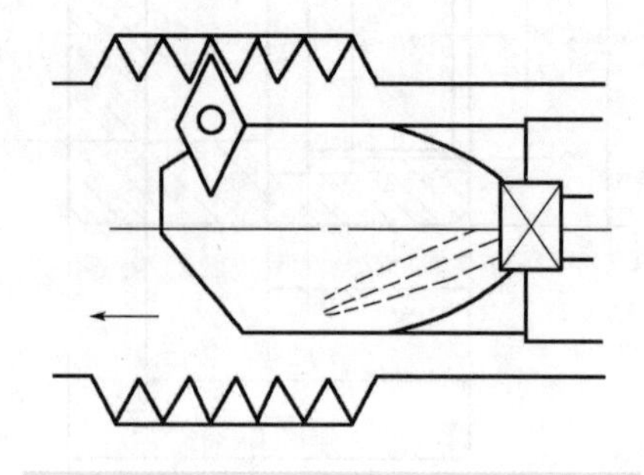

图 4-2-2 内螺纹车削的刀具

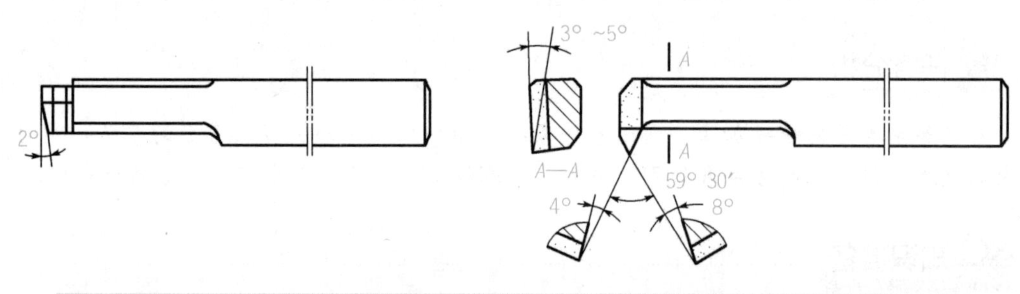

图 4-2-3 内螺纹车刀几何角度

三、内螺纹车刀的装夹

1)刀柄的伸出长度应大于内螺纹长度 10～20 mm。

2)刀尖应与工件轴心线等高。如果装得过高，车削时容易引起振动，使螺纹表面产生鱼鳞斑；如果装得过低，刀头下部会与工件发生摩擦，车刀切不进去。

3)应将螺纹对刀样板侧面靠平工件端面，刀尖部分进入样板的槽内进行对刀，如图 4-2-4(a)所示，同时调整并夹紧刀具。

4)装夹好的螺纹车刀应在底孔内手动试走一次，如图 4-2-4(b)所示，以防正式加工时刀柄和内孔相碰而影响加工。

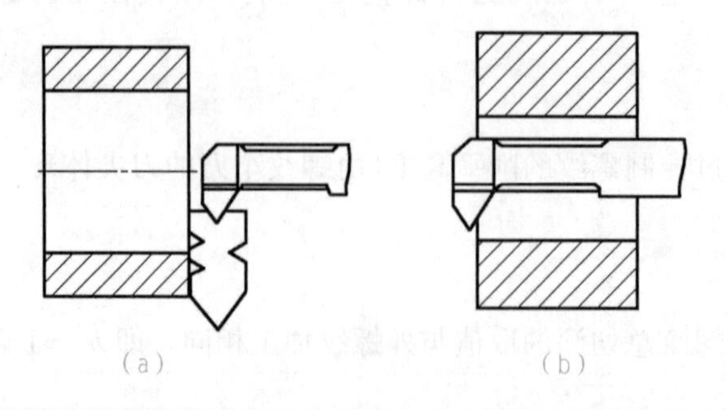

图 4-2-4 内螺纹车刀的装夹

(a)内螺纹车刀对刀；(b)检查刀柄是否与内孔碰撞

任务分析

一、准备工作

1)工件：材料为 45 钢，毛坯尺寸为 ϕ50 mm×60 mm。
2)设备：FANUC 0i 系统数控车床。
3)工、量、刃具：清单见表 4-2-1。

表 4-2-1　工、量、刃具清单

序号	名称	规格	数量	备注
1	游标卡尺	0～150 mm/0.02 mm	1	
2	内径千分尺	5～30 mm/0.01 mm	1	
3	内径百分表	18～35 mm/0.01 mm	各 1	
4	螺纹塞规	M30×1.5	1	
5	麻花钻	ϕ22 mm	1	
6	外圆车刀	93°、45°	各 1	T01、T02
7	内孔车刀	93°	1	T03
8	内沟槽刀	刃宽 3 mm	1	T04
9	内三角螺纹刀	牙型角 60°	1	T05

二、制定加工方案

1. 装夹方式

工件采用通用自定心卡盘进行定位与装夹外圆加工内孔。

2. 加工方案及加工路线

该零件外圆、ϕ26 mm 孔和内切槽已经加工，本任务主要加工内螺纹 M30×1.5 mm。

3. 填写加工工序卡

填写数控车床加工工序卡，如表 4-2-2 所示。

表 4-2-2　数控车床加工工序卡

零件图号	4-2-1	数控车床加工工艺卡		机床型号	CK6140
零件名称	轴			机床编号	01
工序	加工内容	切削用量			备注
		S/(r/min)	F/(mm/r)	a_p/mm	
1	平端面	500	—	—	手动
2	钻孔	200	—	—	手动
3	粗车内轮廓	500	0.1	2	自动
4	精车内轮廓	800	0.08	0.5	自动
5	车内沟槽	400	0.05	2	自动
6	车内螺纹	500	1.5	分层	自动

三、数值计算

1. 内螺纹径向尺寸计算

内螺纹的编程小径：$D'_1 \approx D-P=30-1.5=28.50$(mm)。

内螺纹大径：内螺纹大径取螺纹的公称直径 D 值，该直径为内螺纹处切削终点处的 X 坐标。

螺纹总切深：$h' \approx 1.3P=1.3\times1.5=1.95$(mm)。

螺纹牙型高：$k \approx 0.65P=0.975$(mm)。

查螺纹切削进给次数和切削深度表得：分层切削第一刀切削深度 Δd 取值 500 μm(半径值)，最小切削深度 Δd_{min} 取半径值 50 μm，精加工余量 d 取 −0.05 mm(该值外螺纹取正值，内螺纹取负值)。

2. 螺纹加工的起点、终点坐标

(1)螺纹加工起点坐标的确定

螺纹加工起点 X 坐标值应小于螺纹底孔直径 28.5 mm，取值 26 mm。

螺纹加工起点 Z 坐标值应在螺纹起点的 Z 坐标值的基础上加上切入距离 δ_1，根据经验公式 $\delta_1 \approx (2\sim3)P=3\sim4.5$(mm)，取 3 mm。

(2)螺纹加工终点坐标的确定

螺纹加工终点 X 坐标值为螺纹底径，即内螺纹大径，一般取公称直径 30 mm。

螺纹加工终点 Z 坐标值为螺纹实际长度加上切出距离 δ_2，根据经验公式 $\delta_2 \approx (1\sim2)P=1.5\sim3$(mm)，取 1.5 mm。

四、编写加工程序

本任务的加工程序如表 4-2-3 所示。

表 4-2-3 加工程序

程序内容	程序说明
O0009;	内螺纹加工程序
……	内孔、内沟槽加工程序略
N210 T0505;	选 5 号刀，执行 5 号刀补
N220 S500 M03;	
N230 G00 X26 Z3 M08;	快速定位至循环起点
N240 G76 P011060 Q50 R-0.05;	内螺纹加工，G76 参数设定
N250 G76 X30 Z-21.5 P975 Q500 F1.5;	
N260 G00 Z100 M05;	
N270 M30;	程序结束

五、操作步骤与要点

1)打开机床，回参考点。

2)安装工件、刀具(T01、T02、T03、T04、T05)。

3)对刀并设置刀补参数(T01、T02、T03、T04、T05)。

4)输入程序(O0009)并校验。

5)自动加工。

6)测量工件尺寸。

7)调整、校正工件尺寸。

8)再次测量工件尺寸，合格后拆卸工件。

任务评价

评价标准如表 4-2-4 所示。

表 4-2-4　评价标准表

班级：＿＿＿＿　姓名：＿＿＿＿　学号：＿＿＿＿　成绩：＿＿＿＿

检测项目		技术要求	配分	评分标准	自检记录	交检记录	得分
1	内孔	$\phi26^{+0.033}_{0}$ mm	10	超差 0.01 mm 全扣			
2		$\phi34$ mm	5	超差 0.05 mm 全扣			
3		M30×1.5 mm	15	螺纹塞规测量不合格全扣			
4	长度	20 mm	5	超差 0.05 mm 全扣			
5		$40^{+0.010}_{0}$ mm	10	超差 0.01 mm 全扣			
6		5 mm	5	超差 0.01 mm 全扣			
7	程序编写与工艺安排		30	每错一处扣 2 分			
8	安全文明操作		10	倒扣，违者每次扣 2 分			
9	时间：45 min		10	倒扣，酌情扣分			
学生任务实施过程的小结及反馈：							
教师点评：							

知识拓展

编写图 4-2-5 所示零件内孔、内螺纹加工程序并进行加工，毛坯尺寸为 $\phi50$ mm×85 mm。

拓展练习评价标准如表 4-2-5 所示。

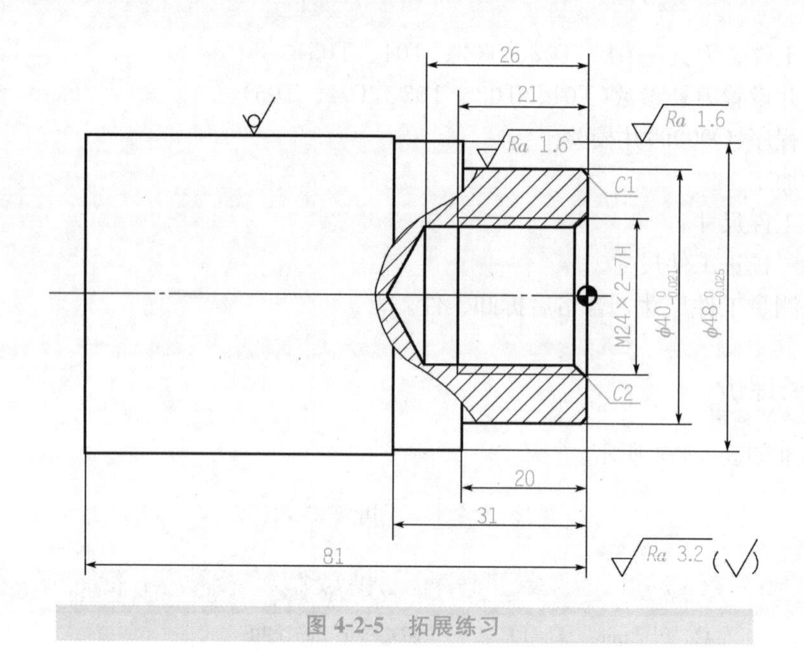

图 4-2-5 拓展练习

表 4-2-5 拓展练习评价标准表

班级：＿＿＿＿＿ 姓名：＿＿＿＿＿ 学号：＿＿＿＿＿ 成绩：＿＿＿＿＿

检测项目		技术要求	配分	评分标准	自检记录	交检记录	得分
1	内孔	$\phi40^{\ 0}_{-0.021}$ mm	20	超差 0.01 mm 全扣			
2	内螺纹	M24×2 mm	20	螺纹塞规测量不合格全扣			
3	长度	26 mm	10	超差 0.05 mm 全扣			
4		21 mm	10	超差 0.05 mm 全扣			
5	程序编写与工艺安排		20	每错一处扣 2 分			
6	安全文明操作		10	倒扣，违者每次扣 2 分			
7	时间：45 min		10	倒扣，酌情扣分			
学生任务实施过程的小结及反馈：							
教师点评：							

模块三

综合技能训练

项目五

轴类零件的加工

项目描述

本项目是在前两个模块的基础上，设计了 4 个任务：螺纹轴零件的加工、阀芯轴的加工、端面槽异形件的加工、细长轴的加工。本项目的目的是让同学们在这些任务的实施过程中，熟练地掌握编程和检测技巧，进一步培养数控加工工艺的综合分析能力，提高数控车的操作技能水平。

知识目标

1. 掌握复杂轴类零件的加工工艺分析及工艺准备。
2. 掌握 G71、G92、G70、G90 循环指令的用法及编程技巧。
3. 掌握螺纹的编程方法及加工工艺。
4. 掌握子程序常用指令及编程技巧。
5. 掌握轴类零件的加工注意事项。

技能目标

1. 能熟练加工具有一定工艺要求的轴类零件。
2. 会操作数控车床加工出合格的轴类零件。
3. 能熟练地对零件进行检测，对零件的质量进行分析，并能提出改进措施。

任务一 螺纹轴零件的加工

任务目标

1. 了解螺纹的作用及用途。

2. 能够对螺纹综合零件进行数控车削工艺分析。
3. 能够对螺纹部分相关尺寸进行计算并编程。
4. 能够正确使用数控车床完成螺纹综合零件的加工。
5. 掌握螺纹的检测方法。

任务描述

图 5-1-1 为螺纹轴零件图，其毛坯尺寸为 40 mm×80 mm，材料为 45 钢。要求编写该零件的加工程序，并完成该零件的加工。

螺纹是零件上常见的一种结构，带螺纹的零件是机器设备中重要的零件之一。作为标准件，它的用途十分广泛，能起到连接、传动、紧固等作用。螺纹按用途可分为连接螺纹和传动螺纹两种。在 FANUC 数控系统上加工螺纹可用 G32 指令、G92 指令和 G76 指令来进行编程，但每种编程方法都有自己的特点。本任务以图 5-1-1 所示螺纹轴零件(普通三角螺纹)为例，重点讲解螺纹部分的编程方法。

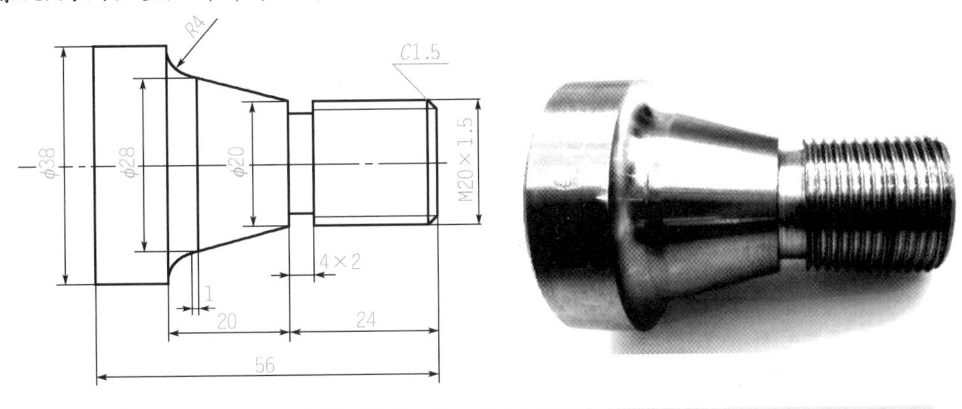

图 5-1-1 螺纹轴

任务分析

该零件由外圆、圆弧、退刀槽及螺纹构成，螺纹部分为普通三角螺纹。本任务主要讲解螺纹加工的特点、工艺的确定、指令的应用、程序的编制、加工误差分析等内容。

利用数控车床加工螺纹时，由数控系统控制螺距的大小和精度，从而简化了计算，不用手动更换挂轮，并且螺距精度高且不会出现乱扣现象；螺纹切削回程期间车刀快速移动，切削效率大幅提高；专用数控螺纹切削刀具、较高的切削速度的选用，又进一步提高了螺纹的形状和表面质量。

一、工件的装夹

在螺纹切削过程中，无论采用何种进刀方式，螺纹切削刀具经常是由两个或两个以上的切削刃同时参与切削，同样会产生较大的径向切削力，容易使工件产生松动现象和变形。因此，在装夹方式上，最好采用软卡爪且增大夹持面或者一夹一顶的装夹方式，以保证在螺纹切削过程中不会出现因工件松动导致螺纹乱牙而使工件报废的现象。

二、刀具的选择

通常螺纹刀具切削部分的材料分为硬质合金和高速钢两类。刀具类型有整体式、焊接式和机械夹固式 3 种。

在数控车床上，车削普通三角螺纹一般选用精机夹可转位不重磨螺纹车刀，使用时要根据螺纹的螺距选择刀片的型号，每种规格的刀片只能加工一个固定的螺距。可转位螺纹刀如图 5-1-2 所示。

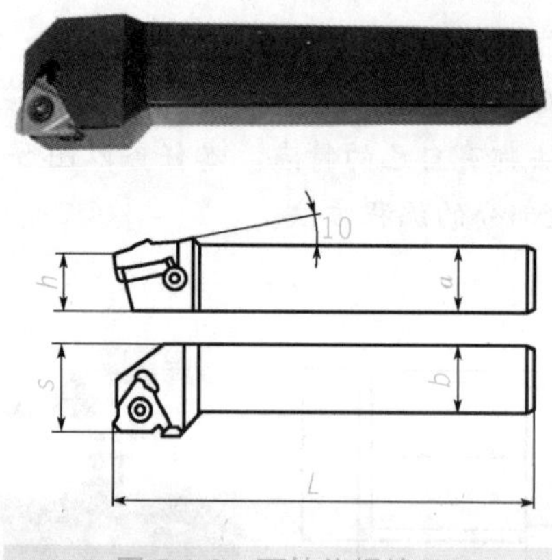

图 5-1-2 可转位螺纹刀

三、切削用量的选择

在螺纹加工中，切削深度 a_p 等于螺纹车刀切入工件表面的深度，随着螺纹刀的每次切入，切削深度在逐步地增加。受螺纹牙型截面大小和深度的影响，螺纹切削的切削深度可能是非常大的，所以必须合理地选择切削速度和进给量。

1. 加工余量

螺纹加工分粗加工工序和精加工工序，经多次重复切削完成，一般第一刀切除量可为 0.7～1.5 mm，依次递减，精加工余量在 0.1 mm 左右。进刀次数根据螺距计算出需切除的总余量来确定。螺纹切削总余量就是螺纹大径尺寸减去螺纹小径尺寸，即牙深 h 的 2 倍。牙深表示螺纹的单边高度，计算公式为 h(牙深)＝0.649 5×P(螺距)。一般采用直径编程，需要换算成直径量。需要切除的总余量为 2×0.649 5×P＝1.299 P。例如，M30×2 mm螺纹的加工余量为 1.299×2＝2.598(mm)。

2. 编程计算

小径值：30－2.598＝27.402(mm)。

根据表 5-1-1 中进刀量及进给次数，计算每次切削进刀点的 X 坐标值：

第一刀 X 坐标值：30－0.9＝29.1(mm)；

第二刀 X 坐标值：30－0.9－0.6＝28.5(mm)；

第三刀 X 坐标值：30－0.9－0.6－0.6＝27.9(mm)；

第四刀 X 坐标值：30－0.9－0.6－0.6－0.4＝27.5(mm)；

第五刀 X 坐标值：30－0.9－0.6－0.6－0.4－0.1＝27.4(mm)。

表 5-1-1 常用螺纹切削的进给次数与进刀量

米制螺纹								
螺距 P/mm		1.0	1.5	2.0	2.5	3.0	3.5	4.0
牙深 h/mm		0.649	0.974	1.299	1.624	1.949	2.273	2.598
切削深度及切削次数	1次	0.7	0.8	0.9	1.0	1.2	1.5	1.5
	2次	0.4	0.6	0.6	0.7	0.7	0.7	0.8
	3次	0.2	0.4	0.6	0.6	0.6	0.6	0.6
	4次		0.16	0.4	0.4	0.4	0.6	0.6
	5次			0.1	0.4	0.4	0.4	0.4
	6次				0.15	0.4	0.4	0.4
	7次					0.2	0.2	0.4
	8次						0.15	0.3
	9次							0.2
注：表中给出的切削深度及切削次数为推荐值，编程者可根据自己的经验和实际情况进行选择。								

3. 螺纹实际直径的确定

由于高速车削挤压引起螺纹牙尖膨胀变形，因此外螺纹的外圆应车到最小极限尺寸，内螺纹的孔应车到最大极限尺寸。加工螺纹前，先将加工表面加工到的实际直径尺寸，可按公式计算，例如，标注为 M30×2 mm 的螺纹：

内螺纹加工前的内孔直径：$D_{孔}=d-1.0825P$；

外螺纹加工前的外圆直径：$d_{外}=d-(0.1\sim0.2)P$。

四、检验方法

外螺纹的检验方法有两类：综合检验和单项检验，通常我们进行综合检验。综合检验用螺纹环规对影响螺纹互换性的几何参数偏差的综合结果进行检验，而单项检测选择螺纹千分尺，测量螺纹的中径，如图 5-1-3 所示。

图 5-1-3 螺纹环规和螺纹千分尺

外螺纹环规分为通端与止端，如果被测外螺纹能够与环规通端旋合通过，且与环规止端不完全旋合通过(螺纹止规只允许与被测螺纹两段旋合，旋合量不得超过两个螺距)，则表明被测外螺纹的中径没有超过其最大实体牙型的中径，且单一中径没有超出其最小实体牙型的中径，那么可以保证旋合性和连接强度，则被测螺纹的中径合格，否则不合格。

五、操作注意事项

1)为了保证加工基准的一致性，在多把刀具对刀时，可以先用一把刀具加工出一个基准，其他各把刀具以此为基准进行对刀。

2)模拟完成后必须进行返回参考点操作，方可进行对刀与加工，否则会产生撞刀现象。

任务实施

一、准备工作

1)工件：材料为 45 钢，毛坯尺寸为 ϕ40 mm×80 mm。

2)设备：FANUC 0i 系统数控车床。

3)工、量、刃具：清单见表 5-1-2。

表 5-1-2 工、量、刃具清单

序号	名称	规格	数量	备注
1	千分尺	0～25 mm/0.01 mm	1	
2	游标卡尺	0～150 mm/0.02 mm	1	
3	螺纹环规	M20×1.5 mm	1 副	
4	外圆粗、精车刀	93°	1	T01
5	切槽刀	刀宽 3 mm	1	T02
6	外螺纹车刀	60°	1	T03
7	切断刀	刀宽 4 mm	1	T04

二、制定加工方案

1. 工艺处理

根据零件图分析，需要加工外形、切槽、车螺纹。需用的刀具有 1 号刀(外圆车刀)、2 号刀(切槽刀)、3 号刀(外螺纹车刀)。

工艺路线如下：

1)利用 G71 循环指令粗加工外形。

2)利用 G70 指令精加工外形。

3)切槽。

4)利用 G92 指令循环车螺纹。

2. 装夹方式

1)采用自定心卡盘夹紧定位，一次加工完成。工件伸出一定长度为 55 mm，便于切断加工操作。

2)粗、精加工工件外轮廓至图样尺寸，螺纹大径车至 ϕ19.8 mm。

3)切槽(刀宽 3 mm)。

4)车削 M20×1.5 mm 螺纹。

5)切断。

3. 填写加工工序卡

填写数控车床加工工序卡，如表 5-1-3 所示。

表 5-1-3　数控车床加工工艺卡

<table>
<tr><td>零件图号</td><td>5-1-1</td><td colspan="2" rowspan="2">数控车床加工工艺卡</td><td>机床型号</td><td colspan="2">CK6140</td></tr>
<tr><td>零件名称</td><td>螺纹轴</td><td>机床编号</td><td colspan="2">01</td></tr>
<tr><td colspan="4">刀　具　表</td><td colspan="3">量　具　表</td></tr>
<tr><td>刀具号</td><td>刀补号</td><td>刀具名称</td><td>刀具参数</td><td>量具名称</td><td colspan="2">规格</td></tr>
<tr><td>T01</td><td>01</td><td>93°外圆粗、精车刀</td><td>D 型刀片
R=0.4 mm</td><td>游标卡尺
千分尺</td><td colspan="2">0～150 mm/0.02 mm
25～50 mm/0.01 mm</td></tr>
<tr><td>T02</td><td>02</td><td>切槽刀</td><td>刀宽 3 mm</td><td>游标卡尺</td><td colspan="2">0～150 mm/0.02 mm</td></tr>
<tr><td>T03</td><td>03</td><td>60°外螺纹车刀</td><td></td><td>游标卡尺
环规</td><td colspan="2">0～150 mm/0.02 mm
M20×2 mm</td></tr>
<tr><td rowspan="2">工序</td><td colspan="2" rowspan="2">工　艺　内　容</td><td colspan="3">切削用量</td><td rowspan="2">加工
性质</td></tr>
<tr><td>S/(r/min)</td><td>F/(mm/r)</td><td>a_p/mm</td></tr>
<tr><td>1</td><td colspan="2">粗车外形</td><td>600～800</td><td>0.2</td><td>2</td><td>自动</td></tr>
<tr><td>2</td><td colspan="2">精车外形</td><td>1 200</td><td>0.1</td><td>0.5～1</td><td>自动</td></tr>
<tr><td>3</td><td colspan="2">切槽</td><td>400</td><td>0.15</td><td></td><td>自动</td></tr>
<tr><td>4</td><td colspan="2">车螺纹</td><td>600</td><td>1.5</td><td></td><td>自动</td></tr>
<tr><td>5</td><td colspan="2">切断</td><td>600</td><td>0.15</td><td></td><td>手动</td></tr>
</table>

三、工件坐标及编程尺寸的确定

编程尺寸是根据工件图中相应的尺寸进行换算得出的在编程中使用的尺寸。如螺纹 M20×1.5 mm，在编程时需要使用螺纹小径尺寸值。

螺纹的牙深度为 $h=0.649\,5\,P=0.649\,5\times1.5\approx0.974$(mm)；

螺纹小径尺寸值 $d_1=d-2\,h=20-2\times0.974\approx18.05$(mm)。

四、编写加工程序

本任务的加工程序如表 5-1-4 所示。

表 5-1-4 加工程序

程 序 内 容	程 序 说 明
O2012;	文件名
N010 M03 S600 T0101;	主轴正转，600 r/min，选择 1 号刀
N020 G00 X41 Z2;	循环起点
N030 G71 U2 R0.5;	粗车循环
N040 G71 P50 Q140 U0.5 W0 F0.3;	
N050 G00 X17;	
N060 G01 Z0;	
N070 G01 X19.8 Z-1.5;	
N080 Z-24;	
N090 X20;	
N100 X28 Z-39;	
N110 Z-40;	
N120 G02 X36 Z-44 R4;	
N130 G01 X38;	
N140 Z-58;	
N150 G00 X100 Z100;	返回换刀点
N160 T0101 S1000 M03;	选择 1 号刀，主轴 1 000 r/min
N170 G00 X41 Z2;	精车循环起点
N180 G70 P50 Q140 F0.1;	精车循环
N190 G00 X100 Z100;	返回换刀点
N200 M03 S400 T0202;	选择 2 号刀具，主轴 400 r/min
N210 G00 X23 Z-24;	快速定位
N220 G01 X17 F0.1;	切槽至底径
N230 X22;	X 向退出
N240 G0 X100 Z100;	返回换刀点
N250 M03 S600 T0303;	主轴正转，600 r/min，选择 3 号刀
N260 G00 X22 Z5;	螺纹循环起点
N270 G92 X19.1 Z-22 F1.5;	螺纹切削循环 1
N280 X18.5;	螺纹切削循环 2
N290 X18.2;	螺纹切削循环 3
N300 X18.05;	螺纹切削循环 4
N310 G00 X100 Z100;	返回换刀点
N320 M05;	主轴停
N330 M30;	程序结束返回程序头

五、操作步骤与要点

1)打开机床，回参考点。
2)安装工件、刀具(T01、T02、T03)。
3)对刀(T01、T02、T03)，输入磨损值。
4)输入程序(O2012)并校验。
5)自动加工。
6)测量工件尺寸。
7)调整、校正工件尺寸。
8)再次测量工件尺寸，合格后拆卸工件。

任务总结

本任务常见问题如表 5-1-5 所示。

表 5-1-5　常见问题汇总表

问题	产生原因	预防和解决方法
螺纹牙顶呈刀口状	刀具角度选择错误	选择正确的刀具
	螺纹外径尺寸过大	检查并选择合适的工件外径尺寸
	螺纹切削过深	减小螺纹的切削深度
螺纹牙型过平	刀具中心错误	选择合适的刀具并调整刀具中心的高度
	螺纹的切削深度不够	计算并增加切削深度
	刀具的牙型角度过小	适当增大刀具的牙型角
	螺纹的外径尺寸过小	检查并选择合适的工件外径尺寸
螺纹牙型底部圆弧过大	刀具选择错误	选择正确的刀具
	刀具磨损严重	重新刃磨或更换刀片
螺纹牙型半角不正确	刀具的安装角度不正确	调整刀具的安装角度
螺纹表面质量差	切削速度过低	调高主轴转速
	刀具中心过高	调整刀具的中心高度
	切削控制较差	选择合理的进刀方式及切削深度
	刀尖产生积屑瘤	选择合适的切削液并充分喷注
螺距误差	伺服系统滞后效应	增加螺纹切削升、降速段的长度
	加工程序不正确	检查、修改加工程序

任务评价

评价标准如表 5-1-6 所示。

表 5-1-6 评价标准表

班级：________ 姓名：________ 学号：________ 成绩：________

检测项目		技术要求	配分	评分标准	自检记录	交检记录	得分
1	外圆	ϕ38 mm	10	超差无分			
2		ϕ20 mm	10	超差无分			
3	螺纹	大径	5	超差无分			
4		中径	15	超差无分			
5		牙型角	15	样板检查，超差无分			
6	槽	ϕ18 mm	12	超差无分			
7		4 mm	5	超差无分			
8	长度	56 mm	12	超差无分			
9		24 mm	5	超差无分			
10		20 mm	5	超差无分			
11	倒角 C1.5 mm		5	超差无分			
12	安全文明操作		倒扣	违者每次扣 2 分			
13	时间：60 min		倒扣	酌情扣分			
学生任务实施过程的小结及反馈：							
教师点评：							

知识拓展

如图 5-1-4 所示，零件材料为 45 钢，毛坯尺寸为 50 mm×100 mm，完成其加工。

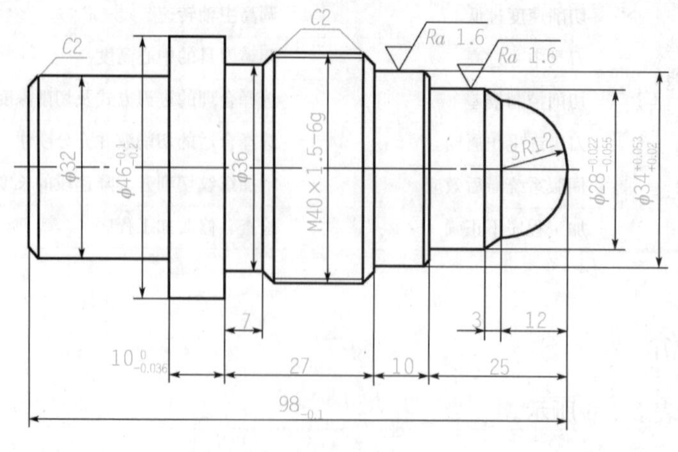

图 5-1-4 拓展练习

拓展练习评价标准如表 5-1-7 所示。

表 5-1-7　拓展练习评价标准表

检测项目		技术要求	配分	评分标准	自检记录	交检记录	得分
1	外圆	$\phi46$	8	超差无分			
2		$\phi34$	8	超差无分			
3		$\phi32$	8	超差无分			
4		$\phi28$	8	超差无分			
5	外螺纹	大径	5	超差无分			
6		中径	8	超差无分			
7		两侧 Ra	5	超差、降级无分			
8		牙型角	5	样板检查，超差无分			
9	切槽	槽宽 7 mm 槽深 4 mm	6	超差不得分			
10	圆弧	R12 mm	8	超差不得分			
11	长度	98	5	超差无分			
12		27	5	超差无分			
13		25	5	超差无分			
14		10	5	超差无分			
15	倒角 4 处		8	超差不得分			
16	安全文明操作		倒扣	违者每次扣 2 分			
17	时间：150 min		倒扣	酌情扣分			
学生任务实施过程的小结及反馈：							
教师点评：							

任务二　阀芯轴的加工

任务目标

1. 了解子程序的应用范围。
2. 掌握了程序的编程格式。

3. 能使用子程序指令及编程技巧进行槽的加工。
4. 能够对阀芯轴零件进行数控车削工艺分析。
5. 能正确使用数控车床完成阀芯轴零件的加工。

任务描述

图 5-2-1 所示为阀芯轴零件图，其毛坯尺寸为 50 mm×95 mm，材料为 45 钢。要求编写该零件的加工程序，并完成该零件的加工。

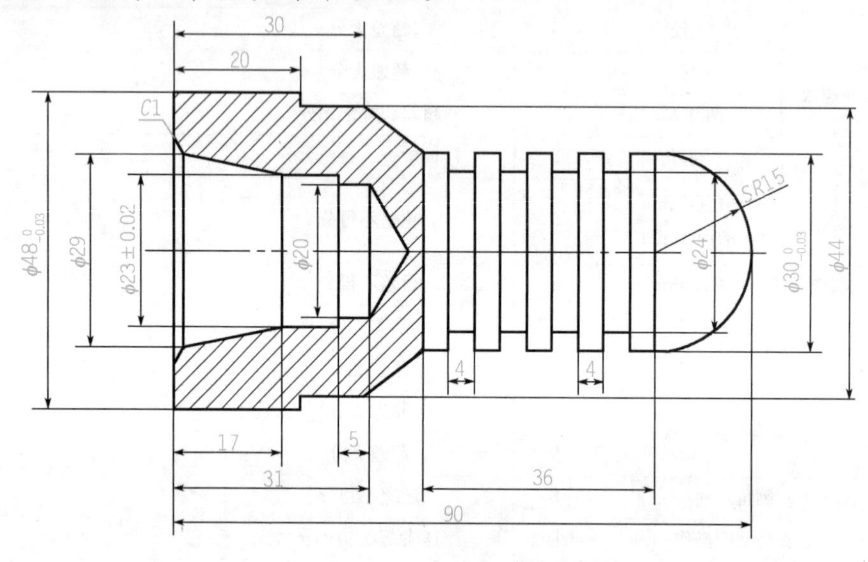

图 5-2-1 阀芯轴

任务分析

该零件轮廓的形状结构比较复杂，由外圆柱面、球面、外沟槽、内孔、内圆锥面构成。该零件由 48 mm、29mm 外圆、20mm 内孔、长度为 17 mm 的内圆锥面、*SR*15 mm 的球面，以及 4 个宽度为 4 mm、直径为 24 mm 的工艺槽构成，并且要保证槽底的精度要求，加工难度大。

一、工件的装夹

该工件使用自定心卡盘夹持零件毛坯的外圆，确定零件伸出的合适长度(应考虑机床的限位距离，机床的一般安全距离为 5 mm)。第一次装夹，加工零件的右端时，夹持毛坯外圆；第二次装夹，加工零件的左端时，选择夹持 $\phi30_{-0.03}^{0}$ mm 的外圆柱的表面，遵循基准重合原则。

二、刀具的选择与进刀方式

零件外圆和端面的加工均采用 93°外圆车刀，为节省刀具数量，粗、精加工用一把外圆车刀。钻孔的麻花钻为 19 mm，零件内孔的加工采用内孔镗刀，粗、精加工采用一把内孔车刀。外沟槽选用刀宽为 3 mm 的切槽刀，如图 5-2-2 所示。

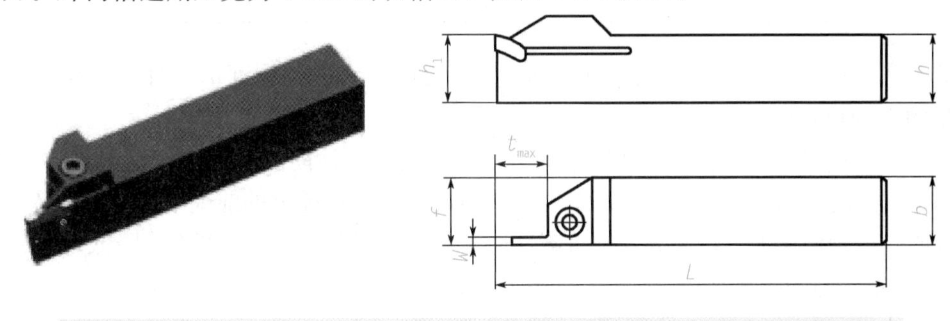

图 5-2-2　切槽刀

一般情况下，外沟槽的加工分窄槽加工和宽槽加工。窄槽加工时可用刀头宽度等于槽宽的切槽刀，一次进给切出，如图 5-2-3 所示。编程时，采用 G04 指令在刀具切至槽底时，停留一定时间，光整槽底。当槽宽尺寸大于刀头宽度时，应采用多次进给方法加工，并在槽底和槽壁两侧留有一定的精车余量，然后根据槽底、槽宽尺寸进行精加工，其加工路线如图 5-2-4 所示。

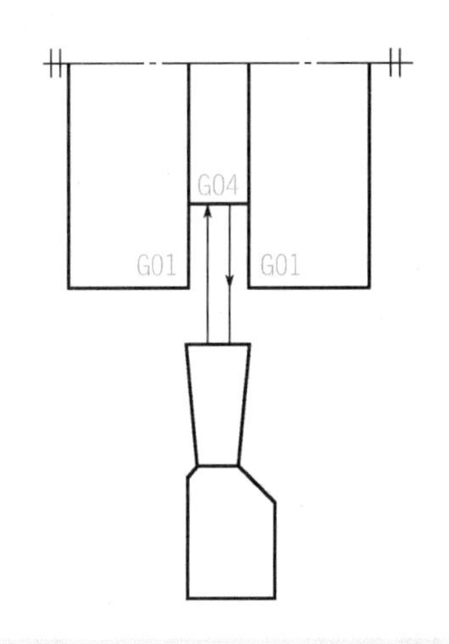

图 5-2-3　窄槽的加工路线

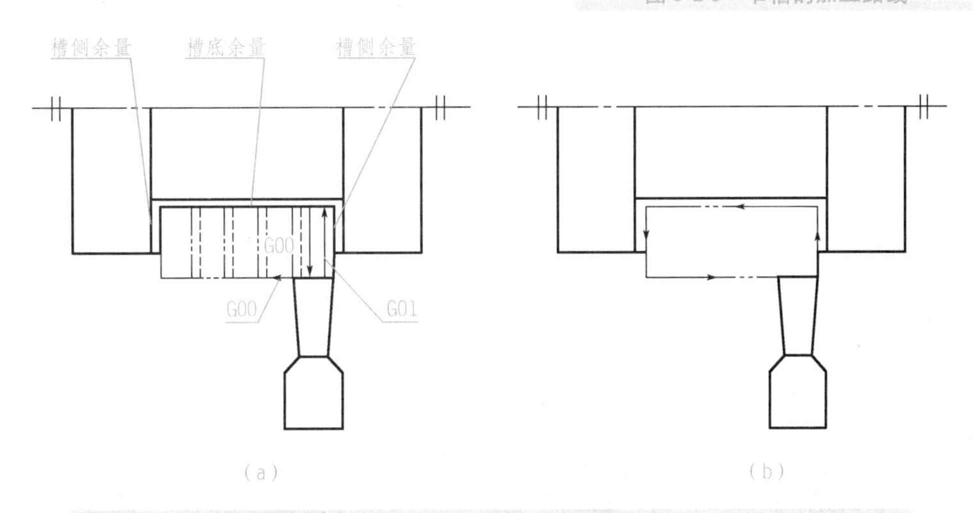

图 5-2-4　宽槽的加工路线

(a)宽槽精加工；(b)宽槽精加工

三、切削用量的选择

数控车削中的切削用量包括主轴转速 n、进给量 F 和切削深度 a_p。加工方法不同，切削用量的选择也不同。

切削用量选择得是否合理，对机床的潜力和刀具切削性能的发挥起着至关重要的作用。切削用量选用的基本原则是：在保证零件加工精度和表面粗糙度的前提下，尽量发挥刀具的切削性能，合理使用刀具，充分发挥机床性能，并最大限度地提高生产率、降低生产成本。

1. 粗车切削用量的选择

粗车时，首先考虑选择尽可能大的切削深度 a_p，其次选择较大的进给量 f，最后确定一个合适的切削速度，根据公式 $v_c=dn/1\,000$ 得到主轴转速 n。

2. 精车切削用量的选择

精车时，加工精度和表面粗糙度要求较高，加工余量不大，因此选择精车时的切削用量时，应着重考虑如何保证加工质量，并在此基础上尽量提高生产率。

精车时应选用较小的切削深度 a_p 和进给量 F，并选用性能高的刀具材料和合理的几何参数，尽可能提高切削速度 v_c。表 5-2-1 为数控车切削用量推荐表。

表 5-2-1 数控车削用量推荐表

工件材料	加工内容	切削深度 a_p /mm	主轴转速 n /(m/min)	进给量 F /(mm/r)	刀具材料
碳素钢 (45 钢)	粗加工	1～2.5	300～800	0.15～0.4	YT 类
	精加工	0.2～0.5	600～1 000	0.1～0.2	
	钻中心孔		300～800	0.1～0.2	W18Cr4V
	钻孔		10～30	0.1～0.2	
	切槽、切断(宽度<5 mm)		300～500	0.05～0.1	YT 类

四、检验方法

沟槽的测量方法：

1)精度要求低的沟槽可用钢直尺测量。

2)精度要求高的沟槽通常用千分尺、游标卡尺和样板(见图 5-2-5)测量。

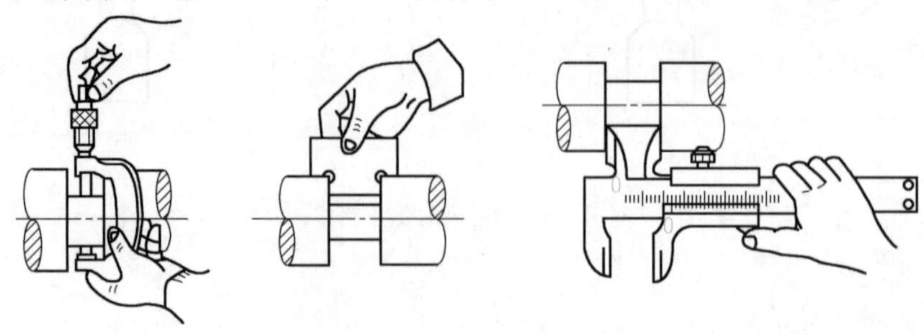

图 5-2-5 沟槽的测量方法

五、操作注意事项

1)进行切槽刀对刀时，要注意刀位点的选取，通常采用左刀尖为编程刀位点，编程时，刀头宽度尺寸应考虑在内。

2)安装刀具时，应保证刀具的主切削刃与工件的轴线保持平行，保证槽的圆柱面的圆柱度公差；否则，加工出的槽底直径一侧大、一侧小。加工槽时，可以在槽底暂停几秒，保证槽底的表面粗糙度。

3)模拟完成后必须进行返回参考点操作，方可进行对刀与加工，否则会产生撞刀现象。

4)使用子程序加工沟槽，可以大大简化程序。一个调用指令可以重复调用同一个子程序，同时一个子程序可以被多个主程序调用，提高编程效率。

5)加工球面和圆锥面时，一定要合理地使用刀具半径补偿指令 G41/G42，否则，加工出的圆弧和圆锥面出现过切，影响加工精度。

任务实施

一、准备工作

1)工件：材料为 45 钢，毛坯尺寸为 ϕ50 mm×95 mm。

2)设备：FANUC 0i 系统数控车床。

3)工、量、刃具：清单见表 5-2-2。

表 5-2-2　工、量、刃具清单

序号	名称	规格	数量	备注
1	外径千分尺	25～50 mm/0.01 mm	1	
2	内径千分尺	5～25 mm/0.01 mm 25～50 mm/0.01 mm	1 1	
3	游标卡尺	0～150 mm/0.02 mm	1	
4	外圆粗、精车刀	93°	1	T01
5	切槽刀	刀宽 3 mm	1	T02
6	内孔镗刀	盲孔镗刀	1	T03
7	中心钻	ϕ3 mm	1	
8	钻头	ϕ19 mm	1	

二、制定加工方案

根据零件图分析，需要加工外形、切槽、车内孔。零件分左右端加工，先加工右端，再掉头，加工左端。工艺路线如下：

1)利用G71循环指令粗加工右端外轮廓。

2)利用G70指令精加工右端外轮廓至尺寸要求。

3)车削4个沟槽至要求尺寸 ϕ24 mm×4 mm。

4)掉头装夹，使用铜皮夹紧 ϕ30 mm圆柱面，校正，加工右端面。

5)钻孔 ϕ19 mm，深度为35 mm。

6)粗加工零件左端外轮廓。

7)粗、精加工内轮廓至尺寸要求。

8)精加工零件左端外轮廓，保证尺寸要求。

9)检测、校核。

填写数控车床加工工艺卡，如表5-2-3所示。

表5-2-3 数控车床加工工艺卡

零件图号	5-2-1	数控车床加工工艺卡		机床型号	CK6140
零件名称	阀芯轴			机床编号	01
刀　具　表				量　具　表	
刀具号	刀补号	刀具名称	刀具参数	量具名称	规格
T01	01	93°外圆粗、精车刀	D型刀片 R=0.4 mm	游标卡尺 千分尺	0～150 mm/0.02 mm 25～50 mm/0.01 mm
T02	02	切槽刀	刀宽3 mm	游标卡尺	0～150 mm/0.02 mm
T03	03	60°外螺纹车刀		游标卡尺 环规	0～150 mm/0.02 mm 25～50 mm/0.01 mm
工序	工　艺　内　容	切削用量			加工性质
		S/(r/min)	F/(mm/r)	α_p/mm	
1	粗车零件右端外轮廓	600～800	0.2	2	自动
2	精车零件右端外轮廓	1 200	0.1	0.5	自动
3	切槽 ϕ24 mm×4 mm	400	0.15		自动
4	粗车零件左端外轮廓	600～800	0.2	2	自动
5	钻中心孔	1 500			手动
6	钻孔	600			手动
7	粗车零件内轮廓	600～800	0.2	1.5	自动
8	精车零件内轮廓	1 000	0.1		自动
9	精车零件左端外轮廓	1 200	0.1	0.5	自动

三、工件坐标及编程尺寸的确定

精加工零件外轮廓时的刀具起点为 X 方向距离毛坯2 mm，Z 方向距离毛坯2 mm。加工工艺槽时刀具的起点为(X35，Z−22)，加工内轮廓时刀具起点为 X 方向为19 mm，Z 方向距离端面2 mm，坐标为(X19，Z2)，加工外轮廓的循环起点的坐标为(X52，Z2)。

四、编写加工程序

(一)零件右端的加工程序

零件右端的加工程序如表 5-2-4 所示。

表 5-2-4　零件右端的加工程序

程序内容	程序说明
加工右端外轮廓	
O2011;	文件名
N010 M03 S600 T0101;	主轴正转，600 r/min，选样 1 号刀
N020 G00 X52 Z2;	循环起点
N030 G71 U2 R0.5;	粗车循环
N040 G71 P50 Q110 U0.5 W0 F0.3;	
N050 G00 X0;	
N060 G01 Z0;	
N070 G03 X30 Z-15 R15;	
N080 G01 Z-51;	
N090 X44 Z-60;	
N100 Z-70;	
N110 X50;	
N120 G00 G40 X100 Z100;	返回换刀点
N130 T0101 S1000 M03;	选择 1 号刀具，主轴 1 000 r/min
N140 G00 X52 Z2;	精车循环起点
N150 G70 P50 Q110 F0.1;	精车循环
N160 G00 X100 Z100;	返回换刀点
N170 M05;	主轴停
N180 M30;	程序结束返回程序头
加工 4 个沟槽	
O2012;	加工 4 个沟槽的程序
N010 M03 S400 T0202;	选择 2 号刀具，主轴正转，400 r/min
N020 G00 Z-22;	快速到达切槽刀的起到点
N030 X35;	
N040 M98 P1005 L3;	调用 1005 号子程序 3 次
N050 G01 U-11 F0.1;	切第 4 个槽
N060 G04 P1;	暂停 1 s
N070 G00 U11;	
N080 G01 W-1 F0.1;	
N090 G01 U-11;	
N100 G04 P1;	
N110 G00 X35;	快速退刀
N120 X100　Z100;	快速退刀，回换刀点
N130 M05;	主轴停止
N140 M30;	程序结束

续表

程序内容	程序说明
O1005;	子程序
N10 G01 U-11 F0.1;	慢速进刀
N20 G04 P1;	暂停 1 s，达到修光的作用
N30 G00 U11;	
N40 G01 W-1 F0.1;	-Z 方向进给 1 mm
N50 G01 U-11;	
N60 G04 P1;	
N70 G00 U11;	
N80 W-7;	-Z 方向进给 7 mm
M99;	子程序结束

(二)零件左端的加工程序

零件左端的加工程序如表 5-2-5 所示。

表 5-2-5 零件左端的加工程序

程序内容	程序说明
粗车左端外轮廓	
O2013;	文件名
N010 M03 S800 T0101;	主轴正转，800 r/min，选择 1 号刀
N020 G00 X52 Z2;	循环起点
N030 G80 X48.5 Z-20 F0.2;	粗车第一刀
N040 X48 Z-20;	粗车第二刀
N050 G00 X50;	快速退刀
N060 G00 X100 Z100;	回换刀点
N070 M05;	主轴停止
N080 M30;	程序结束
粗、精车内轮廓	
O2014;	程序名
N010 M03 S800 T0303;	主轴正转，800 r/mim，换 3 号刀
N020 G00 X19 Z2;	循环起点
N030 G71 U1.5 R0.5;	粗车循环
N040 G71 P50 Q120 U0.5 W0 F0.2;	
N050 G41 G01 X31 F0.1;	
N060 Z0;	
N070 X29 C1;	
N080 X23 Z-17;	
N090 Z-26;	
N100 X20;	
N110 Z-31;	
N120 G40 X18;	
N130 G00 Z100;	回换刀点
N140 X100;	
N150 T0303 M03 S1000;	换 3 号刀，主轴正转，1 000 r/min
N160 G00 X19 Z2;	循环起点
N170 G70 P50 Q120 F0.1;	精加工
N180 G00 Z100;	回换刀点
N190 X100;	
N200 M05;	主轴停止
N210 M30;	程序结束

续表

程序内容	程序说明
精车左端外轮廓	
O2015;	程序名
N010 M03 S1200 T0101;	换1号刀具，主轴正转1 200 r/min
N020 G00 X52 Z2;	快速靠近工件
N030 G01 X48 F0.1;	快速定位到精加工切削起点
N040 Z-20;	精车 48 mm 的外圆
N050 G00 X52;	
N060 G00 X100 Z100;	返回换刀点
N070 M05;	主轴停
N080 M30;	程序结束

五、操作步骤与要点

1)打开机床，回参考点。
2)安装工件、刀具(T01、T02、T03)。
3)对刀(T01、T02、T03)，输入磨损值。
4)输入程序(O2011、O2012、O2013、O2014、O1005)并校验。
5)自动加工。
6)测量工件尺寸。
7)调整、校正工件尺寸。
8)再次测量工件尺寸，合格后拆卸工件。

任务总结

本任务常见问题如表 5-2-6 所示。

表 5-2-6 常见问题汇总表

问题	产生原因	预防和解决方法
工件圆度超差	程序错误	检查、修改程序
	刀具安装不正确	正确安装刀具
	工件安装不正确	正确安装工件
	机床主轴间隙过大	调整机床主轴间隙
工件外圆尺寸超差	程序错误	检查、修改程序
	切削用量选择不当	合理选择切削用量
	刀具数据错误	重新设定刀具数据
	工件尺寸计算错误	正确计算工件尺寸
内孔尺寸错误	测量尺寸不仔细	仔细测量尺寸
	刀柄的刚性差产生让刀	增加刀柄刚性
内外圆锥尺寸不合格	没有加刀具半径补偿，产生欠切或过切	正确、合理地使用刀具半径补偿指令
	测量错误	正确测量

续表

问题	产生原因	预防和解决方法
内外圆锥出现双曲线误差	刀尖未对准工件中心	刀尖严格对准工件中心
沟槽的尺寸不正确 槽两侧倾斜 槽底有振纹	编程错误	检查、修改程序
	切削用量选择不当	正确、合理地选择切削用量
	刀具安装不正确	切槽刀应与工件轴线垂直
	程序延长时间太长	缩短程序延长时间
车槽过程中出现扎刀现象，刀具磨损	进给量过大	降低进给速度
	切屑堵塞	采用断屑、排屑方式切入
车槽开始及加工过程中出现强烈的振动	工件装夹不正确	检查工件的装夹情况，提高装夹刚度
	刀具安装不正确	检查刀具的安装位置
	进给速度过低	提高进给速度

任务评价

评价标准如表 5-2-7 所示。

表 5-2-7 评价标准表

班级：______ 姓名：______ 学号：______ 成绩：______

检测项目		技术要求	配分	评分标准	自检记录	交检记录	得分
1	外圆	ϕ48 mm	10	超差 0.01 mm 扣 2 分			
2		ϕ32 mm	10	超差 0.01 mm 扣 2 分			
3		ϕ30 mm	10	超差无分			
4	外锥	小端直径 $\phi 30_{-0.03}^{0}$ mm	10	超差无分			
		大端直径 ϕ44 mm					
5	内锥	小端直径 ϕ23±0.02 mm	10	超差无分			
		大端直径 ϕ29 mm					
6	外沟槽	4 mm×ϕ24 mm(4 个)	20	超差无分			
		两侧 *Ra*	8	超差、降级无分			
7	长度	90 mm	5				
8		30 mm	5	超差无分			
9		20 mm	5	超差无分			
10		31 mm	5	超差无分			
11	倒角 *C*1		2	超差无分			
12	安全文明操作		倒扣	违者每次扣 2 分			
13	时间：120 min		倒扣	酌情扣分			
学生任务实施过程的小结及反馈：							
教师点评：							

知识拓展

如图 5-2-6 所示，零件材料为 45 钢，毛坯尺寸为 60 mm×100 mm，完成其加工。

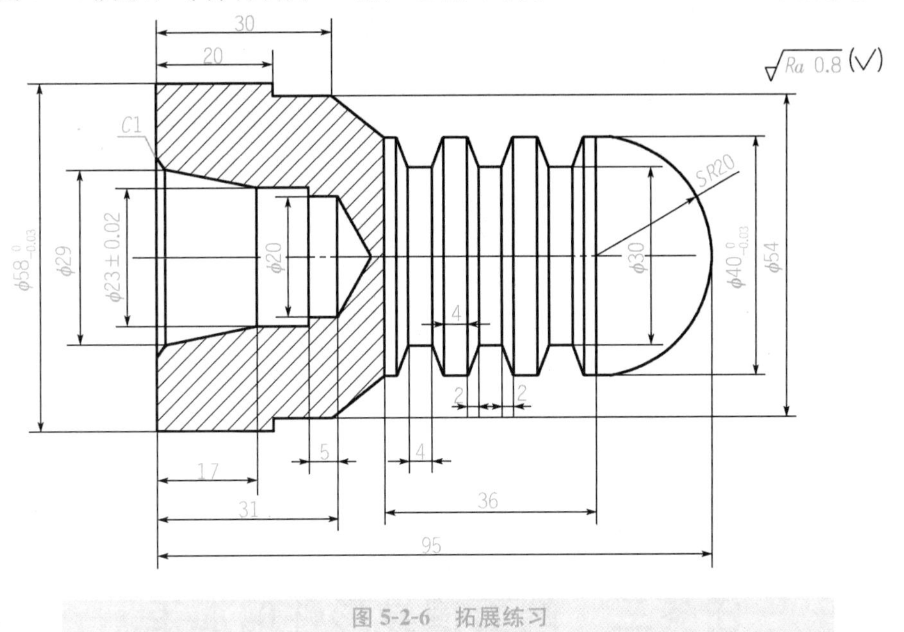

图 5-2-6　拓展练习

拓展练习评价标准如表 5-2-8 所示。

表 5-2-8　拓展练习评价标准表

检测项目		技术要求	配分	评分标准	自检记录	交检记录	得分
1	外圆	φ58	10	超差无分			
2		φ54	8	超差无分			
3		φ40	10	超差无分			
4		φ23	8	超差无分			
5	切槽	槽宽 4 mm 槽深 5 mm	8×3	差超无分 降级不得分			
6	圆弧	*R*20 mm	5	IT 超差不得分 *Ra*1.6 降级不得分			
7	长度	95 mm	5	超差无分			
8		36 mm	5	超差无分			
9		31 mm	5	超差无分			
10		20 mm	5	超差无分			
11		17 mm	5	超差无分			
12		5 mm	5	超差无分			
13	倒角 2 处		5	超差无分			

续表

检测项目	技术要求	配分	评分标准	自检记录	交检记录	得分
14	安全文明操作	倒扣	违者每次扣 2 分			
15	时间：90 min	倒扣	酌情扣分			
学生任务实施过程的小结及反馈：						
教师点评：						

任务三　端面槽异形件的加工

任务目标

1. 了解常用端面槽的特点。
2. 掌握端面槽刀的对刀操作。
3. 能正确使用编程指令对端面槽进行编程。
4. 能够对端面槽异形件进行数控车削工艺分析。
5. 能正确使用数控车床完成端面槽异形件的加工。

任务描述

图 5-3-1 所示为端面槽异形件，其毛坯尺寸为 50 mm×92 mm，材料为 45 钢。要求编写该零件的加工程序，并完成该零件的加工。

任务分析

该零件轮廓的形状结构比较复杂，由外圆柱面、球面、圆弧面、端面槽构成。该零件由 ϕ30mm、ϕ36 mm、ϕ48 mm 外圆、SR20 mm 的球面、R15 mm 的圆弧面以及深度为 5 mm的端面槽构成。

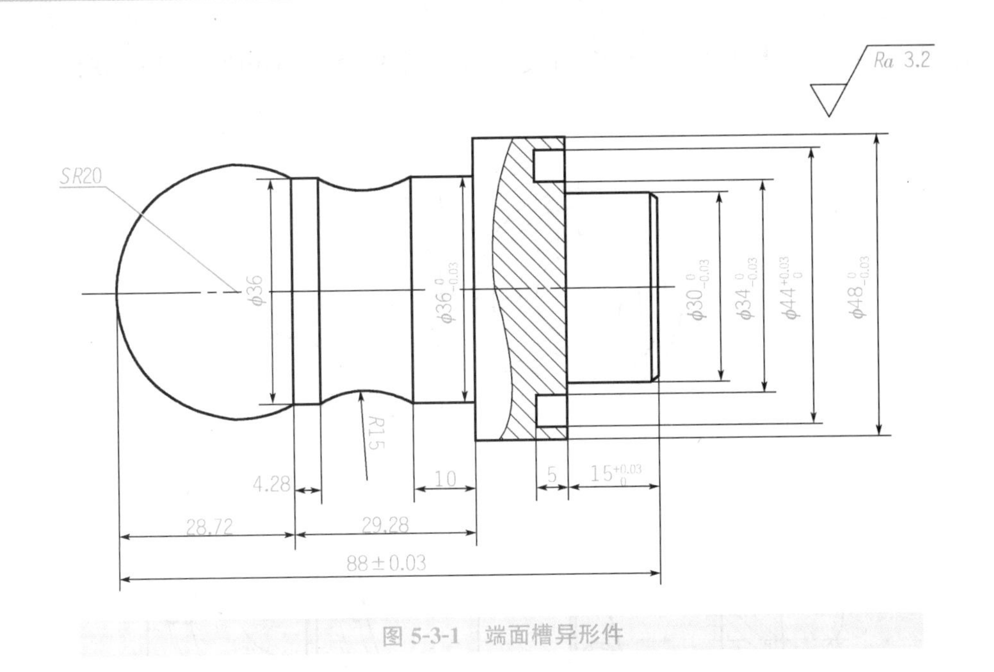

图 5-3-1　端面槽异形件

一、工件的装夹方案

该工件使用自定心卡盘夹持零件毛坯的外圆，确定零件伸出的合适长度。第一次装夹，加工零件的右端，夹持 ϕ50 mm 的毛坯外圆，伸出卡盘长度大于 30 mm；第二次装夹，加工零件的左端，选择夹持已经加工好的工件右端 ϕ30mm 的外圆，轴向用右侧的台阶面定位。

二、刀具的选择与进刀方式

零件外圆和端面的加工均采用 93°外圆车刀，为节省刀具数量，粗、精加工用一把外圆车刀。加工端面槽选用一把端面槽车刀，如图 5-3-2 所示。

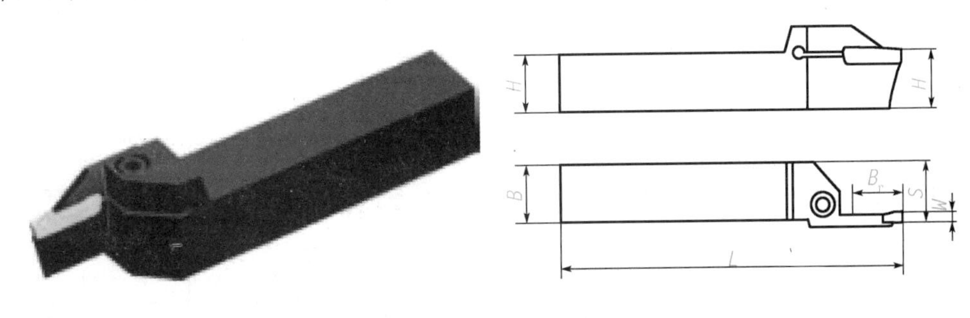

图 5-3-2　端面槽刀

端面上车削精度不高、宽度较小、较浅的沟槽时，通常采用与槽等宽的刀具，采用直进法一次进给车出，如图 5-3-3 所示。若沟槽的精度较高，通常采用先粗车、再精车的方法。车削较宽的端面槽时，可采用多次直进循环切削的方法。端面槽刀加工路线如图5-3-4所示。

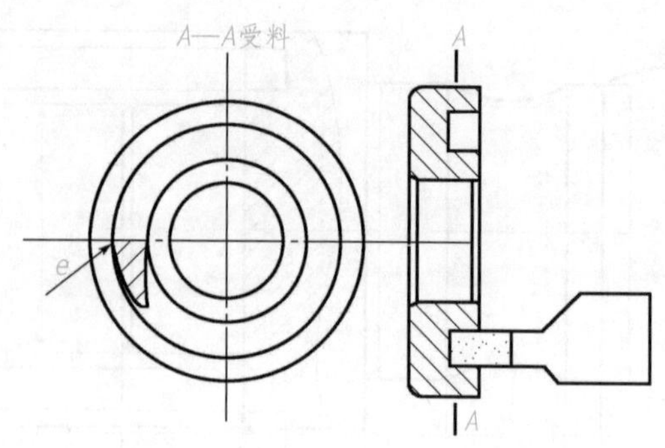

图 5-3-3 端面槽加工进刀方式

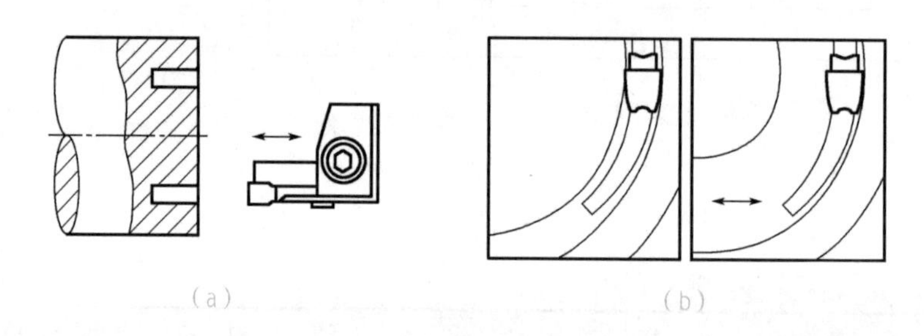

图 5-3-4 端面槽刀加工路线
(a)轴向加工路线；(b)径向加工路线

三、切削用量的选择

1. 切削深度

切端面槽时，切削深度等于刀的主切削刃宽度。

2. 进给量和切削速度

进给量和切削速度的选择，与工件材料和切槽刀的刀宽有关。表 5-3-1 为数控车切槽时切削用量推荐表。

表 5-3-1 数控车切槽切削用量推荐表

工件材料	硬度	切削速度 v_c/(m/min)	进给量 F/(mm/r)		
			槽宽 3 mm	槽宽 4 mm	槽宽 5 mm
软钢	<HB180	120 (100～150)	0.08 (0.05～0.1)	0.1 (0.08～0.15)	0.15 (0.1～0.2)
碳素钢 合金钢	HB180～280	100 (80～120)	0.08 (0.05～0.1)	0.1 (0.08～0.15)	0.12 (0.1～0.15)
不锈钢	<HB200	80 (60～100)	0.08 (0.05～0.1)	0.1 (0.08～0.15)	0.12 (0.1～0.15)

续表

工件材料	硬度	切削速度 v_c/(m/min)	进给量 F/(mm/r)		
			槽宽 3 mm	槽宽 4 mm	槽宽 5 mm
铸铁	抗拉强度 <350 N/mm²	80 (60～100)	0.08 (0.05～0.1)	0.1 (0.08～0.15)	0.15 (0.1～0.2)

四、检验方法

1)端面槽的外径常采用游标卡尺、千分尺及外卡钳等量具测量。

2)端面槽的内径常用游标卡尺、内侧千分尺及内卡钳等量具测量。

3)槽深一般用游标卡尺、深度游标卡尺及深度千分尺等量具测量。

4)槽宽可以用样板测量。

五、操作注意事项

1)端面槽刀的主切削刃应和车刀主轴轴线平行等高并垂直。

2)若端面槽刀的主切削刃比槽的宽度小，应多次加工，要注意避免产生接刀痕。

3)由于主切削刃的宽度较大，刀头的强度低，因此进刀时的进给量一定要小。

4)车端面槽时，若槽较深，可分层切削，以免排屑不畅，使刀具折断。

5)为提高槽底面的质量，切削到槽底时，可采用 G04 暂停指令，让刀具短时间内停留在槽底，修光槽底。

任务实施

一、准备工作

1)工件：材料为 45 钢，毛坯尺寸为 ϕ50 mm×92 mm。

2)设备：FANUC 0i 系统数控车床。

3)工、量、刃具，清单见表 5-3-2。

表 5-3-2 工、量、刃具清单

序号	名称	规格	数量	备注
1	千分尺	25～50 mm/0.01 mm	1	
2	游标卡尺	0～150 mm/0.02 mm	1	
3	圆弧样板	R15～R30 mm	1	
4	外圆粗、精车刀	93°	1	T01
5	端面槽车刀	刀宽 3 mm	1	T02

二、制定加工方案

根据零件图分析，需加工外形、切端面槽。需要 1 号刀(外圆车刀)、2 号刀(端面槽车刀)。零件分左、右端加工，先加工右端，再掉头，加工左端。工艺路线如下：

1)利用 G71 循环指令粗加工右端外轮廓。

2)利用 G70 指令精加工右端外轮廓至尺寸要求。

3)车端面槽。

4)掉头装夹，使用铜皮夹紧 ϕ30 mm 圆柱面，校正，加工右端面。

5)粗加工零件左端外轮廓。

6)精加工零件左端外轮廓，保证尺寸要求。

7)检测、校核。

填写数控车床加工工艺卡，如表 5-3-3 所示。

表 5-3-3 数控车床加工工艺卡

<table>
<tr><td>零件图号</td><td>5-3-1</td><td colspan="2" rowspan="2">数控车床加工工艺卡</td><td>机床型号</td><td colspan="2">CK6140</td></tr>
<tr><td>零件名称</td><td>端面槽异形件</td><td>机床编号</td><td colspan="2">01</td></tr>
<tr><td colspan="4">刀 具 表</td><td colspan="3">量 具 表</td></tr>
<tr><td>刀具号</td><td>刀补号</td><td>刀具名称</td><td>刀具参数</td><td>量具名称</td><td colspan="2">规格</td></tr>
<tr><td>T01</td><td>01</td><td>93°外圆粗、精车刀</td><td>D 型刀片
R=0.4 mm</td><td>游标卡尺
千分尺
圆弧样板</td><td colspan="2">0～150 mm/0.02 mm
25～50 mm/0.01 mm</td></tr>
<tr><td>T02</td><td>02</td><td>端面槽车刀</td><td>刀宽 3 mm</td><td>游标卡尺</td><td colspan="2">0～150 mm/0.02 mm</td></tr>
<tr><td rowspan="2">工序</td><td colspan="2" rowspan="2">工 艺 内 容</td><td colspan="3">切削用量</td><td rowspan="2">加工
性质</td></tr>
<tr><td>S/(r/min)</td><td>F/(mm/r)</td><td>a_p/mm</td></tr>
<tr><td>1</td><td colspan="2">粗车零件右端外轮廓</td><td>600～800</td><td>0.2</td><td>2</td><td>自动</td></tr>
<tr><td>2</td><td colspan="2">精车零件右端外轮廓</td><td>1 200</td><td>0.1</td><td>0.5～1</td><td>自动</td></tr>
<tr><td>3</td><td colspan="2">车端面槽</td><td>700</td><td>0.1</td><td></td><td>自动</td></tr>
<tr><td>4</td><td colspan="2">粗车右端外轮廓</td><td>600～800</td><td>0.2</td><td></td><td>自动</td></tr>
<tr><td>5</td><td colspan="2">精车零件左端轮廓</td><td>1 200</td><td>0.1</td><td></td><td>自动</td></tr>
</table>

三、工件坐标及编程尺寸的确定

精加工零件外轮廓时的刀具起点为 X 方向距离毛坯 2 mm，Z 方向距离毛坯 2 mm。加工端面槽时刀具的起点为 X 方向端面槽的尺寸，Z 方向距离端面槽 2 mm，即加工外轮廓的循环起点的坐标为(X52，Z2)，加工端面槽的起点坐标为(X34，Z−13)。

四、编写加工程序

(一)零件右端的加工程序

零件右端的加工程序如表 5-3-4 所示。

表 5-3-4　零件右端的加工程序

程序内容	程序说明
加工右端外轮廓	
O2011;	文件名
N010 M03 S600 T0101;	主轴正转，600 r/min，选择 1 号刀
N020 G00 X52 Z2;	循环起点
N030 G71 U2 R0.5;	粗车循环
N040 G71 P50 Q110 U0.5 W0 F0.3;	
N050 G00 X28;	
N060 G01 Z0;	
N070 G01 X30 Z-1;	
N080 Z-15;	
N090 X48;	
N100 Z-35;	
N110 X52;	
N120 G00 G40 X100 Z100;	返回换刀点
N130 T0101 S1200 M03;	选择 1 号刀，主轴 1 200 r/min
N140 G00 X52 Z2;	精车循环起点
N150 G70 P50 Q110 F0.1;	精车循环
N160 G00 X100 Z100;	返回换刀点
N170 M05;	主轴停止
N180 M00;	程序暂停
N190 T0202;	换 2 号刀
N200 G00 X34 Z-13;	刀具定位
N210 G01 Z-20 F0.1;	车端面槽
N220 Z-13;	退刀
N230 X38;	刀具定位
N240 G01 Z-20 F0.1;	车端面槽
N250 Z-13;	退刀
N260 G00 Z2;	
N270 X100 Z100;	返回换刀点
N280 M05;	主轴停
N290 M30;	程序结束返回程序头

(二)零件左端的加工程序

零件左端的加工程序如表 5-3-5 所示。

表 5-3-5 零件左端的加工程序

程序内容	程序说明
O2012;	文件名
N010 M03 S600 T0101;	主轴正转，600 r/min，选 1 号刀
N020 G00 X52 Z2;	循环起点
N030 G73 U8 R8;	粗车循环
N040 G73 P50 Q110 U0.5 W0 F0.3;	
N050 G00 X0;	
N060 G01 Z0;	
N070 G03 X36 Z-28.72;	
N080 Z-33;	
N090 G02 Z-48 R15;	
N100 Z-58;	
N110 X52;	
N120 G00 G40 X100 Z100;	返回换刀点
N130 T0101 S1200 M03;	选择 1 号刀，主轴 1 200 r/min
N140 G00 X52 Z2;	精车循环起点
N150 G70 P50 Q110 F0.1;	精车循环
N160 G00 X100 Z100;	返回换刀点
N170 M05;	主轴停止
N180 M30;	程序结束返回程序头

五、操作步骤与要点

1)打开机床，回参考点。
2)安装工件、刀具(T01、T02)。
3)对刀(T01、T02)，输入磨损值。
4)输入程序(O2011、O2012)并校验。
5)自动加工。
6)测量工件尺寸。
7)调整、校正工件尺寸。
8)再次测量工件尺寸，合格后拆卸工件。

任务总结

本任务常见问题如表 5-3-6 所示。

表 5-3-6 常见问题汇总表

问题	产生原因	预防和解决方法
端面槽的尺寸不正确	编程错误	检查、修改程序
	切削用量选择不当	正确、合理地选择切削用量
	刀具安装不正确	端面槽车刀的主切削刃应与工件轴线垂直

续表

问题	产生原因	预防和解决方法
槽底有振纹	工件装夹不正确	检查工件的装夹情况，提高装夹刚度
	刀具安装不正确	检查刀具的安装位置
	进给速度过低	提高进给速度
球面或圆弧面尺寸不正确	刀具选择错误	选择正确的刀具
	编程错误	检查程序中是否加圆弧刀具半径补偿

任务评价

评价标准如表 5-3-7 所示。

表 5-3-7　评价标准表

班级：＿＿＿＿＿　姓名：＿＿＿＿＿　学号：＿＿＿＿＿　成绩：＿＿＿＿＿

检测项目		技术要求	配分	评分标准	自检记录	交检记录	得分
1	外圆	ϕ48 mm	5	超差无分			
2		ϕ36 mm	10	超差无分			
3		ϕ30 mm	5	超差无分			
4	圆弧	SR20 mm	5	超差无分			
5		R15 mm	5	超差无分			
6	端面槽	ϕ44 mm	13	超差无分			
7		ϕ34 mm	13	超差无分			
8		5 mm	10	超差无分			
9	长度	88 mm	10	超差无分			
10		10 mm	5	超差无分			
11		28.72 mm	5	超差无分			
12		15 mm	10	超差无分			
13	倒角 C1		4	超差无分			
14	安全文明操作		倒扣	违者每次扣 2 分			
15	时间：120 min		倒扣	酌情扣分			
学生任务实施过程的小结及反馈：							
教师点评：							

知识拓展

如图 5-3-5 所示，零件材料为 45 钢，毛坯尺寸为 60 mm×85 mm，完成其加工。拓展练习评价标准如表 5-3-8 所示。

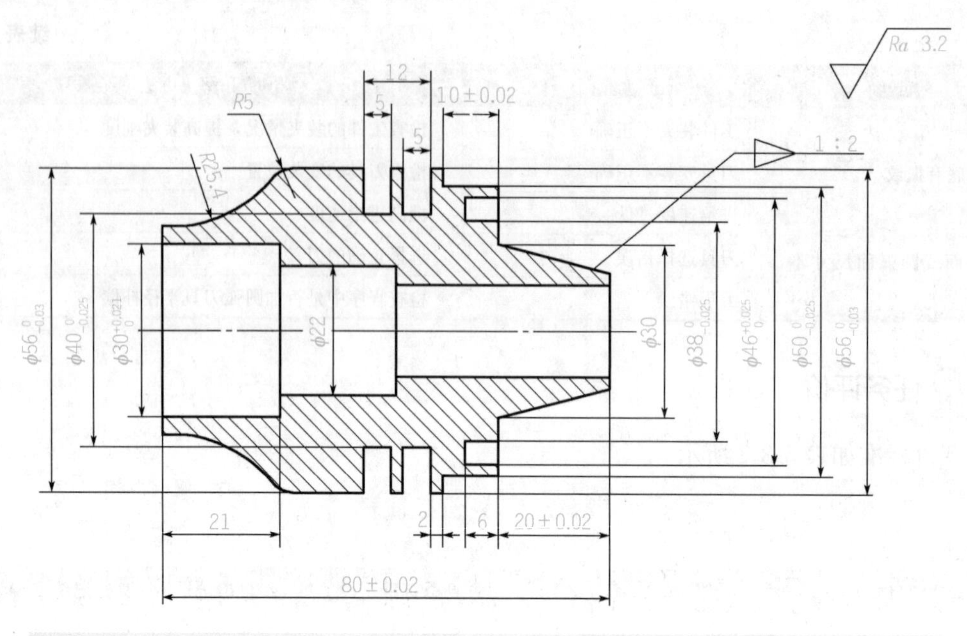

图 5-3-5 拓展练习

表 5-3-8 拓展练习评价标准表

检测项目		技术要求	配分	评分标准	自检记录	交检记录	得分
1	外圆	ϕ56	8	超差无分			
2		ϕ50	6	超差无分			
3		ϕ40	6	超差无分			
4		ϕ38	6	超差无分			
5	内孔	ϕ56	6	差超无分			
6	切槽	槽宽 5 mm 槽深 8 mm	8×2	差超无分 降级不得分			
7	长度	80 mm	6	超差无分			
8		21 mm	6	超差无分			
9		20 mm	6	超差无分			
10		10 mm	6	超差无分			
11		6 mm	6	超差无分			
12		2 mm	6	超差无分			
13	倒角 2 处		5×2	超差无分			
14	安全文明操作		倒扣	违者每次扣 2 分			
15	时间：60 min		倒扣	酌情扣分			
学生任务实施过程的小结及反馈：							
教师点评：							

任务四　细长轴的加工

任务目标

1. 了解细长轴的特点。
2. 能正确使用编程指令对细长轴进行编程。
3. 能够对细长轴零件进行数控车削工艺分析。
4. 能正确使用数控车床完成细长轴零件的加工。
5. 掌握加工细长轴时常见问题与处理措施。

任务描述

图 5-4-1 所示为细长轴零件图，其毛坯尺寸为 60 mm×155 mm，材料为 45 钢。要求编写该零件的加工程序，并完成该零件的加工。

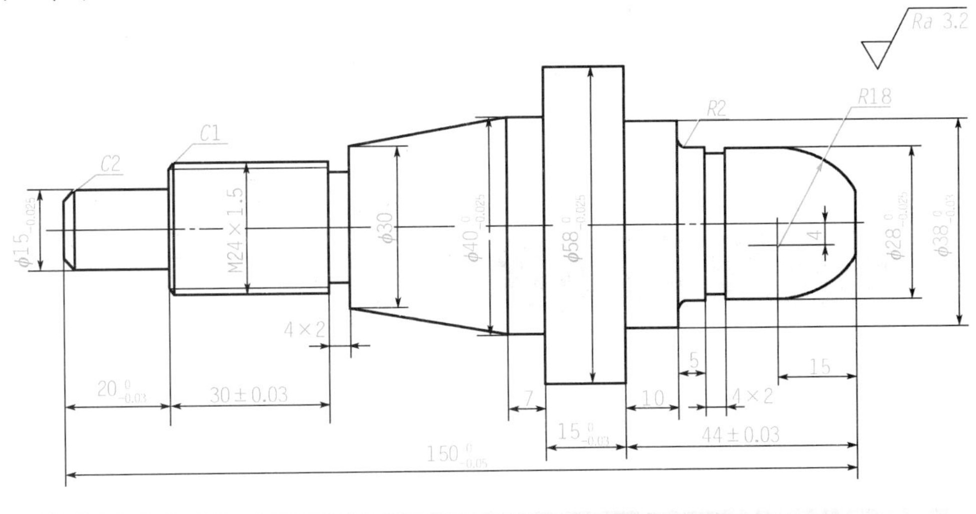

图 5-4-1　细长轴

任务分析

该零件为细长轴，细长轴具有直径小、长度长等特点，加工时悬出长度长，易出现振动。该零件的轮廓由外圆柱面、外圆锥面、圆弧面、槽、螺纹等构成。该零件由 ϕ15 mm、ϕ40 mm、ϕ58 mm、ϕ38 mm、ϕ28 mm 外圆、R18 mm 的圆弧面、两处 4 mm×2 mm 的槽、外圆锥面以及 M24 mm×1.5 mm 的外螺纹构成。

一、工件的装夹方案

该工件加工需两次装夹，第一次装夹，加工零件的右端，采用自定心卡盘装夹，夹持 50 mm 的毛坯外圆，伸出卡盘长度大于 59 mm；第二次装夹，加工零件的左端，采用一夹一顶方式，选择夹持已经加工好的工件右端 mm 的外圆，右端采用顶尖，实现轴向定位。

二、刀具的选择

零件外圆和端面的加工均采用 93°外圆车刀，为节省刀具数量，粗、精加工用一把外圆车刀。加工槽采用宽度为 3 mm 的切槽刀，如图 5-4-2 所示。加工螺纹时，采用可转位螺纹车刀，如图 5-4-3 所示。

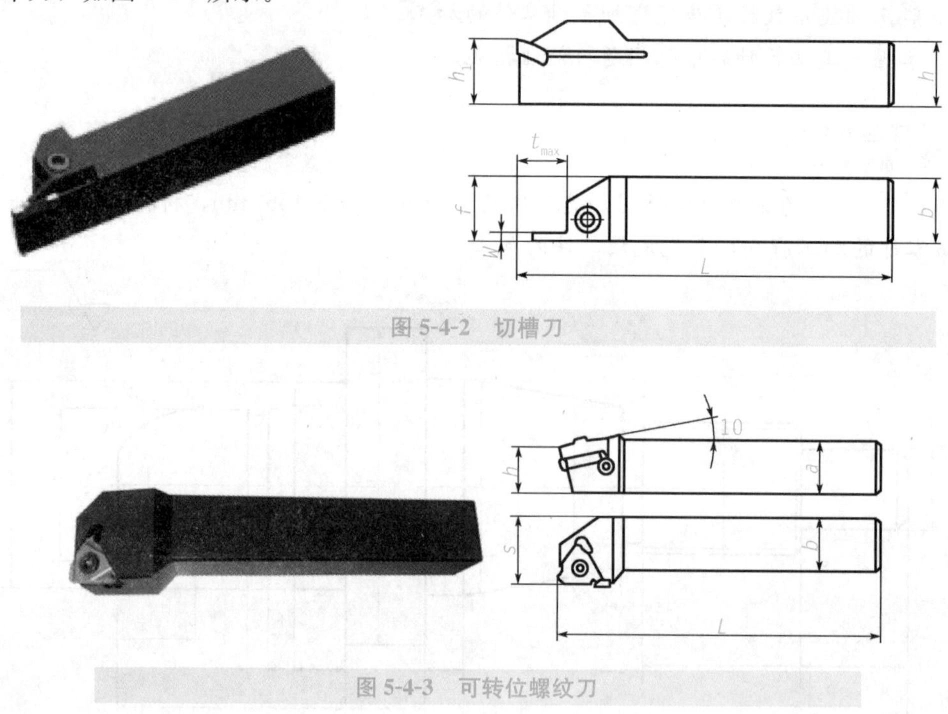

图 5-4-2　切槽刀

图 5-4-3　可转位螺纹刀

三、切削用量的选择

在保证表面粗糙度和加工质量的基础上，应该考虑如何减少和避免振动、变形为切削用量的第一考虑因素。

1. 切削深度

选取较大的切削深度，虽然能够使刀具避开毛坯硬皮，减少走刀时间，但相应使切削力增大，在刚性较差时，不可避免会发生振动，并且车削时切削深度越大，振动和变形也相应增大。所以，在考虑加工效率时，应该通过选取较大的进给量来弥补减少切削深度而增加的走刀次数。

2. 进给量

车削时，随着进给量的增大，振动减弱。当进给量较小时，振动增大。所以，应选取较大的进给量，不仅减少走刀时间，而且能减少振动，提高刀具耐用度。

3. 切削速度

车削时，切削速度在20～60 m/min范围内易产生自振，且振幅最大，切削速度低于或高于此范围，振动减弱。因此，车削细长轴的切削速度应在低速(<5 m/min)或高速(>80 m/min)之间选择。此外，还可以通过周期性小幅改变主轴转速来消除再生自振。表5-4-1为数控车加工细长轴时切削用量推荐表。

表5-4-1　数控车加工细长轴时切削用量推荐表

工件材料	刀具材料	加工性质	切削速度 v_c /(m/min)	进给量 F /(mm/r)	切削深度 a_p /mm
碳钢	YT	粗加工	50～60 m/min	0.3～0.4 mm/r	1.5～2 mm
		精加工	60～100 m/min	0.08～0.12 mm/r	0.5～1 mm

四、检验方法

1)外径常采用游标卡尺、千分尺等量具测量。

2)槽的尺寸常用游标卡尺等量具测量。

3)螺纹一般用螺纹量规、螺纹千分尺量具测量。

五、操作注意事项

1)加工细长轴时，要合理地选择装夹方法，保证轴的刚性。

2)安装工件，掉头装夹时，要保证轴的同轴度。

3)为减少细长轴的变形，应减少吃刀抗力，合理选择切削用量，可采用较高的切削速度、小的切削深度和进给量的方法。

4)采用一夹一顶方法装夹工件时，注意顶尖与工件接触面积，松紧程度要适当，不能过松或过紧。

5)为提高零件的表面粗糙度，加工时，应保证切削液的浇注要充分。

任务实施

一、准备工作

1)工件：材料为45钢，毛坯尺寸为ϕ60 mm×155 mm。

2)设备：FANUC 0i系统数控车床。

3)工、量、刃具，清单见表5-4-2。

表 5-4-2 工、量、刃具清单

序号	名称	规格	数量	备注
1	千分尺	0～25 mm/0.01 mm 25～50 mm/0.01 mm 50～75 mm/0.01 mm	3	
2	游标卡尺	0～150 mm/0.02 mm	1	
3	圆弧样板	R15～R30 mm	1	
4	螺纹环规	M24×1.5 mm	1 副	
5	外圆粗、精车刀	93°	1	T01
6	切槽刀	刀宽 3 mm	1	T02
7	外螺纹车刀	60°	1	T03
8	中心钻	ϕ3 mm	1	

二、制定加工方案

根据零件图分析，需加工外形、切槽、切螺纹。需要 1 号刀(外圆车刀)、2 号刀(切槽刀)、3 号刀(外螺纹车刀)。零件分左、右端加工，先加工右端，再掉头，加工左端。工艺路线如下：

1)采用 G71 循环指令粗加工右端外轮廓。

2)采用 G70 指令精加工右端外轮廓至尺寸要求。

3)车 4 mm×2 mm 槽。

4)掉头装夹，加工右端面，钻中心孔。

5)使用铜皮夹紧 ϕ38 mm 圆柱面，另一端用顶尖支撑，校正。

6)粗加工零件左端外轮廓。

7)精加工零件左端外轮廓，保证尺寸要求。

8)车 4 mm×2 mm 槽。

9)车 M24×1.5 mm 的外螺纹。

10)检测、校核。

填写数控车床加工工艺卡，如表 5-4-3 所示。

表 5-4-3 数控车床加工工艺卡

零件图号	5-4-1	数控车床加工工艺卡		机床型号	CK6140
零件名称	细长轴			机床编号	01
刀具表				量具表	
刀具号	刀补号	刀具名称	刀具参数	量具名称	规格
T01	01	93°外圆粗、精车刀	D 型刀片 R=0.4 mm	游标卡尺 千分尺 圆弧样板	0～150 mm/0.02 mm 25～50 mm/0.01 mm 25～50 mm/0.01 mm 50～75 mm/0.01 mm
T02	02	切槽刀	刀宽 3 mm	游标卡尺	0～150 mm/0.02 mm

续表

零件图号	5-4-1	数控车床加工工艺卡		机床型号	CK6140	
零件名称	细长轴			机床编号	01	
刀　具　表				量　具　表		
刀具号	刀补号	刀具名称	刀具参数	量具名称	规格	
T03	03	60°外螺纹车刀		游标卡尺环规	0～150 mm/0.02 mm M24×1.5 mm	
工序	工　艺　内　容		切削用量			加工性质
			S/(r/min)	F/(mm/r)	α_p/mm	
1	粗车零件右端外轮廓		600	0.3	2	自动
2	精车零件右端外轮廓		1 300	0.1	0.5～1	自动
3	车槽		500	0.1		自动
4	钻中心孔		1 500	0.2		自动
5	粗车零件左端外轮廓		600～800	0.1		自动
6	精车零件左端外轮廓		1 200	0.1		自动
7	车槽		400	0.1		自动
8	车螺纹		600	1.5		自动

三、工件坐标及编程尺寸的确定

精加工零件外轮廓时的刀具起点为 X 方向距离毛坯 2 mm，Z 方向距离毛坯 2 mm。编程尺寸是根据工件图中相应的尺寸进行换算得出的在编程中使用的尺寸。如螺纹 M24×1.5 mm，在编程时需要使用螺纹小径尺寸值。

螺纹的牙深度为 $h=0.6495P=0.6495\times1.5\approx0.974$(mm)；

螺纹小径尺寸值 $d_1=d-2h=24-2\times0.974\approx22.05$(mm)。

四、编写加工程序

(一)零件右端的加工程序

零件右端的加工程序如表 5-4-4 所示。

表 5-4-4　零件右端的加工程序

程　序　内　容	程　序　说　明
O2011;	文件名
N010 M03 S600 T0101;	主轴正转，600 r/min，选 1 号刀
N020 G00 X62 Z2;	循环起点
N030 G71 U2 R0.5;	粗车循环
N040 G71 P50 Q130 U0.5 W0 F0.3;	
N050 G00 X11.98;	
N060 G01 Z0;	
N070 G03 X28 Z-15 R18;	

续表

程 序 内 容	程 序 说 明
N080 G01 Z-32;	
N090 G02 X32 Z-34 R2;	
N100 G01 Z-44;	
N110 X58;	
N120 Z-62;	
N130 X60;	
N140 G00 G40 X100 Z100;	返回换刀点
N150 T0101 S1300 M03;	选择 1 号刀，主轴 1 300 r/min
N160 G00 X62 Z2;	精车循环起点
N170 G70 P50 Q130 F0.1;	精车循环
N180 G00 X100 Z100;	返回换刀点
N190 M05;	主轴停止
N200 M00;	程序暂停
N210 T0202 M03 S400;	换 2 号刀，主轴 400 r/min
N220 G00 X42;	刀具定位
N230 Z-29;	
N240 G01 X24 F0.1;	车槽
N250 X42;	退刀
N260 Z-28;	刀具定位
N270 G01 X24 F0.1;	车槽
N280 G00 X100;	返回换刀点
N290 Z100;	
N300 M05;	主轴停
N310 M30;	程序结束返回程序头

(二)零件左端的加工程序

零件左端的加工程序如表 5-4-5 所示。

表 5-4-5 零件左端的加工程序

程 序 内 容	程 序 说 明
加工右端外轮廓	
O2012;	文件名
N010 M03 S600 T0101;	主轴正转，600 r/min，选择 1 号刀
N020 G00 X62 Z2;	循环起点
N030 G71 U2 R0.5;	粗车循环
N040 G71 P50 Q140 U0.5 W0 F0.3;	
N050 G00 X11;	
N060 G01 Z0;	
N070 X15 Z-2;	
N080 G01 Z-20;	
N090 G00 X22;	
N100 X23.98 Z-21;	

续表

程序内容	程序说明
加工右端外轮廓	
N110 G01 Z-54;	
N120 X30;	
N130 X40 Z-84;	
N140 X60;	
N150 G00 G40 X100 Z100;	返回换刀点
N160 T0101 S1300 M03;	选择 1 号刀，主轴 1 300 r/min
N170 G00 X62 Z2;	精车循环起点
N180 G70 P50 Q140 F0.1;	精车循环
N190 G00 X100 Z100;	返回换刀点
N200 M05;	主轴停止
N200 M00;	程序暂停
N210 T0202 M03 S400;	换 2 号刀，主轴 400 r/min
N220 G00 X32;	刀具定位
N230 Z-54;	
N240 G01 X20 F0.1;	车槽
N250 X32;	退刀
N260 Z-53;	刀具定位
N270 G01 X20 F0.1;	车槽
N280 G00 X100;	返回换刀点
N290 Z100;	
N300 M05;	主轴停
N310 M30;	程序结束返回程序头
加工左端外螺纹	
O2013;	程序名
N010 M03 S600 T0303;	主轴正转，600 r/min，选择 3 号刀
N020 G00 X26 Z-18;	螺纹循环起点
N270 G92 X23.1 Z-22 F1.5;	螺纹切削循环 1
N280 X22.5;	螺纹切削循环 2
N290 X22.2;	螺纹切削循环 3
N300 X22.05;	螺纹切削循环 4
N310 G00 X100 Z100;	返回换刀点
N320 M05;	主轴停
N330 M30;	程序结束返回程序头

五、操作步骤与要点

1)打开机床，回参考点。
2)安装工件、刀具(T01、T02、T03)。
3)对刀(T01、T02、T03)，输入磨损值。
4)输入程序(O2011、O2012、O2013)并校验。

5)自动加工。

6)测量工件尺寸。

7)调整、校正工件尺寸。

8)再次测量工件尺寸，合格后拆卸工件。

任务总结

本任务常见问题如表 5-4-6 所示。

表 5-4-6 常见问题汇总表

问题	产生原因	预防和解决方法
尺寸精度没达到要求	编程错误	检查程序
	量具有误差或测量不正确	量具使用前，检查、调整零位，正确掌握测量方法
	加工槽时，槽宽不正确	应考虑刀具的宽度
产生锥度	工件装夹时，悬伸较长	尽量减少工件的伸出长度或另一端用顶尖支顶，以增加装夹刚度
	刀具磨损	及时更换刀具
	采用一夹一顶方式装夹时，顶尖轴线不在主轴轴线上	车削前必须通过调整尾座，找正锥度
表面粗糙度没达到要求	车刀刚度低或伸出太长，引起振动	增加车刀刚度和正确装夹车刀
	工件刚度低，引起振动	增加工件的装夹刚度
	切削用量选择不当	合理选择切削用量
圆度误差	采用一夹一顶方式装夹时，中心孔接触不良，顶尖顶得不紧	顶尖支顶要适当，不能过松或过紧

任务评价

评价标准如表 5-4-7 所示。

表 5-4-7 评价标准表

班级：________ 姓名：________ 学号：________ 成绩：________

检测项目		技术要求	配分	评分标准	自检记录	交检记录	得分
1	外圆	ϕ56 mm	5	超差无分			
2		ϕ50 mm	5	超差无分			
3		ϕ46 mm	5	超差无分			
4		ϕ40 mm	5	超差无分			
5		ϕ38 mm	5	超差无分			
6	圆弧	R18	5	超差无分			
7	槽	4 mm×2 mm(两处)	10	超差无分			

续表

检测项目		技术要求	配分	评分标准	自检记录	交检记录	得分
8	螺纹	M24×1.5 mm	10	超差无分			
9	圆锥	小端 30 mm 大端 40 mm	5	超差无分			
10	长度	80 mm	7	超差无分			
11		20 mm	7	超差无分			
12		10 mm	7	超差无分			
13		10 mm	7	超差无分			
14		7 mm	7	超差无分			
15	倒角 $C1$、$C2$		4	超差无分			
16	圆角 $R2$ mm		1	超差无分			
17	安全文明操作		倒扣	违者每次扣 2 分			
18	时间：150 min		倒扣	酌情扣分			
学生任务实施过程的小结及反馈：							
教师点评：							

知识拓展

如图 5-4-4 所示，零件材料为 45 钢，毛坯尺寸为 50 mm×170 mm，完成其加工。

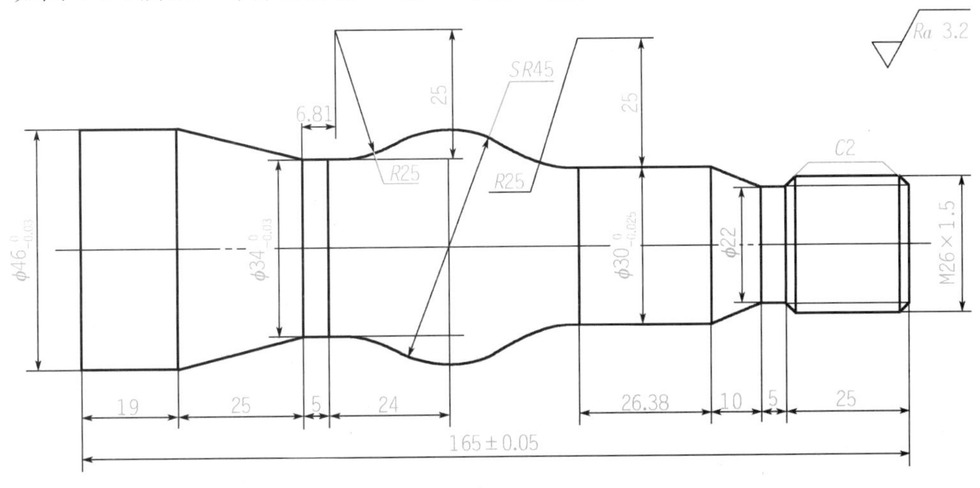

图 5-4-4 拓展练习

拓展练习评价标准如表 5-4-8 所示。

表 5-4-8 拓展练习评价标准表

检测项目		技术要求	配分	评分标准	自检记录	交检记录	得分
1	外圆	$\phi 46$	8	超差无分			
2		$\phi 34$	8	超差无分			
3		$\phi 30$	8	超差无分			
4	外螺纹	大径	5	超差无分			
5		中径	8	超差无分			
6		两侧 Ra	5	超差、降级无分			
7		牙型角	5	样板检查，超差无分			
8	切槽	槽宽 4 mm 槽深 2 mm	5	超差不得分			
9	圆弧	$R45$ mm	8	超差不得分			
10		$R25$ mm(2 处)	8	超差不得分			
11	长度	165	5	超差不得分			
12		25	5	超差无分			
13		25	5	超差无分			
14		19	5	超差无分			
15		5	5	超差不得分			
16	倒角 3 处		5	超差不得分			
17	安全文明操作		倒扣	违者每次扣 2 分			
18	时间：90 min		倒扣	酌情扣分			
学生任务实施过程的小结及反馈：							
教师点评：							

项目六

套类零件的加工

项目描述

本项目主要以台阶孔、平底孔、螺纹套和薄壁件的加工为例来介绍孔加工的特点、工艺的确定、指令的应用。

知识目标

1. 掌握各种内孔的加工方法。
2. 了解套类零件加工工艺的特点。
3. 掌握内螺纹的加工工艺和加工方法。
4. 掌握套类零件加工中的工艺措施。
5. 掌握薄壁件的加工工艺和加工方法。

技能目标

掌握台阶孔、平底孔、螺纹套及薄壁件的加工工艺知识及加工方法，能够灵活运用指令对各类孔进行编程加工。

任务一　台阶孔的加工

任务目标

1. 了解常见孔的加工方法。
2. 了解台阶孔的加工工艺知识。
3. 掌握台阶孔的加工方法。

4. 能够运用编程指令编写内孔加工程序。

5. 能正确处理加工中的常见问题。

任务描述

孔加工是车削加工中常见的加工类型之一。使用数控车床进行切削加工，通过车、钻、铰、镗、扩等方法可以加工出不同精度的孔类工件，其加工方法简单，加工精度也比普通车床高。图 6-1-1 所示为典型台阶孔零件图，零件材料为 45 钢，以此为例，重点讲解台阶孔部分的编程方法。

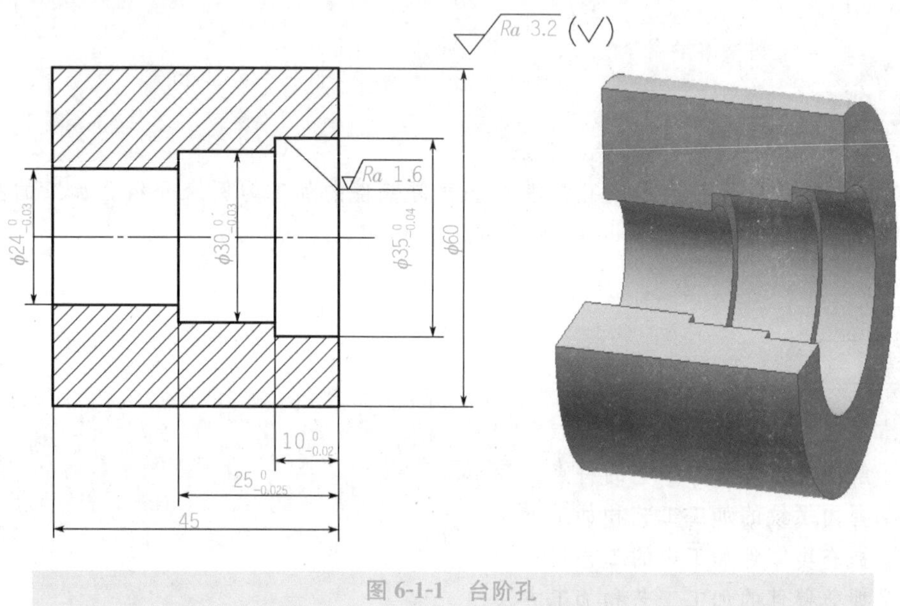

图 6-1-1 台阶孔

任务分析

本任务是一个台阶孔零件，对加工精度要求较高。对于这类台阶孔，在 FANUC 0i 数控系统上可以采用 G90、G71 指令进行编程加工。在加工过程中，需要根据孔的加工类型合理选择加工方法，正确进行工艺处理。该零件外轮廓已加工完成，只需完成加工内孔。

知识准备

一、常见孔的加工方法

1. 钻孔

用钻头在工件实体部位加工孔称为钻孔。钻孔属于粗加工，可达到的尺寸公差等级为 IT13～IT11，表面粗糙度值为 Ra50～12.5 μm。

2. 扩孔

扩孔是用扩孔钻对已钻出的孔做进一步加工，以扩大孔径并提高精度和降低表面粗糙度值。扩孔可达到的尺寸公差等级为IT11～IT10，表面粗糙度值为Ra12.5～6.3 μm，属于孔的半精加工方法，常用于铰削前的预加工，也可用于精度不高的孔的终加工。

3. 铰孔

铰孔是在半精加工(扩孔或半精镗)的基础上对孔进行的一种精加工方法。铰孔的尺寸公差等级可达IT9～IT6，表面粗糙度值可达Ra3.2～0.2 μm。

4. 车孔

车孔是对已钻出、铸出或锻出的孔做进一步加工的加工方法。车孔的尺寸公差等级一般可达IT8～IT7级，表面粗糙度可达Ra3.2～1.6 μm。

二、车孔方法

孔的形状不同，车孔的方法也有差异，如图6-1-2所示。

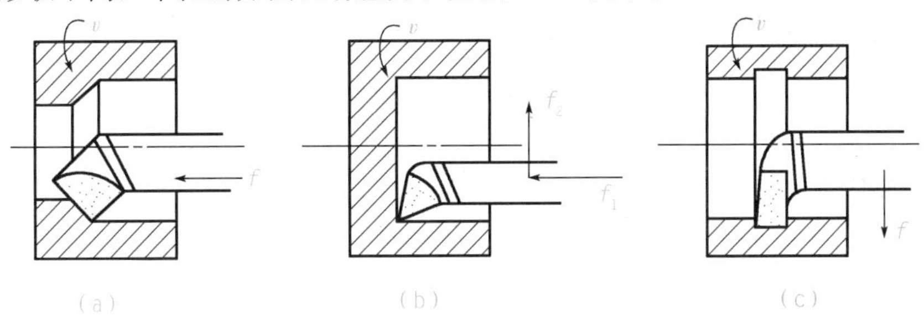

图6-1-2　车孔方法

(a)车通孔；(b)车盲通孔；(c)车内沟槽

三、孔径的测量

1)用游标卡尺的内测头直接测量。

2)用内径千分尺直接测量。

3)塞规测量。如图6-1-3所示，塞规由通端、止端和柄组成。通端按孔的最小极限尺寸制成，测量时应塞入孔内。止端按孔的最大极限尺寸制成，测量时不允许插入孔内。当通端塞入孔内，而止端插不进去时，说明此孔尺寸是在最小极限尺寸与最大极限尺寸之间，是合格的。

4)用内径百分表(见图6-1-4)测量。

5)用内卡钳与千分尺配合测量。

图6-1-3　塞规

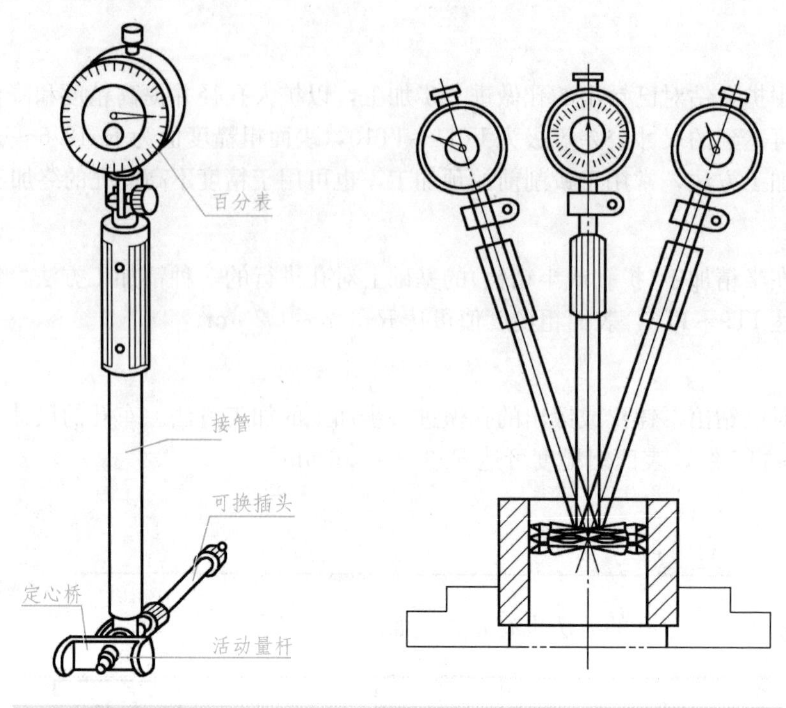

图 6-1-4 内径百分表

任务实施

一、准备工作

1)工件：材料为 45 钢，毛坯尺寸为 ϕ60 mm×45 mm。
2)设备：FANUC 0i 系统数控车床。
3)工、量、刃具，清单见表 6-1-1。

表 6-1-1 工、量、刃具清单

序号	名称	规格	数量	备注
1	内径千分尺	0～25 mm/0.01 mm 25～50 mm/0.01 mm	1	
2	游标卡尺	0～150 mm/0.02 mm	1	
3	中心钻		1	
4	麻花钻	ϕ20 mm	1	
5	内孔粗、精车刀	90°	1	T01

二、制定加工方案

1)采用自定心卡盘夹紧定位，一次加工完成。工件伸出一定长度 20 mm。
2)利用中心钻打中心孔。

3)用 ϕ20 mm 麻花钻钻孔。

4)装夹刀具，采用试切对刀的方法对刀。

5)编写加工程序。

6)检查程序。

7)进行切削加工、修改。

8)加工完毕，去飞边，检验。

填写数控车床加工工艺卡，如表 6-1-2 所示。

表 6-1-2　数控车床加工工艺卡

<table>
<tr><td>零件图号</td><td>6-1-1</td><td colspan="2" rowspan="2">数控车床加工工艺卡</td><td>机床型号</td><td colspan="2">CK6140</td></tr>
<tr><td>零件名称</td><td>台阶孔</td><td>机床编号</td><td colspan="2">01</td></tr>
<tr><td colspan="4">刀　具　表</td><td colspan="3">量　具　表</td></tr>
<tr><td>刀具号</td><td>刀补号</td><td>刀具名称</td><td>刀具参数</td><td>量具名称</td><td colspan="2">规格</td></tr>
<tr><td>T01</td><td>01</td><td>内孔粗、精车刀</td><td>刀尖半径
R=0.4 mm</td><td>游标卡尺
内径千分尺</td><td colspan="2">0～150 mm/0.02 mm
0～25 mm/0.01 mm
25～50 mm/0.01 mm</td></tr>
</table>

<table>
<tr><td rowspan="2">工序</td><td rowspan="2">工　艺　内　容</td><td colspan="3">切削用量</td><td rowspan="2">加工
性质</td></tr>
<tr><td>S/(r/min)</td><td>F/(mm/r)</td><td>a_p/mm</td></tr>
<tr><td>1</td><td>钻中心孔</td><td>1 200</td><td></td><td></td><td>自动</td></tr>
<tr><td>2</td><td>钻孔 ϕ20 mm</td><td>400</td><td></td><td></td><td>自动</td></tr>
<tr><td>3</td><td>内孔粗车刀</td><td>300</td><td>0.2</td><td>1</td><td>自动</td></tr>
<tr><td>4</td><td>内孔精车刀</td><td>500</td><td>0.1</td><td>0.5</td><td>自动</td></tr>
</table>

三、编写加工程序

本任务的加工程序如表 6-1-3 所示。

表 6-1-3　加工程序

程　序　内　容	程　序　说　明
O0001;	文件名
N010 M03 S300 T0101;	主轴正转，300 r/min，选择 1 号刀
N020 G00 X18 Z2;	循环起点
N030 G71 U1 R0.5;	粗车循环
N040 G71 P50 Q100　U-0.5 W0 F0.2;	进给量 0.2 mm/r
N050 G00 X35;	
N060 G01 Z-10;	
N070 G01 X30;	
N080 Z-25;	
N090 X24;	
N100 Z-47;	
N110 G00 Z100;	
N120 X100;	快速退刀至换刀点
N130 M05;	主轴停止
N140 M00;	程序暂停

续表

程序内容	程序说明
N150 T0101 S500 M03;	选择1号刀具，主轴500 r/min
N160 G00 X18 Z2;	精车循环起点
N170 G70 P50 Q100 F0.1;	精车循环，进给量0.1 mm/r
N180 G00 Z100;	
N190 X100;	快速退刀至换刀点
N200 M05;	主轴停止
N210 M30;	程序结束

任务总结

加工内孔时，应注意以下几个问题：

1)内孔车刀的刀尖应尽量与车床主轴的轴线等高。如果刀尖低于工件中心，由于切削力作用，易产生扎刀现象，并造成孔径扩大。

2)保证不发生干涉的情况下尽可能选择粗的刀杆，同时保证装夹时刀杆伸出长度应尽可能短，只要大于孔深即可。

3)精车内孔时，应保持刀刃锋利，否则容易产生让刀，车出锥孔。

任务评价

评价标准如表6-1-4所示。

表6-1-4 评价标准表

班级：________ 姓名：________ 学号：________ 成绩：________

检测项目		技术要求	配分	评分标准	自检记录	交检记录	得分
1	程序编制	工艺卡	5	不合理每处扣2分			
2		加工程序	15	每错一处扣2分			
3	操作	基本操作	15	不合理每处扣2分			
4		钻孔	5	不合理每处扣2分			
5		内孔车刀选择与对刀	10	不合理每处扣2分			
6		内孔尺寸控制	50	超差0.01 mm扣1分			
7	安全文明操作		倒扣	违者每次扣2分			
8	时间：60 min		倒扣	酌情扣分			
学生任务实施过程的小结及反馈：							
教师点评：							

知识拓展

加工图 6-1-5 所示的内孔零件。已知毛坯尺寸为 ϕ50 mm×52 mm，材料为 45 钢。

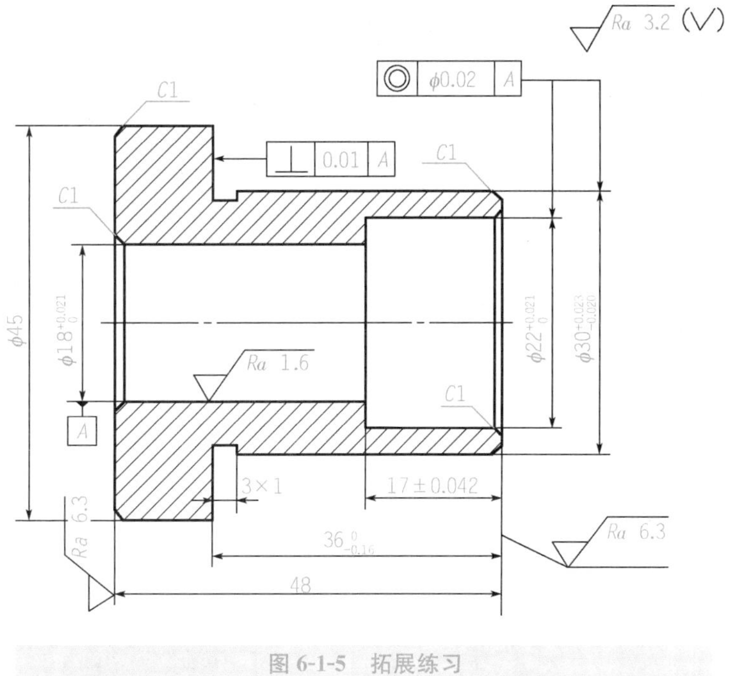

图 6-1-5 拓展练习

拓展练习评价标准如表 6-1-5 所示。

表 6-1-5 拓展练习评价标准表

班级：________ 姓名：________ 学号：________ 成绩：________

检测项目		技术要求	配分	评分标准	自检记录	交检记录	得分
1	外圆	ϕ45	5	超差 0.01 mm 扣 1 分			
2		$\phi30^{+0.023}_{-0.020}$	10	超差 0.01 mm 扣 1 分			
3	内孔	$\phi18^{+0.021}_{0}$	10	超差 0.01 mm 扣 1 分			
4		$\phi22^{+0.021}_{0}$	10	超差 0.01 mm 扣 1 分			
5	表面粗糙度	*Ra*	10	降一级扣 2 分			
6	槽	3 mm×1 mm	5	超差 0.02 mm 扣 1 分			
7	长度部分	48 mm	5	超差 0.02 mm 扣 1 分			
8		$\phi36^{0}_{-0.16}$	10	超差 0.02 mm 扣 1 分			
9	倒角	C4(2 处)	5	超差无分			
10	几何公差	同轴度 ϕ0.02 mm	5	超差无分			
11		垂直度 ϕ0.01 mm	5	超差无分			
12	程序正确合理		10	每错一处扣 2 分			

续表

检测项目		技术要求	配分	评分标准	自检记录	交检记录	得分
13		加工工序卡	10	不合理每处扣2分			
14		安全文明操作	倒扣	违者每次扣2分			
15		时间：60 min	倒扣	酌情扣分			
学生任务实施过程的小结及反馈：							
教师点评：							

任务二　平底孔的加工

任务目标

1. 了解平底孔的加工工艺知识。
2. 了解平底孔的加工注意事项。
3. 掌握平底孔的加工方法。
4. 能够运用编程指令编写平底孔加工程序。
5. 能正确处理加工中的常见问题。

任务描述

图6-2-1所示为具有平底孔的套类零件，零件材料为45钢，试根据图样要求确定加工工艺，并根据平底孔的加工特点编写程序并加工。

任务分析

本任务重点在于平底孔加工。平底孔加工属于盲孔加工，在加工过程中要注意刀具安装及防止刀具与工件内壁发生干涉，需要根据实际情况合理选择加工方法，正确进行工艺处理才能避免以上问题的出现。

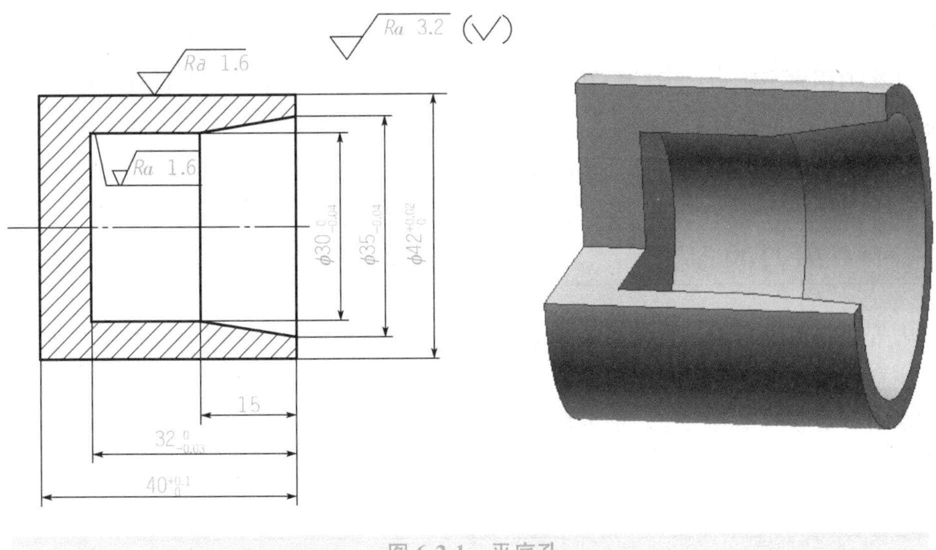

图 6-2-1　平底孔

知识准备

一、车孔用刀具

车孔的方法基本上和车外圆的方法相同，但内孔车刀和外圆车刀相比有差别。根据不同的加工情况，内孔车刀可分为通孔车刀与盲孔车刀两种，如图 6-2-2 所示。

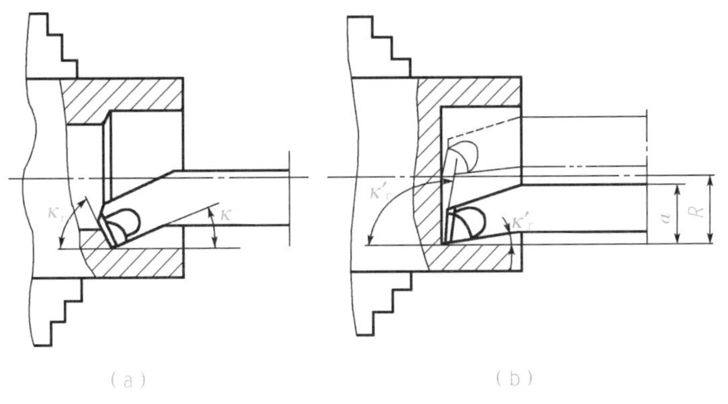

图 6-2-2　车孔用刀具
(a)通孔车刀；(b)盲孔车刀

1. 通孔车刀

通孔车刀切削部分的几何形状基本上与外圆车刀相似，为了减小径向切削力，防止车孔时振动，主偏角 κ_r 应取得大一些，一般为 57°～60°，副偏角 κ'_r 一般为 15°～30°。

2. 盲孔车刀

盲孔车刀用来车削盲孔或阶梯孔，切削部分的几何形状基本上与外圆车刀相似，它的主偏角 κ_r 大于 90°，一般为 92°～95°，后角的要求和通孔车刀基本一样，不同之处是盲孔车刀夹在刀杆的最前端，刀尖到刀杆外端的距离小于孔的半径 R，否则无法车平孔的底面。

二、车刀的安装

车刀安装得正确与否，直接影响车削情况及孔的精度，所以在平底孔加工前安装车刀时一定要注意：装夹盲孔车刀时，内偏刀的主切削刃应与孔底平面成 3°～5°角，并且在车平面时要求横向有足够的退刀余地。加工盲孔时，应采用负的刃倾角，使切屑从孔口排出。

三、车盲孔(平底孔)的方法

车盲孔时，其内孔车刀的刀尖必须与工件的旋转中心等高，否则不能将孔底车平。检验刀尖中心高的简便方法是车端面时进行对刀，若端面能车至中心，则盲孔底面也能车平，另外，还必须保证盲孔车刀折刀尖至刀柄外侧的距离 a 应小于内孔半径 R，否则切削时刀尖还未车到工件中心，刀柄外侧就已与孔壁上部相碰。

粗车盲孔

1)车端面，钻中心孔。

2)钻底孔。可选择比孔径小 1.5～2 mm 的钻头先钻出底孔。其钻孔深度从钻头顶尖量起，并在钻头刻线做记号，以控制钻孔深度，然后用相同直径或略大的平头钻将孔底扩成平底。平底面留 0.5～1 mm 的余量。

3)盲孔车刀试切对刀。

4)编程加工，粗车孔底面时，孔深留 0.2～0.3 mm 的精车余量。

任务实施

一、准备工作

1)工件：材料为 45 钢，毛坯尺寸为 ϕ45 mm×65 mm。

2)设备：FANUC 0i 系统数控车床。

3)工、量、刃具：清单见表 6-2-1。

表 6-2-1 工、量、刃具清单

序号	名称	规格	数量	备注
1	内径千分尺	0～25 mm/0.01 mm 25～50 mm/0.01 mm	1	
2	游标卡尺	0～150 mm/0.02 mm	1	

续表

序号	名称	规格	数量	备注
3	中心钻		1	
4	麻花钻	ϕ26 mm	1	
5	扩孔钻	ϕ28 mm	1	
6	外圆粗、精车刀	93°	1	T01
7	内孔粗、精车刀	93°	1	T02
8	切断刀	刀宽 3 mm	1	T03

二、制定加工方案

1)采用自定心卡盘夹紧定位，一次加工完成。
2)利用中心钻打中心孔。
3)用 ϕ26 mm 麻花钻钻孔。
4)用 ϕ28 mm 扩孔钻扩孔，孔深留 0.5 mm 余量。
5)装夹刀具，采用试切对刀的方法对刀。
6)编写加工程序。
7)检查程序。
8)进行切削加工、修改。
9)加工完毕，去飞边，检验。
填写数控车床加工工艺卡，如表 6-2-2 所示。

表 6-2-2　数控车床加工工艺卡

零件图号	6-2-1	数控车床加工工艺卡		机床型号	CK6140
零件名称	平底孔			机床编号	01
刀　具　表				量　具　表	
刀具号	刀补号	刀具名称	刀具参数	量具名称	规格
T01	01	外圆粗、精车刀	刀尖半径 R=0.4 mm	外径千分尺	25～50 mm/0.01 mm
T02	02	内孔粗、精车刀	刀尖半径 R=0.4 mm	游标卡尺 内径千分尺	0～150 mm/0.02 mm 0～25 mm/0.01 mm 25～50 mm/0.01 mm
T03	03	切断刀	刀宽 3 mm	游标卡尺	0～150/0.02
工序	工　艺　内　容	切削用量			加工性质
		S/(r/min)	F/(mm/r)	a_p/mm	
1	钻中心孔	1 200			手动
2	钻孔 ϕ26 mm	400			手动

续表

工序	工 艺 内 容	切削用量			加工性质
		S/(r/min)	F/(mm/r)	a_p/mm	
3	扩孔 ϕ28 mm	400			手动
4	外圆粗车	600～800	0.2	1.5	自动
5	外圆精车	1 200	0.1	0.5	自动
6	内孔粗车刀	300	0.15	1	自动
7	内孔精车刀	800	0.1	0.5	自动
8	切断	300	0.1		手动

三、编写加工程序

本任务的加工程序如表 6-2-3 所示。

表 6-2-3 加工程序

程 序 内 容	程 序 说 明
外轮廓加工	
O0001;	文件名
N010 M03 S600 T0101;	主轴正转，600 r/min，选择 1 号刀
N020 G00 X46 Z2;	循环起点
N030 G71 U1.5 R1;	粗车循环
N040 G71 P50 Q90 U0.5 W0 F0.2;	进给量 0.2 mm/r
N050 G00 X39;	
N060 G01 Z0;	
N070 G01 X42 Z-1.5;	
N080 Z-44;	
N090 G01 X45;	
N100 G00 X100 Z100;	快速退刀至换刀点
N110 M05;	主轴停止
N120 M00;	程序暂停
N130 T0101 S1200 M03 F0.1;	选择 1 号刀，主轴 1 200 r/min，进给量 0.1 mm/r
N140 G00 X46 Z2;	精车循环起点
N150 G70 P50 Q90;	精车循环
N160 G00 X100 Z100;	快速退刀至换刀点
N170 M05;	主轴停止
N180 M30;	程序结束
内轮廓加工	
O0002;	文件名
N010 M03 S500 T0202;	主轴正转，500 r/min，选择 2 号刀
N020 G00 X26 Z2;	循环起点
N030 G71 U1 R0.5;	粗车循环
N040 G71 P50 Q90 U-0.5 W0 F0.15;	进给量 0.15 mm/r

续表

程序内容	程序说明
N050 G00 X35;	
N060 G01 Z0;	
N070 G01 X30 Z-15;	
N080 Z-31.5;	
N090 G01 X27;	
N100 G00 X100 Z100;	快速退刀至换刀点
N110 M05;	主轴停止
N120 M00;	程序暂停
N130 T0202 S800 M03 F0.1;	选择 2 号刀，主轴 800 r/min
N140 G00 X35 Z2;	刀具定位
N150 G01 Z0;	
N160 X30 Z-15;	
N170 Z-32;	
N180 X0;	
N190 G00 Z100;	
N200 X100;	
N210 M05;	主轴停止
N220 M30;	程序结束

任务总结

车削加工平底孔时，要注意所加工平底孔直径不宜过小。如果孔径过小，在车削平底时刀柄会与孔壁发生碰撞。为保证加工出合格的平底孔套件，还应注意安排好加工工艺与路线。

任务评价

评价标准如表 6-2-4 所示。

表 6-2-4 评价标准表

班级：________ 姓名：________ 学号：________ 成绩：________

检测项目		技术要求	配分	评分标准	自检记录	交检记录	得分
1	圆	$\phi42^{+0.02}_{0}$ mm	16	超差 0.01 mm 扣 1 分			
2		$Ra1.6$ μm	10	降级无分			
3	内孔	$\phi30^{0}_{-0.04}$ mm	16	超差 0.01 mm 扣 1 分			
4		$\phi35^{0}_{-0.04}$ mm	16	超差 0.01 mm 扣 1 分			
5		$Ra1.6$ μm	10	降级无分			
6	长度	$40^{+0.1}_{0}$ mm	16	超差 0.02 mm 扣 1 分			
7		$32^{0}_{-0.03}$ mm	16	超差 0.02 mm 扣 1 分			
8	安全文明操作		倒扣	违者每次扣 2 分			

续表

检测项目		技术要求	配分	评分标准	自检记录	交检记录	得分
9		时间：60 min	倒扣	酌情扣分			
学生任务实施过程的小结及反馈：							
教师点评：							

知识拓展

加工图 6-2-3 所示的内孔零件。已知毛坯尺寸为 ϕ50 mm×47 mm，材料为 45 钢。

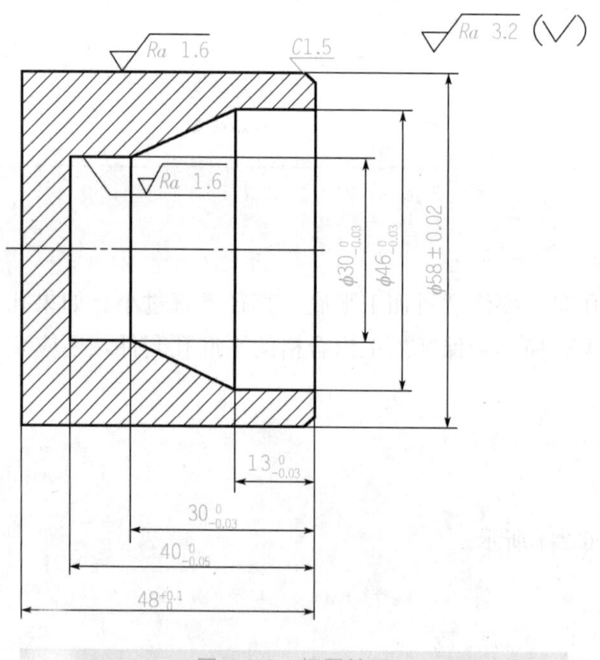

图 6-2-3 拓展练习

拓展练习评价标准如表 6-2-5 所示。

表 6-2-5 拓展练习评价标准表

班级：________ 姓名：________ 学号：________ 成绩：________

检测项目		技术要求	配分	评分标准	自检记录	交检记录	得分
1	外圆	ϕ58 mm±0.02 mm	10	超差 0.01 mm 扣 1 分			
2	内孔	$\phi46^{0}_{-0.03}$ mm	10	超差 0.01 mm 扣 1 分			
3		$\phi30^{0}_{-0.04}$ mm	10	超差 0.01 mm 扣 1 分			

续表

检测项目		技术要求	配分	评分标准	自检记录	交检记录	得分
4	表面粗糙度	$Ra1.6\ \mu m$	8	降一级扣 2 分			
5	长度部分	$\phi 13_{-0.03}^{0}$ mm	10	超差 0.02 mm 扣 1 分			
6		$\phi 30_{-0.03}^{0}$ mm	10	超差 0.02 mm 扣 1 分			
7		$\phi 40_{-0.05}^{0}$ mm	10	超差 0.02 mm 扣 1 分			
8		$\phi 48_{0}^{+0.1}$ mm	10	超差 0.02 mm 扣 1 分			
9	倒角	C1.5	2	超差无分			
10	程序正确、合理		10	每错一处扣 2 分			
11	加工工序卡		10	不合理每处扣 2 分			
12	安全文明操作		倒扣	违者每次扣 2 分			
13	时间：60 min		倒扣	酌情扣分			
学生任务实施过程的小结及反馈：							
教师点评：							

任务三　螺纹套的加工

任务目标

1. 了解内螺纹的加工工艺知识。
2. 掌握内螺纹的加工方法。
3. 掌握内螺纹的测量方法。
4. 能够运用编程指令编写螺纹套加工程序。
5. 能正确处理加工中的常见问题。

任务描述

图 6-3-1 所示为具有内螺纹的套类零件，零件材料为 45 钢，试根据图样要求确定加工工艺，并根据内螺纹加工特点编写程序并加工。

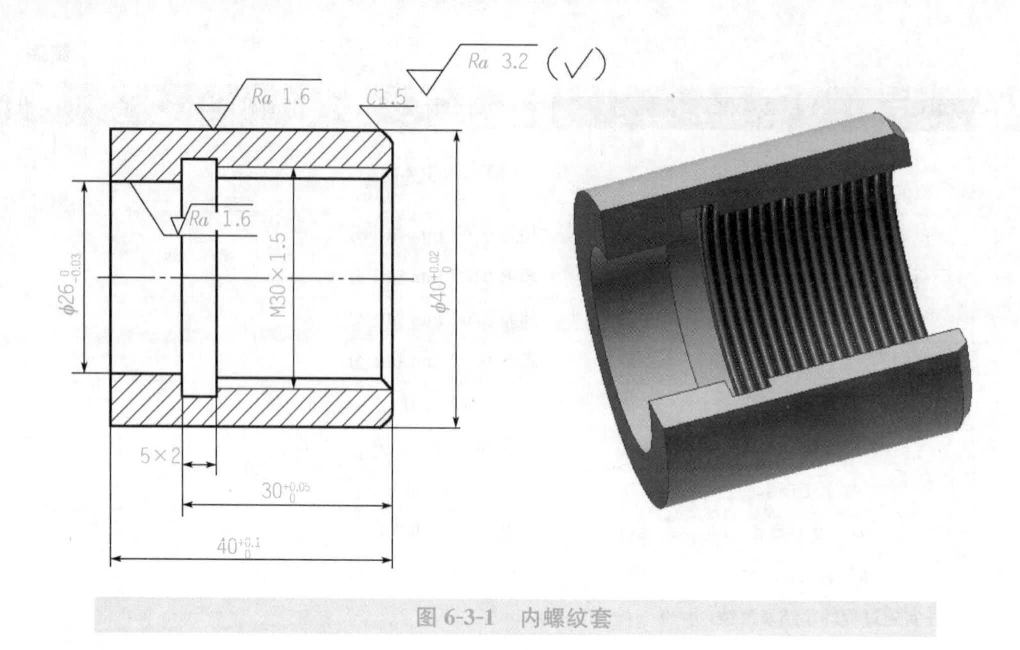

图 6-3-1　内螺纹套

任务分析

本任务重点在于内螺纹加工，该零件左端为 M30×1.5 mm 粗牙内螺纹。本任务主要讲解内螺纹加工的特点、工艺的确定、指令的应用、程序的编制等内容。

一、工件的装夹方案

装夹方式：

1)使用自定心卡盘装夹工件。

2)利用软卡爪装夹工件。

二、刀具的选择与进刀方式

1)尽量选择通用标准刀具。

2)尽量选择机夹不重磨刀具，如图 6-3-2 所示。

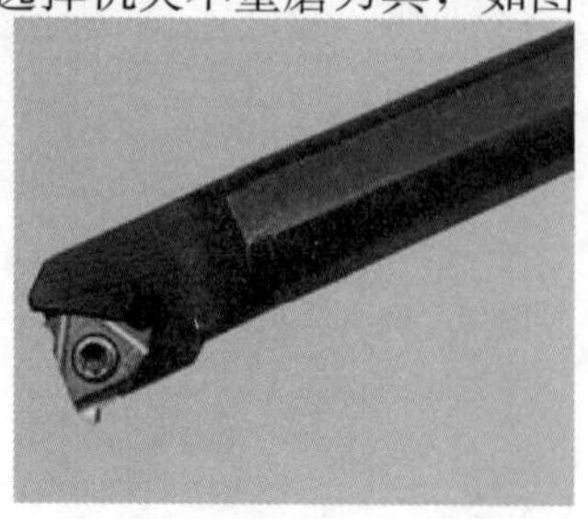

(a)

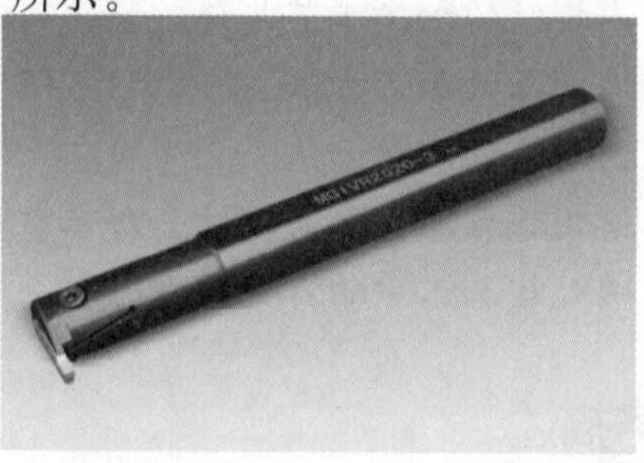

(b)

图 6-3-2　机床不重磨刀具

(a)内螺纹刀；(b)内切槽刀

3)根据零件材料选择特殊刀具。

4)采用直进法进行内螺纹加工。

三、切削用量的选择

1. 加工余量

螺纹加工分粗加工工序和精加工工序，经多次重复切削完成，切削用量依次递减，精加工余量在 0.1 mm 左右。进刀次数根据螺距计算出需切除的总余量来确定。

2. 编程计算

小径值：$30-P=30-1.5=28.5$(mm)。

第一刀 X 坐标值：29.0 mm；

第二刀 X 坐标值：29.4 mm；

第三刀 X 坐标值：29.7 mm；

第四刀 X 坐标值：29.9 mm；

第五刀 X 坐标值：30.0 mm；

第六刀 X 坐标值：30.0 mm。

3. 工艺处理

根据零件图分析，需加工外形、切内槽、车内孔、内螺纹。需要 1 号刀(外圆车刀)、2 号刀(内孔车刀)、3 号刀(内切槽刀)、4 号刀(内螺纹车刀)。工艺及编程路线如下。

1)钻中心孔。

2)钻 ϕ20 mm 底孔。

3)车削右端面。

4)利用 G71 指令粗车外圆柱面，预留 0.5 mm 余量。

5)利用 G70 指令精车外圆柱面。

6)粗、精车 ϕ26mm，M30×1.5 mm 内孔。

7)车内槽。

8)利用 G92 指令车内螺纹。

9)切断。

四、检验方法

内螺纹检测可使用螺纹塞规(见图 6-3-3)进行测量，使用方法与螺纹环规一样。

图 6-3-3　螺纹塞规

任务实施

一、准备工作

1)工件：材料为 45 钢，毛坯尺寸为 ϕ45 mm×65 mm。

2)设备：FANUC 0i 系统数控车床。

3)工、量、刃具：清单见表 6-3-1。

表 6-3-1 工、量、刃具清单

序号	名称	规格	数量	备注
1	千分尺	25～50 mm/0.01 mm	1	
2	游标卡尺	0～150 mm/0.02 mm	1	
3	内径千分尺	25～50 mm/0.01 mm	1	
4	螺纹塞规	M30×1.5 mm	1 副	
5	中心钻		1	
6	麻花钻	ϕ20 mm	1	
7	外圆粗、精车刀	93°	1	T01
8	内孔粗、精车刀	90°	1	T02
9	内切槽刀	刀宽 4 mm	1	T03
10	内螺纹车刀	60°	1	T04
11	切断刀	刀宽 3 mm	1	T05

二、制定加工方案

采用自定心卡盘夹紧定位，一次加工完成。工件伸出一定长度 45 mm，便于切断加工操作。填写数控车床加工工艺卡，如表 6-3-2 所示。

表 6-3-2 数控车床加工工艺卡

零件图号	6-3-1	数控车床加工工艺卡		机床型号	CK6140
零件名称	内螺纹套			机床编号	01
刀具表				量具表	
刀具号	刀补号	刀具名称	刀具参数	量具名称	规格
T01	01	93°外圆粗、精车刀	刀尖半径 R=0.4 mm	游标卡尺 千分尺	0～150 mm/0.02 mm 25～50 mm/0.01 mm
T02	02	90°内孔粗、精车刀	刀尖半径 R=0.4 mm	游标卡尺 内径千分尺	0～150 mm/0.02 mm 25～50 mm/0.01 mm
T03	03	内切槽刀	刀宽 4 mm		
T04	04	60°内螺纹车刀	螺距 1.5 mm	游标卡尺 螺纹塞规	0～150 mm/0.02 mm M30×1.5 mm

续表

零件图号	6-3-1	数控车床加工工艺卡		机床型号	CK6140
零件名称	内螺纹套			机床编号	01
刀　具　表				量　具　表	
刀具号	刀补号	刀具名称	刀具参数	量具名称	规格
T05	05	切断刀	刀宽 3 mm	游标卡尺	0～150 mm/0.02 mm

工序	工　艺　内　容	切削用量			加工性质
		S/(r/min)	F/(mm/r)	α_p/mm	
1	中心钻	1 200			手动
2	钻孔	400			手动
3	粗车外形	600～800	0.2	1.5	自动
4	精车外形	1 200	0.1	0.5～1	自动
5	粗车内孔	500	0.15	1	自动
6	精车内孔	1 000	0.1	0.5	自动
7	切内槽	300	0.05		自动
8	车内螺纹	500			自动
9	切断	300	0.1		手动

三、编写加工程序

本任务的加工程序如表 6-3-3 所示。

表 6-3-3　加工程序

程　序　内　容	程　序　说　明
外轮廓加工	
O0001;	文件名
N010 M03 S600 T0101;	主轴正转，600 r/min，选择 1 号刀
N020 G00 X46 Z2;	循环起点
N030 G71 U1.5 R1;	粗车循环
N040 G71 P50 Q90 U0.5 W0 F0.2;	进给量 0.2 mm/r
N050 G00 X37;	
N060 G01 Z0;	
N070 G01 X40 Z-1.5;	
N080 Z-45;	
N090 G01 X45;	
N100 G00 X100　Z100;	快速退刀至换刀点
N110 M05;	主轴停止
N120 M00;	程序暂停
N130 T0101 S1200 M03 F0.1;	1 号刀，主轴 1 200 r/min，进给量 0.1 mm/r
N140 G00 X46 Z2;	精车循环起点
N150 G70 P50 Q90;	精车循环
N160 G00 X100 Z100;	快速退刀至换刀点
N170 M05;	主轴停止
N180 M30;	程序结束

续表

程序内容	程序说明
内轮廓加工	
O0002;	文件名
N010 M03 S500 T0202;	主轴正转，500 r/min，选择 2 号刀
N020 G00 X18 Z2;	循环起点
N030 G71 U1 R0.5;	粗车循环
N040 G71 P50 Q100 U- 0.5 W0 F0.15;	进给量 0.15 mm/r
N050 G00 X33;	
N060 G01 Z0;	
N070 G01 X28.5 Z-1.5;	
N080 Z-30;	
N090 G01 X26;	
N100 Z-41;	
N110 G00 X100 Z100;	快速退刀至换刀点
N120 M05;	主轴停止
N130 M00;	程序暂停
N140 T0202 S800 M03 F0.1;	2 号刀，主轴 800 r/min，进给量 0.1 mm/r
N150 G00 X18 Z2;	精车循环起点
N160 G70 P50 Q100;	精车循环
N170 G00 X100 Z100;	快速退刀至换刀点
N180 M05;	主轴停止
N190 M30;	程序结束
切槽、内螺纹加工	
O0003;	文件名
N010 M03 S300 T0303 F0.05;	主轴正转，260 r/min，选择 3 号刀，进给量 0.05 mm/r
N020 G00 X24 Z2;	
N030 Z-30;	
N040 G01 X32.5;	
N050 G04 X1.0;	
N060 G01 X25;	槽底停留 1 s
N070 W1;	
N080 X32.5;	
N090 G04 X1.0;	
N100 G01 X25;	槽底停留 1 s
N110 G00 Z100;	
N120 X100;	
N130 M05;	主轴停止
N140 M30;	程序结束
N150 M03 S500 T0404;	主轴正转，500 r/min，选择 4 号刀
N160 G00 X26 Z5;	螺纹循环起点
N170 G92 X29 Z-28 F1.5;	螺纹切削循环 1
N180 X29.4;	螺纹切削循环 2
N190 X29.7;	螺纹切削循环 3
N200 X29.9;	螺纹切削循环 4
N210 X30;	螺纹切削循环 5
N220 X30;	空走刀
N230 G00 Z100;	
N240 X100;	返回换刀点
N250 M05;	主轴停
N260 M30;	程序结束返回程序头

任务总结

本任务重点在于内螺纹的加工，在加工内螺纹时应注意：

1)从粗车到精车，是按相同螺距进行的，且每次的切削深度是逐渐递减的。

2)从粗车到精车螺纹时，主轴的转速不能改变，当主轴速度变化时，螺纹切削会出现乱牙现象。

3)一般由于伺服系统的滞后，在螺纹切削开始及结束部分，螺纹导程会出现不规则现象。所以必须设置升速进刀段 L_1 和降速退刀段 L_2，其数值与工件的螺距和转速有关，一般大于一个导程。

任务评价

评价标准如表 6-3-4 所示。

表 6-3-4　评价标准表

班级：＿＿＿＿　姓名：＿＿＿＿　学号：＿＿＿＿　成绩：＿＿＿＿

检测项目		技术要求	配分	评分标准	自检记录	交检记录	得分
1	外圆	$\phi40^{+0.02}_{0}$ mm	10	超差 0.01 mm 扣 1 分			
2	内孔	$\phi26^{0}_{-0.03}$ mm	10	超差 0.01 mm 扣 1 分			
3	内螺纹	大径	5	超差无分			
4		中径	10	超差无分			
5		两侧 *Ra*	10	超差、降级无分			
6		牙型角	10	样板检查，超差无分			
7	槽	槽宽 5 mm	10	超差无分			
8		槽深 2 mm	5	超差无分			
9		两侧 *Ra*	8	超差、降级无分			
10	长度	45 mm	10	超差 0.02 mm 扣 1 分			
11		$30^{+0.05}_{0}$ mm	6	超差 0.02 mm 扣 1 分			
12	倒角 *C*1.5		6	超差无分			
13	安全文明操作		倒扣	违者每次扣 2 分			
14	时间：60 min		倒扣	酌情扣分			
学生任务实施过程的小结及反馈：							
教师点评：							

知识拓展

加工图 6-3-4 所示的内孔零件。已知毛坯尺寸为 ϕ50 mm×47 mm，材料为 45 钢。

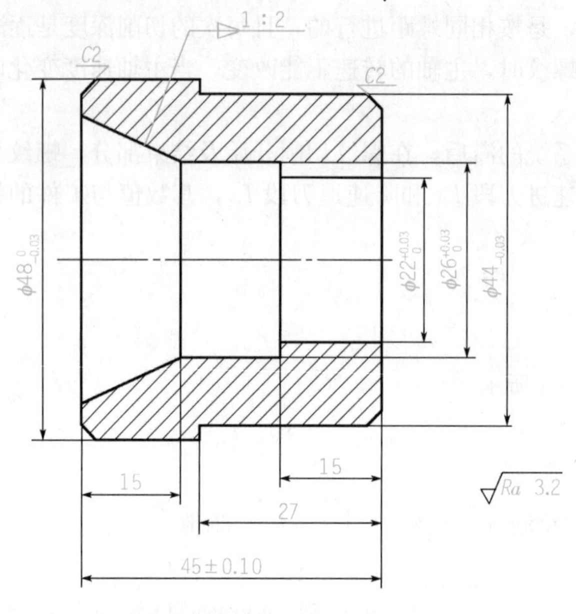

图 6-3-4 拓展练习

拓展练习评价标准如表 6-3-5 所示。

表 6-3-5 拓展练习评价标准表

班级：＿＿＿＿＿＿ 姓名：＿＿＿＿＿＿ 学号：＿＿＿＿＿＿ 成绩：＿＿＿＿＿＿

检测项目		技术要求	配分	评分标准	自检记录	交检记录	得分
1	外圆	$\phi48^{\ 0}_{-0.03}$ mm	10	超差 0.01 mm 扣 1 分			
2		$\phi44^{\ 0}_{-0.03}$ mm	10	超差 0.01 mm 扣 1 分			
3	内孔	$\phi26^{+0.03}_{\ 0}$ mm	10	超差 0.01 mm 扣 1 分			
4		$\phi22^{+0.03}_{\ 0}$ mm	10	超差 0.01 mm 扣 1 分			
5	表面粗糙度	*Ra*3.2 μm（5 处）	10	降一级扣 2 分			
6	圆锥锥度	1∶2	10	超差无分			
7	长度部分	45 mm±0.10 mm	8	超差 0.02 mm 扣 1 分			
8		15 mm（2 处）	5	超差 0.02 mm 扣 1 分			
9		27 mm	5	超差 0.02 mm 扣 1 分			
10	倒角	C2（2 处）	2	超差无分			
11	程序正确、合理		10	每错一处扣 2 分			
12	加工工序卡		10	不合理每处扣 2 分			

续表

检测项目		技术要求	配分	评分标准	自检记录	交检记录	得分
13		安全文明操作	倒扣	违者每次扣 2 分			
14		时间：60 min	倒扣	酌情扣分			
学生任务实施过程的小结及反馈：							
教师点评：							

任务四　薄壁件的加工

任务目标

1. 了解薄壁件的加工工艺知识。
2. 掌握薄壁件的加工方法。
3. 掌握薄壁件精度控制的要点。
4. 掌握薄壁件表面粗糙度控制的要点。
5. 能够运用编程指令编写薄壁件加工程序。

任务描述

图 6-4-1 所示为薄壁套类零件，毛坯采用铸造的方法获得，切削余量为 3 mm，试确定其内、外表面精加工时的装夹方式，并选择相应的夹具，制定合理的加工工序并编写数控加工程序。

任务分析

本任务属于薄壁类零件加工，形状非常简单，程序编制可用以前所学指令完成。在加工过程中，由于工件壁厚尺寸小，刚度较小，工件易受切削力及热变形影响而出现弯曲变形，加工难度较大。加工薄壁类零件时，应采取正确的工艺措施。

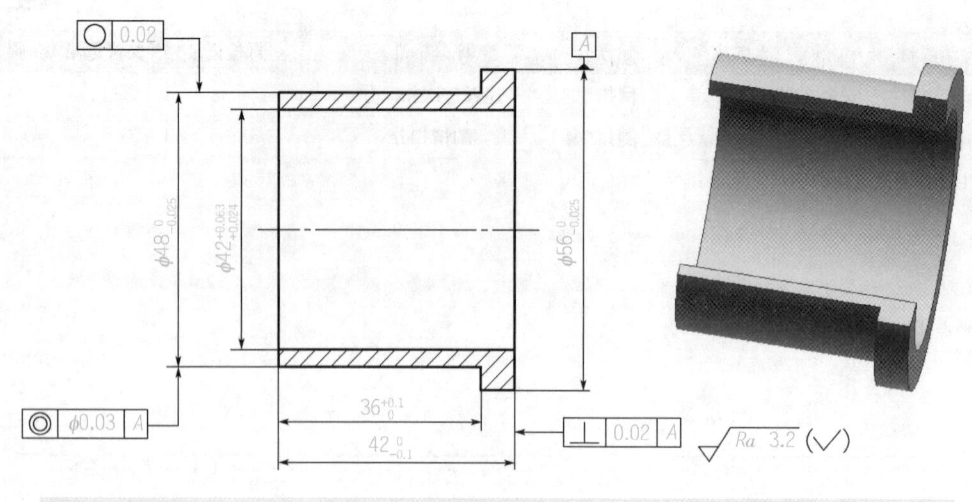

图 6-4-1 薄壁件

知识准备

一、薄壁工件的加工特点

车薄壁工件时，由于工件的刚性差，在车削过程中，可能产生以下现象：

1)因工件壁薄，在夹紧力的作用下容易产生变形，从而影响工件的尺寸精度和形状精度。

2)切削热会引起工件热变形，从而使工件尺寸难于控制。

3)在切削力(特别是径向切削力)的作用下，容易产生振动和变形，影响工件的尺寸精度、形状、位置精度和表面粗糙度。

二、防止和减少薄壁工件变形的方法

1. 工件分粗、精车阶段

粗车时，由于切削余量较大，夹紧力稍大些，变形也相应大些；精车时，夹紧力可稍小些，一方面夹紧变形小，另一方面可以消除粗车时因切削力过大而产生的变形。

2. 合理选择刀具的几何参数

精车薄壁工件时，刀柄的刚度要求高，车刀的修光刃不宜过长(一般取 0.2～0.3 mm)，刃口要锋利。

3. 增加装夹接触面

采用开缝套筒或一些特质的软卡爪，使接触面增大，让夹紧力均匀分布在工件上，从而使工件夹紧时不易产生变形。

4. 采用轴向夹紧方法装夹夹具

车薄壁工件时，尽量不采用径向夹紧方法，而优先选用轴向夹紧方法。工件靠轴向夹紧套的端面实现轴向夹紧，由于夹紧力沿工件轴向分布，而工件的轴向刚度大，不易产生夹紧变形。

5. 增加工艺肋

有些薄壁工件在其装夹部位特制几根工艺肋，以增强此处刚性，使夹紧力作用在工艺肋上，以减少工件的变形，加工完毕后，再去掉工艺肋。

6. 充分浇注切削液

通过充分浇注切削液，降低切削温度，减少工件热变形。

任务实施

一、准备工作

1)工件：材料为 HT200，毛坯采用铸造的方法获得，切削余量为 3 mm。

2)设备：FANUC 0i 系统数控车床。

3)工、量、刃具：清单见表 6-4-1。

表 6-4-1　工、量、刃具清单

序号	名称	规格	数量	备注
1	外径千分尺	25～50 mm/0.01 mm 50～75 mm/0.01 mm	1	
2	内径千分尺	0～25 mm/0.01 mm 25～50 mm/0.01 mm	1	
3	游标卡尺	0～150 mm/0.02 mm	1	
4	端面车刀	45°	1	T01
5	外圆粗、精车刀	93°	1	T02
6	内孔粗、精车刀	90°	1	T03

二、制定加工方案

1)采用自定心卡盘夹持外圆小端，粗、精车大端面，粗车内孔。

2)夹持内孔，粗、精车小端面及粗、精车外圆。

3)用软卡爪装夹外圆小端，精车内孔。

填写数控车床加工工艺卡，如表 6-4-2 所示。

表 6-4-2 数控车床加工工艺卡

零件图号	6-4-1	数控车床加工工艺卡		机床型号	CK6140
零件名称	薄壁件			机床编号	01
刀具表				量具表	
刀具号	刀补号	刀具名称	刀具参数	量具名称	规格
T01	01	端面车刀		游标卡尺	0～150 mm/0.02 mm
T02	02	内孔粗、精车刀	刀尖半径 $R=0.4$ mm	内径千分尺	25～50 mm/0.01 mm
T03	03	外圆粗、精车刀	刀尖半径 $R=0.4$ mm	外径千分尺	25～50 mm/0.01 mm 50～75 mm/0.01 mm

工序	工艺内容	切削用量			加工性质
		S/(r/min)	F/(mm/r)	α_p/mm	
1	粗、精车大端面	500～800			手动
2	粗车内孔	500	0.15	1	自动
3	粗、精车小端面	500～800			手动
4	粗车外圆	600	0.15	1	自动
5	精车外圆	800	0.1	0.5	自动
6	精车内孔	800	0.08	0.5	自动

三、编写加工程序

本任务的加工程序如表 6-4-3 所示。

表 6-4-3 加工程序

程序内容	程序说明
粗车内孔	
O0001;	文件名
N010 M03 S500 T0202;	主轴正转，500 r/min，选择 2 号刀
N020 G00 X41 Z2;	快速到达切削起点
N030 G01 Z-45 F0.15;	车内孔，进给量 0.15 mm/r
N040 G00 X40;	X 向退刀
N050 Z100;	Z 向退刀
N060 G00 X100 Z100;	
N070 M05;	主轴停止
N080 M30;	程序结束

续表

程序内容	程序说明
精加工内孔	
O0002;	文件名
N010 M03 S500 T0303;	主轴正转，500 r/min，选择3号刀
N020 G00 X49 Z2;	快速到达切削起点
N030 G01 Z-35.5 F0.15;	车外圆
N040 X57;	车外台阶
N050 Z-43;	车外圆
N060 G01 X60;	
N070 G00 X100 Z100;	快速退刀至换刀点
N080 M05;	主轴停止
N090 M00;	程序暂停
N100 T0303 S800 M03;;	选择3号刀，主轴800 r/min
N110 G00 X48 Z2;	快速到达切削起点
N120 G01 Z-36 F0.1;	精车外圆
N130 X56;	精车外台阶
N140 Z-43;	精车外圆
N150 G01X60;	
N160 G00 X100 Z100;	快速退刀
N170 M05;	主轴停止
N180 M30;	程序结束
精加工内孔	
O0003;	文件名
N010 M03 S800 T0202;	主轴正转，800 r/min，选择2号刀
N020 G00 X42 Z2;	快速到达切削起点
N030 G01 Z-43 F0.08;	车内孔，进给量0.08 mm/r
N040 G00 X40;	X向退刀
N050 Z100;	Z向退刀
N060 G00 X100 Z100;	快速退刀
N070 M05;	主轴停止
N080 M30;	程序结束

任务评价

评价标准如表6-4-4所示。

表6-4-4　评价标准表

班级：＿＿＿＿　姓名：＿＿＿＿　学号：＿＿＿＿　成绩：＿＿＿＿

检测项目		技术要求	配分	评分标准	自检记录	交检记录	得分
1	外圆	$\phi 56_{-0.025}^{0}$ mm	15	超差0.01 mm扣1分			
2		$\phi 48_{-0.025}^{0}$ mm	15	超差0.01mm扣1分			
3		*Ra*	8	超差、降级无分			

续表

检测项目		技术要求	配分	评分标准	自检记录	交检记录	得分
4	内孔	$\phi 42^{+0.063}_{+0.024}$ mm	15	超差 0.01 mm 扣 1 分			
5		*Ra*	8	超差无分			
6	公差	同轴度	8	超差 0.01 mm 扣 1 分			
7		圆度	8	超差 0.01 mm 扣 1 分			
8		垂直度	8	超差 0.01 mm 扣 1 分			
9	长度	$36^{+0.1}_{0}$ mm	10	超差 0.02 mm 扣 1 分			
10		$42^{0}_{-0.1}$ mm	5	超差 0.02 mm 扣 1 分			
11	安全文明操作		倒扣	违者每次扣 2 分			
12	时间：60 min		倒扣	酌情扣分			
学生任务实施过程的小结及反馈：							
教师点评：							

任务总结

本任务常见问题如表 6-4-5 所示。

表 6-4-5 常见问题汇总表

废品种类	产生原因	预防方法
尺寸不合格	测量不正确	要仔细测量。用游标卡尺测量时，要调整好卡尺的松紧程序，控制好其摆动位置，并进行试切
	车刀安装不正确，刀柄与孔壁相碰	合理选择刀柄直径，最好在未开车前，先把车刀在孔内走一遍，检查是否会相碰
	产生积屑瘤，增加刀尖长度，使孔车大	研磨刀具前面，使用切削液，增大前角，选择合理的切削速
	工件热胀冷缩	最好使工件冷却后再精车，加切削液
	程序不正确度	正确编程
内孔有锥度	刀具磨损	提高刀具的耐用度，采用耐磨的硬质合金刀具
	刀柄刚性差，产生“让刀”现象	尽量采用大尺寸的刀柄，减小切削用量
	程序不正确	正确编程，进行刀尖圆弧半径补偿
	车床主轴轴线歪斜	检查机床精度，校正主轴轴线跟床身导轨的平行度
	床身不水平，使床身导轨与主轴轴线不平行	校正机床
	床身导轨磨损	大修车床

续表

废品种类	产生原因	预防方法
内孔圆柱度超差	壁薄，装夹时产生变形	选择合理的装夹方式
	轴承间隙太大，主轴颈呈椭圆形	大修机床，并检查主轴的圆柱度法
	工件加工余量和材料组织不均匀	增加半精车工序，把不均匀的余量车去，使精车余量尽量减小和均匀。对工件毛坯进行回火处理
内孔表面粗糙度达不到要求	车刀磨损	重新刃磨车刀
	车刀的刃磨不良，表面粗糙度值大	保证刀刃锋利，研磨车刀前面
	车刀的几何角度不合理，装刀低于中心	合理选择刀具的几何角度，精车装刀时可略高于工件中心
	切削用量选择不当	适当降低切削速度，减小进给量
	刀柄细长，产生振动	加粗刀柄和降低切削速度

知识拓展

加工图 6-4-2 所示的内孔零件。已知毛坯尺寸为 ϕ50 mm×62 mm，材料为 45 钢。

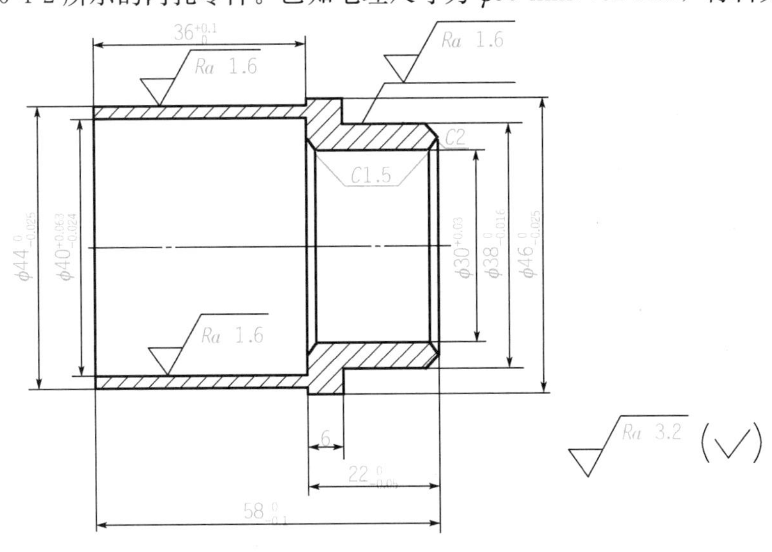

图 6-4-2　拓展练习

拓展练习评价标准如表 6-4-6 所示。

表 6-4-6　拓展练习评价标准表

班级：＿＿＿＿＿　姓名：＿＿＿＿＿　学号：＿＿＿＿＿　成绩：＿＿＿＿＿

检测项目		技术要求	配分	评分标准	自检记录	交检记录	得分
1	外圆	$\phi46_{-0.025}^{\ 0}$ mm	10	超差 0.01 mm 扣 1 分			
2		$\phi38_{-0.016}^{\ 0}$ mm	10	超差 0.01 mm 扣 1 分			
3		$\phi44_{-0.025}^{\ 0}$ mm	10	超差 0.01 mm 扣 1 分			

续表

检测项目		技术要求	配分	评分标准	自检记录	交检记录	得分
4	内孔	$\phi 30^{+0.03}_{0}$ mm	10	超差 0.01 mm 扣 1 分			
5		$\phi 22^{+0.063}_{+0.024}$ mm	10	超差 0.01mm 扣 1 分			
6	表面粗糙度	$Ra1.6$ μm（4 处）	8	降一级扣 2 分			
7	长度部分	$58^{0}_{-0.1}$ mm	6	超差 0.02 mm 扣 1 分			
8		$22^{0}_{-0.05}$ mm	5	超差 0.02 mm 扣 1 分			
9		$36^{+0.1}_{0}$ mm	5	超差 0.02 mm 扣 1 分			
10	倒角	$C2$	2	超差无分			
11		$C1.5$（两处）	4	超差无分			
12	程序正确、合理		10	每错一处扣 2 分			
13	加工工序卡		10	不合理每处扣 2 分			
14	安全文明操作		倒扣	违者每次扣 2 分			
15	时间：60 min		倒扣	酌情扣分			
学生任务实施过程的小结及反馈：							
教师点评：							

项目七

复杂零件的加工

项目描述

本项目分为4个任务：梯形螺纹轴零件的加工、综合轴类零件加工、连接套筒零件的加工和配合件的加工。

知识目标

1. 了解复杂零件的加工特点。
2. 熟悉梯形螺纹各参数的计算方法，掌握梯形螺纹加工的方法。
3. 熟悉复杂零件加工工艺的制定和程序编制方法。
4. 熟悉零件质量的控制方法及步骤。
5. 掌握数控机床的操作要领。
6. 理解各数控系统相关编程指令的格式及含义。

技能目标

1. 学会根据各复杂零件的加工特点，正确编写工艺文件。
2. 能够根据工艺文件编写正确的程序。
3. 能够掌握机床的操作方法，以及程序的输入和验证方法。
4. 能够掌握零件加工尺寸精度的控制方法和零件的检测方法。
5. 能正确在零件加工过程中进行检测，分析其加工误差的原因，并能及时处理。

任务一 梯形螺纹轴零件的加工

任务目标

1. 了解梯形螺纹的作用及用途。
2. 能够对梯形螺纹综合零件进行数控车削工艺分析。
3. 会对梯形螺纹部分相关尺寸进行计算并编程。
4. 能够正确使用数控车床完成梯形螺纹轴零件的加工。
5. 掌握梯形螺纹加工的注意事项及测量方法。

任务描述

梯形螺纹常用于传动，精度要求较高。梯形螺纹与三角形螺纹相比，螺距大，牙型高，切除余量大，切削抗力大，而且精度高，牙型角两侧的表面粗糙度值较小，这就导致梯形螺纹加工时，吃刀深，走刀快，尤其是加工硬度较高的材料时，加工难度较大。

完成图 7-1-1 所示梯形螺纹零件的编程及加工，毛坯尺寸为 ϕ50 mm×115 mm，材料为 45 钢。

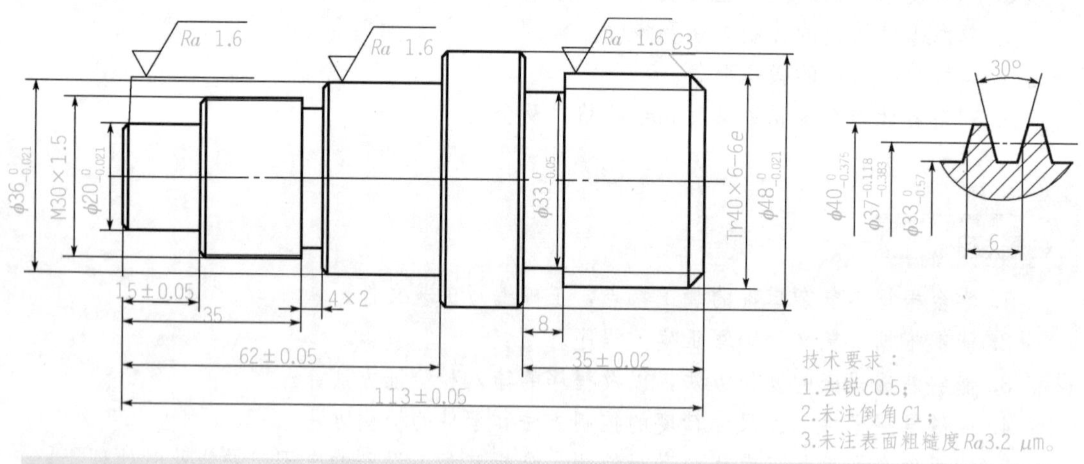

图 7-1-1 梯形螺纹零件

任务分析

该零件由外圆、退刀槽及螺纹构成，螺纹部分为三角螺纹和梯形螺纹。本任务的重点是梯形螺纹的加工，讲解了梯形螺纹加工的特点、工艺的确定、指令的应用、程序的编制、梯形螺纹的检测等内容。

梯形螺纹是机械设备中应用广泛传动性的螺纹。例如，车床上的长丝杆和中、小滑板的丝杠等都是梯形螺纹。

一、梯形螺纹概述

1. 梯形螺纹的标注方法

国家标准规定梯形螺纹的牙型角为30°。下面介绍30°牙型角的梯形螺纹。

30°梯形螺纹(以下简称梯形螺纹)的代号用字母“Tr”及公称直径×螺距表示，单位均为mm。左旋螺纹需在尺寸规格之后加注“LH”，右旋则不需标注。如Tr36×6等。

梯形螺纹标记示例：对于单线梯形螺纹Tr40×7-7H-L，“Tr”表示螺纹种类代号(梯形螺纹)，“40”表示大径，“7”表示距，“7H”表示内螺纹公差带例，“L”表示旋合长度。

2. 梯形螺纹的计算

梯形螺纹的牙型如图7-1-2所示，各基本尺寸计算公式见表7-1-1。

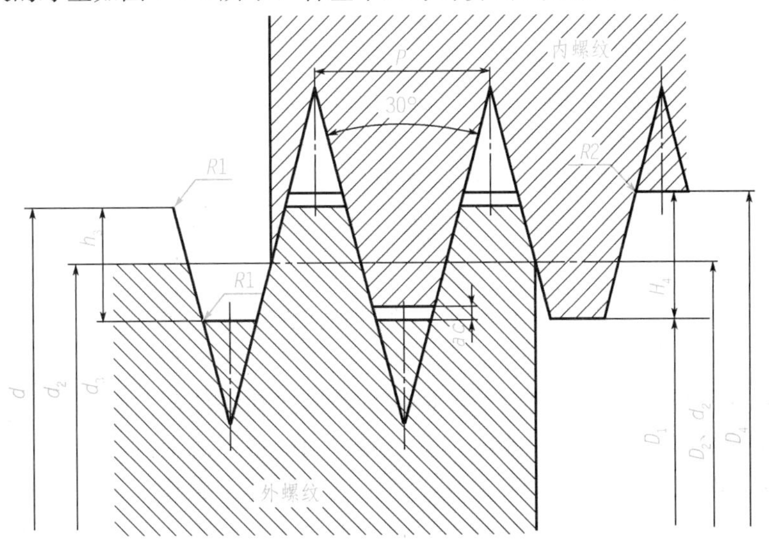

图7-1-2　梯形螺纹的牙型

表7-1-1　梯形螺纹各部分名称、代号及计算公式

名称		代号	计算公式			
牙型角		α	$\alpha=30°$			
螺距		P	由螺纹标准确定			
牙顶间隙		α_c	P	1.5～5	6～12	14～44
			α_c	0.25	0.5	1
外螺纹	大径	d	公称直径			
	中径	d_2	$d_2=d-0.5P$			
	小径	d_3	$d_3=d-2h_3$			
	牙高	h_3	$h_3=0.5P+\alpha_c$			

续表

名称		代号	计算公式
内螺纹	大径	D_4	$D_4=d+2a_c$
	中径	D_2	$D_2=d_2$
	小径	D_1	$D_1=d-P$
	牙高	H_4	$H_4=h_3=0.5P+a_c$
牙顶高度		f f'	$f=f'=0.366P$
牙槽底宽度		W W'	$W=W'0.366P-0.536a_c$

在加工梯形螺纹时，一般要预先计算出螺纹的高度、牙顶的宽度及螺纹的中径，大径与小径一般在图样中有规定，螺纹牙顶间隙是国家标准中规定的。

二、梯形螺纹的加工方法

1. 工件装夹

梯形螺纹工件加工往往加工余量较大，切削力大，因此在装夹梯形螺纹工件时，通常采用两顶或一夹一顶的方法保证装夹牢固，同时使用工件的一个台阶靠住卡爪面或用轴向定位块限制、固定工件的轴向位置，以防止因切削力过大，使工件轴向位移而车坏螺纹。

精车螺纹时，一般采用两顶的方法装夹，以提高定位精度。

2. 刀具的选择

梯形螺纹车刀属于切削刀具的一种，是用来在车削加工机床上进行梯形螺纹的切削加工的一种刀具。螺纹车刀分为内梯形螺纹车刀和外梯形螺纹车刀两大类，包括机械制造初期使用的需要手工磨的焊接刀头的梯形螺纹车刀、高速钢材料磨成的梯形螺纹车刀及机夹式梯形螺纹车刀等，其中机夹式梯形螺纹车刀是目前广泛使用的一种梯形螺纹车刀。机夹式梯形螺纹车刀分为刀杆和刀片两部分，刀杆上装有刀垫，用螺钉压紧，刀片安装在刀垫上。其刀片又分为硬质合金未涂层刀片(用来加工有色金属的刀片，如铝、铝合金、铜、铜合金等材料)和硬质合金涂层刀片(用来加工钢材、铸铁、不锈钢、合金材料等)。机夹式梯形螺纹车刀及其刀片如7-1-3所示。

图7-1-3 机夹式梯形螺纹刀及其刀片

3. 梯形螺纹的加工方法

梯形螺纹的加工方法主要有以下几种。

(1)低速切削法

对于精度要求较高的工件及样件的生产和修配，用得较多的是低速切削法。

1)在低速切削螺距较小($P<4$ mm)的梯形螺纹时，可用一把梯形螺纹车刀，并用小量的左右进给直接车削成形。

2)在粗车螺距$P>4$ mm的梯形螺纹时，一般可用采用直进法、斜进法和分层左右切削法，具体如图 7-1-4 所示。

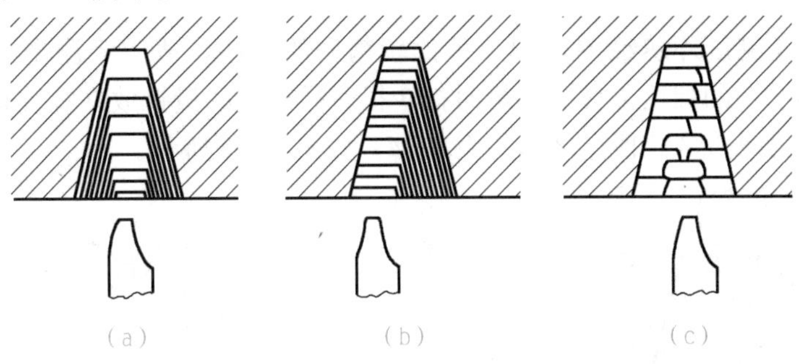

图 7-1-4 进刀方式

(a)直进法；(b)斜进法；(c)分层左右切削法

①直进法。相比其他两种进给方式，直进法车削梯形螺纹具有加工效率高、程序简短，以及操作更为方便、易行等优点。粗车时，可先以类似方法用螺纹车刀的车槽刀(刀头宽度应小于 P，螺纹牙槽底宽 W)，沿 X 向间隙进给至牙深处。采用这种方法加工梯形螺纹时，螺纹车刀的三面都参与切削，导致加工排屑困难，切削力和切削热增加，刀尖磨损严重。当进刀量过大时，还可能产生“扎刀”和“爆刀”现象。这种方法在数控车床上可采用指令 G92 来实现，但是很显然，这种方法是不可取的。

②斜进法。采用斜进加工梯形螺纹时，螺纹车刀始终只有一个侧刃参与切削，从而使排屑比较顺利，刀尖的受力和受热情况有所改善，在车削中不易引起“扎刀”现象。这种方法在数控车床上可采用 G76 指令来实现。

③分层左右切削法。用刀头小于牙槽底宽的车刀，通过计算各层槽宽进行切削加工。螺纹车刀沿牙型角方向交错间隙进给至牙深。这种方法类同斜进法，也可用在数控车床上，采用 G76 指令来实现。

(2)高速切削法

高速车削梯形螺纹时，为了防止切削拉毛，牙侧不能采用左右切削法，只能用直进法车削。

三、梯形螺纹的测量

1. 综合测量法

一般采用标准螺纹环规进行综合测量。

2. 单针测量法

单针测量法的特点是只需用一根量针，放置在螺旋槽中，用千分尺量出螺纹大径与量针顶点之间的距离 A，如图 7-1-5 所示。

$$A=(M+d)/2$$

$$M=d_2+4.864D-1.866P$$ (D 表示测量用量针的直径，P 表示螺距)

$$A=(M+d_0)/2$$ (d_0 表示工件实际测量外径)

3. 三针测量法

三针测量法是测量外螺纹中径的一种比较精密的方法，适用于测量一些精度要求较高、螺纹升角小于4°的螺纹工件。测量时把3根直径相等的量针放在螺纹相对应的螺旋槽中，用千分尺量出两边量针顶点之间的距离 M，如图7-1-6所示。

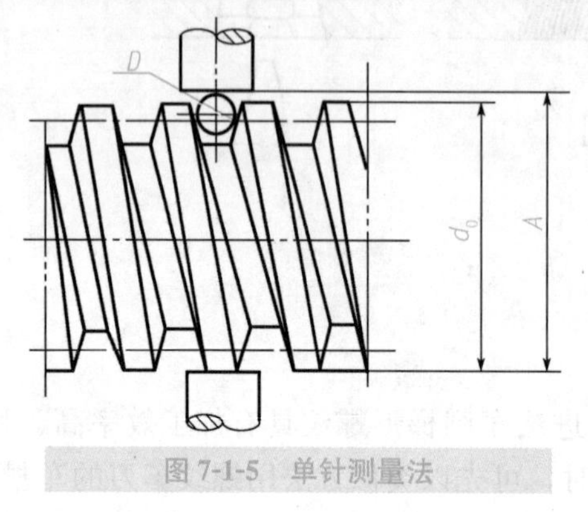

图7-1-5 单针测量法

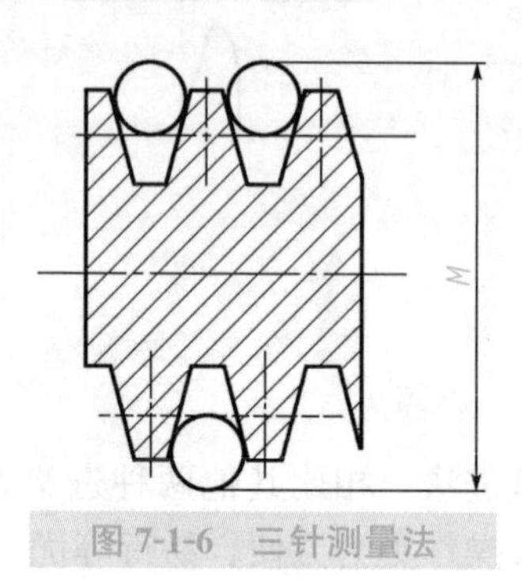

图7-1-6 三针测量法

例如，车Tr32×6梯形螺纹，用三针测量法测量螺纹中径，求量针直径和千分尺读数值 M。

量针直径 $D=0.518\ P\approx3.1$(mm)；

千分尺读数值：

$$\begin{aligned}M&=d_2+4.864\ D-1.866\ P\\&=29+4.864\times3.1-1.866\times6\\&=29+15.08-11.20\\&=32.88(\text{mm})\end{aligned}$$

测量时应考虑公差，则 $M=32_{-0.118}^{\ 0}$ 为合格。三针测量法采用的量针一般是专门制造的。

四、梯形螺纹编程实例

加工图7-1-7所示的梯形螺纹，试用G76指令编写加工程序。

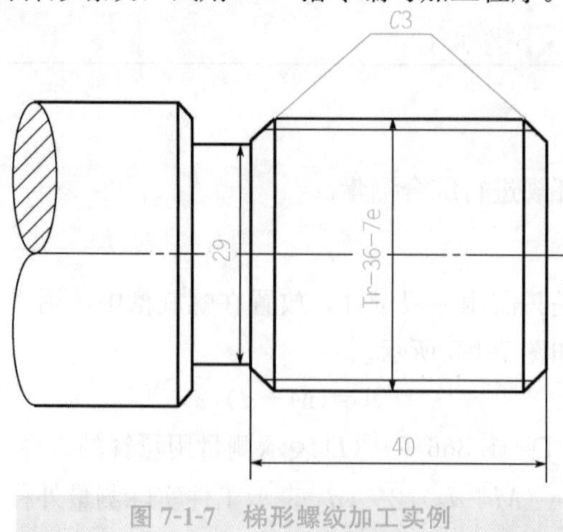

图7-1-7 梯形螺纹加工实例

1. 计算梯形螺纹尺寸并查表确定其公差

大径 $d=36_{-0.375}^{\ 0}$ mm；

中径 $d_2=d-0.5P=36-3=33$(mm)，查表确定其公差，故 $d_2=33_{-0.453}^{-0.118}$ mm；

牙高 $h_3=0.5P+a_c=3.5$(mm)；

小径 $d_3=d-2h_3=29$，查表确定其公差，故 $d_3=29_{-0.537}^{\ 0}$；

牙顶宽度 $f=0.366P=2.196$(mm)；

牙底宽度 $W=0.366P-0.536a_c=2.196-0.268=1.928$(mm)。

用3.1 mm的测量棒测量中径，则其测量尺寸 $M=d_2+4.864D-1.866P=32.88$(mm)，根据中径公差确定其公差，则 $M=32_{-0.453}^{-0.118}$。

2. 螺纹复合循环指令 G76

指令格式：

```
G76 P(m)(r)(a) Q(Δdmin) R(d)
G76 X(U) Z(W) R(i) P(k) Q(Δd) F(L)
```

其中，m 为精加工重复次数(1～99)；r 为倒角量，当螺距用 L 表示时，可以从 $0.0L$ 到 $9.9L$ 设定，单位为 $0.1L$(两位数，00～99)；a 为刀尖角度，可以选择80°、60°、55°、30°、29°和0°中的一种，由两位数规定；m、r 和 a 用地址P同时指定。例如，当 $m=2$，$r=1.2L$(L 是螺距)，$a=60°$，指定为P021260。

Δdmin 为最小切深(用半径值指定)；d 为精加工余量；i 为螺纹半径差，如果 $i=0$，可以进行普通直螺纹切削。k 为螺纹高；Δd 为第一刀切削深度(半径值)。L 为螺距。

3. 编写数控程序

```
O0001;
N10 M03 S400;
N20 T0101;
N30 G0X50;
N40 Z5;
N50 G01 X37 Z3 F0.2;
N60 G76 P020530 Q50 R0.08;               设定精加工两次，精加工余量为0.16 mm，倒角量等于0.5
                                         倍螺距，牙型角为30°，最小切深为0.05 mm
N70 G76 X28.75 Z-44.0 P3500 Q600 F6.0;   设定螺纹高为3.5 mm，第一刀切深为0.6 mm。
N80 G00 X150;
N90 M30;
```

4. 计算 Z 向刀具偏置值

在梯形螺纹的实际加工中，由于刀尖宽度并不等于槽底宽，因此通过一次G76循环切削无法正确控制螺纹中径等各项尺寸，为此可采用刀具 Z 向偏置后再次进行G76循环加工来解决以上问题。

五、操作要求及注意事项

1)梯形螺纹车刀两侧副切削刃应平直，保证两侧面切削刃的对称性，否则会导致工件牙型角不正。精车时，切削刃应保持锋利，要求螺纹两侧表面粗糙度要低。

2)对于简单或要求不严格和细小的零件，可以全部粗、精加工后再车削螺纹；对于要求高或容易产生变形的零件，螺纹应放在半精加工和精加工之间车削。

3)工件在精车前，最好重新修正顶尖孔，以保证同轴度。

4)在切削螺纹开始部分及结束部分，一般由于升、降速的原因，螺纹导程会出现不规则现象，考虑此因素影响，在数控车床上切削螺纹时必须设置升速进刀段和降速退刀段。因此，加工螺纹的实际长度除了螺纹的有效长度外，还应包括升速段和降速段的距离，其数值与工件的螺距和转速有关，由各系统设定，一般大于一个导程。

5)在螺纹切削过程中，进给速度倍率无效，固定在100%。

6)车梯形螺纹时，为防止“扎刀”，建议用弹性刀杆。

7)装刀时，刀尖必须与车床主轴轴心线等高。

8)车削前，必须先检查车刀位置是否正确。

9)车削过程中不能换速，即应从头到尾使用一个速度，如要换速应在加工前换，以免乱牙。

10)在执行螺纹程序段时，不允许中途随意“暂停”操作，以免发生机械损伤或伤人事故，如要停止车削应按单程序段键。

任务实施

一、准备工作

1)工件：材料为45钢，毛坯尺寸为ϕ50 mm×115 mm。

2)设备：FANUC 0i系统数控车床。

3)工、量、刃具：清单见表7-1-2。

表7-1-2 工、量、刃具清单

序号	名称	规格	数量	备注
1	千分尺	0～25 mm/0.01 mm	1	
2	千分尺	25～50 mm/0.01 mm	1	
3	游标卡尺	0～150 mm/0.02 mm	1	
4	螺纹环规	M30×1.5 mm	1副	
5	三针测量棒		1	
6	外圆粗、精车刀	93°	1	T01
7	切槽刀	刀宽4 mm	1	T02
8	外三角螺纹刀	刀尖角60°	1	T03
9	外梯形螺纹车刀	螺距6°	1	T04

二、制定加工方案

1. 装夹与定位

该零件为典型轴类零件，其轴心线为工艺基准，采用自定心卡盘夹紧定位，需要调头加工，首先加工零件的左端，加工外圆 ϕ20 mm、ϕ36 mm、ϕ48 mm、三角螺纹 M30×1.5 mm、退刀槽。左端加工完毕后，拆下工件夹持直径 ϕ36 mm 处，加工零件的右端，加工梯形螺纹 Tr40×6。

2. 加工工序

1)加工零件的左端，工件伸出长度 80 mm，平端面。

2)粗、精加工工件左端外圆 ϕ20 mm、ϕ36 mm、ϕ48 mm 至图样尺寸，螺纹大径车至 ϕ29.8 mm。

3)切左端三角螺纹、退刀槽。

4)车削 M30×1.5 mm 螺纹。

5)左端加工完毕后，拆下工件夹持直径 ϕ48 mm 处，加工零件的右端，控制总长 113 mm。

6)粗、精加工工件右端外轮廓至图样尺寸。

7)切右端梯形螺纹、退刀槽。

8)车削 Tr40×6 梯形螺纹。

填写数控车床加工工艺卡，如表 7-1-3 所示。

表 7-1-3　数控车床加工工艺卡

工序	工 艺 内 容	切削用量			加工性质
		S/(r/min)	F/(mm/r)	a_p/mm	
1	粗加工工件左端外圆 ϕ20 mm、ϕ36 mm、ϕ48 mm 至图样尺寸	600	0.2	2	自动
2	精加工工件左端外圆 ϕ20 mm、ϕ36 mm、ϕ48 mm 至图样尺寸	1 200	0.1	0.5～1	自动
3	车左端三角螺纹、退刀槽	400	0.1	—	自动
4	车削 M30×1.5 mm 螺纹	600	—	—	自动
5	掉头加工右端，控制总长	—	—	—	手动
6	粗加工工件右端至图样尺寸	600	0.2	2	自动
7	精加工工件右端至图样尺寸	1 200	0.1	0.5～1	自动
8	车梯形螺纹	600	6	—	自动

三、工件坐标及编程尺寸的确定

编程尺寸是根据工件图中相应的尺寸进行换算得出的在编程中使用的尺寸。如梯形螺纹 Tr40×6，在编程时需要使用到螺纹小径尺寸值。

螺纹的牙深度为 $h=0.6495\ P=0.6495\times1.5\approx0.974$(mm)；

螺纹小径尺寸值 $d_1=d-2\ h=20-2\times0.974\approx18.05$(mm)；

大径 $d=40$ mm；

牙高 $h_3=0.5\ P+a_c=3.5$(mm)；

小径 $d_3=d-2h_3=33$ (mm)。

四、编写加工程序

梯形螺纹的加工程序如表 7-1-4 所示。

表 7-1-4　加工程序

程序内容	程序说明
零件左端程序	
O0001;	文件名
N010 M03 S600 T0101;	主轴正转，600 r/min，选择 1 号刀
N020 G00 X50 Z2;	循环起点
N030 G71 U2 R0.5;	粗车循环
N040 G71 P50 Q150 U0.5 W0 F0.2;	
N050 G00 X18;	
N060 G01 Z0;	
N070 G01 X20 Z-1;	
N080 Z-15;	
N090 X27.8;	
N100 X29.8 W-1;	
N110 Z-62;	
N120 X46;	
N130 X48 W-1;	
N140 Z-79;	
N150 G00 X50;	
N160 G00 X100 Z100;	返回换刀点
N170 T0101 S1200 M03;	选择 1 号刀，主轴 1 200 r/min
N180 G00 X61 Z2;	精车循环起点
N190 G70 P50 Q150 F0.1;	精车循环
N200 G00 X100 Z100;	返回换刀点
N210 M03 S400 T0202;	选择 2 号刀，主轴 400 r/min
N220 G00 X53 Z-39;	快速定位
N230 G01 X26 F0.1;	切槽至底径
N240 X52;	X 向退出
N250 G00 X100;	返回换刀点
N260 Z100;	
N270 M03 S600 T0303;	主轴正转，600 r/min，选择 3 号刀
N280 G00 X32 Z10;	
N290 G76 P020030 Q50 R0.08; N300 G76 X28.05 Z-37 P975 Q600 F1.5;	精加工两次，精加工余量为 0.16 mm，倒角量等于 0.5 倍螺距，牙型角为 30°，最小切深为 0.05 mm
N310 G00 X100 Z100;	返回换刀点
N320 M30;	程序结束返回程序头

续表

程　序　内　容	程　序　说　明
零件右端程序	
O0002;	文件名
N010　M03 S600 T0101;	主轴正转，600 r/min，选择 1 号刀
N020 G00 X50 Z2;	粗车循环起点定位
N030 G71 U2 R0.5;	粗车循环参数赋值
N040 G71 P50 Q110　U0.5 W0 F0.2;	
N050 G00 X34;	
N060 G01 Z0;	
N070 X40 Z-3;	
N080 Z-35;	
N090 X46;	
N100 X48　W-1;	
N110 G00 X50;	
N120 G00 X100 Z100;	
N130 T0101 S1200 M03;	返回换刀点
N140 G00 X50 Z2;	选择 1 号刀，主轴 1 200 r/min
N150 G70 P50 Q110 F0.1;	精车循环起点定位
N160 G00 X100 Z100;	精车循环
N170 M03 S400 T0202;	返回换刀点
N180 G00 X53 Z-35;	选择 2 号刀，主轴 400 r/min
N190 G01 X33.1 F0.1;	快速定位
N210 X42;	切槽至底径
N220 W4;	X 向退出
N220 G01 X33;	
N230 W-4;	
N240 X50;	
N250 G00 X100;	
N260 Z100;	
N270 G0 X100 Z100;	
N280 M03 S600 T0404;	返回换刀点
N290 G00 X42 Z5;	主轴正转，600 r/min，选择 4 号刀
N300 G76 P020530 Q50 R0.08;	设定精加工两次，精加工余量为 0.16 mm，倒角量等于
N310 G76 X33 Z-33 P3500 Q600 F6;	0.5 倍螺距，牙型角为 30°，最小切深为 0.05 mm
N320 G00 X100 Z100;	设定螺纹高为 3.5 mm，第一刀切深为 0.6 mm
N420 M05;	返回换刀点
N430 M30;	主轴停
	程序结束返回程序头

五、操作步骤与要点

1)打开机床，回参考点。

2)安装工件、刀具(T01、T02、T03、T04)。

3)对刀(T01、T02、T03、T04)，输入磨损值。

4)输入程序(O0001、O0002)并校验。

5)自动加工。

6)测量工件尺寸。

7)调整、校正工件尺寸。

8)再次测量工件尺寸，合格后拆卸工件。

任务总结

本任务主要针对梯形螺纹加工展开，主要介绍了梯形螺纹的相关参数、常用梯形螺纹刀具、切削用量的选择、螺纹刀具的装夹、相关螺纹指令、螺纹量具的使用等知识点。通过这些知识点的学习，能够对梯形螺纹零件制定出比较合理的加工工艺，完成梯形螺纹加工程序的编制与加工，并会用常用量具检测梯形螺纹。

任务评价

评价标准如表 7-1-5 所示。

表 7-1-5 评价标准表

班级：＿＿＿＿＿ 姓名：＿＿＿＿＿ 学号：＿＿＿＿＿ 成绩：＿＿＿＿＿

检测项目		技术要求	配分	评分标准	自检记录	交检记录	得分
1	外圆	$\phi20_{-0.021}^{0}$ mm	6	超差无分			
2		$\phi36_{-0.021}^{0}$ mm	6	超差无分			
3		$\phi48_{-0.021}^{0}$ mm	6	超差无分			
4	三角螺纹	大径	4	超差无分			
5		中径	5	超差无分			
6		两侧 Ra	5	超差、降级无分			
7		牙型角	4	样板检查，超差无分			
8	梯形螺纹	大径	4	超差无分			
9		中径	5	超差无分			
10		两侧 Ra	5	超差、降级无分			
11		牙型角	4	样板检查，超差无分			
12	槽（2 处）	$\phi33_{-0.05}^{0}$ mm	4	超差无分			
13		8 mm	2	超差无分			
14		两侧 Ra	2	超差、降级无分			
15		$\phi24$ mm	4	超差无分			
16		4 mm	2	超差无分			
17		两侧 Ra	2	超差、降级无分			
18	长度	15 mm±0.05 mm	5	超差无分			
19		35 mm	5	超差无分			
20		62 mm±0.05 mm	5	超差无分			
21		35 mm±0.02 mm	5	超差无分			
22		113 mm±0.05 mm	5	超差无分			

续表

检测项目	技术要求	配分	评分标准	自检记录	交检记录	得分
23	倒角 6 处	5	超差无分			
24	安全文明操作	倒扣	违者每次扣 2 分			
25	时间：60 min	倒扣	酌情扣分			
学生任务实施过程的小结及反馈：						
教师点评：						

知识拓展

根据图 7-1-8 的要求，制定加工方案，合理地选择所需用的刀具、量具、工具。已知毛坯尺寸为 ϕ60 mm×63 mm，材料为 45 钢。

1)制定合理的刀具卡片。

2)制定合理的工艺卡片。

3)编写零件的加工程序并加工。

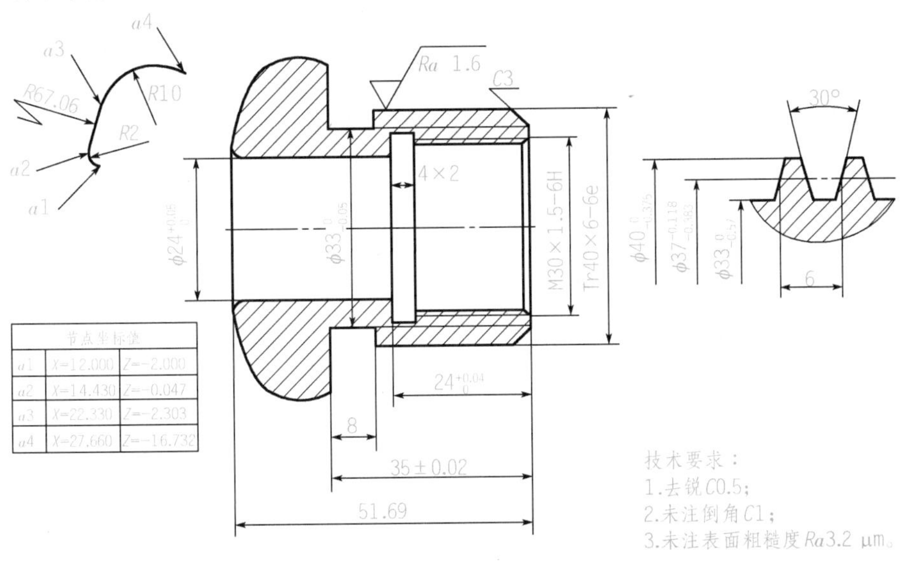

图 7-1-8 拓展练习

拓展练习评价标准如表 7-1-6 所示。

表 7-1-6 拓展练习评价标准表

班级：________ 姓名：________ 学号：________ 成绩：________

检测项目		技术要求	配分	评分标准	自检记录	交检记录	得分
1	外圆及内孔	$\phi 40_{-0.375}^{\ 0}$ mm	6	超差无分			
2		$\phi 24_{\ 0}^{+0.021}$ mm	6	超差无分			
3	三角螺纹	大径	4	超差无分			
4		中径	5	超差无分			
5		两侧 *Ra*	5	超差、降级无分			
6		牙型角	4	样板检查，超差无分			
7	梯形螺纹	大径	4	超差无分			
8		中径	5	超差无分			
9		两侧 *Ra*	5	超差、降级无分			
10		牙型角	4	样板检查，超差无分			
11	槽（2 处）	$\phi 33_{-0.05}^{\ 0}$ mm	4	超差无分			
12		8 mm	2	超差无分			
13		两侧 *Ra*	2	超差、降级无分			
14		$\phi 34$ mm	4	超差无分			
15		4 mm	2	超差无分			
16		两侧 *Ra*	2	超差、降级无分			
17	圆弧面	*R*2 mm	7	超差无分			
18		*R*67.06 mm	7	超差无分			
19		*R*10 mm	2	超差无分			
20	长度	$24_{\ 0}^{+0.04}$ mm	5	超差无分			
21		35 mm±0.02 mm	5	超差无分			
22		51.69 mm	5	超差无分			
23	倒角		5	超差无分			
24	安全文明操作		倒扣	违者每次扣 2 分			
25	时间：60 min		倒扣	酌情扣分			
学生任务实施过程的小结及反馈：							
教师点评：							

任务二　综合轴类零件的加工

任务目标

1. 掌握程序的输入、编辑、修改，以及调用、校验。
2. 能够制定零件的数控加工工艺文件。
3. 能根据工艺要求合理选用各类刀具及切削参数。
4. 能熟练操作数控机床对零件进行数控加工和检验。
5. 能分析其加工误差的原因，并能及时处理。

任务描述

完成图 7-2-1 所示综合零件的编程及加工，已知毛坯尺寸为 ϕ60 mm×120 mm，材料为 45 钢。

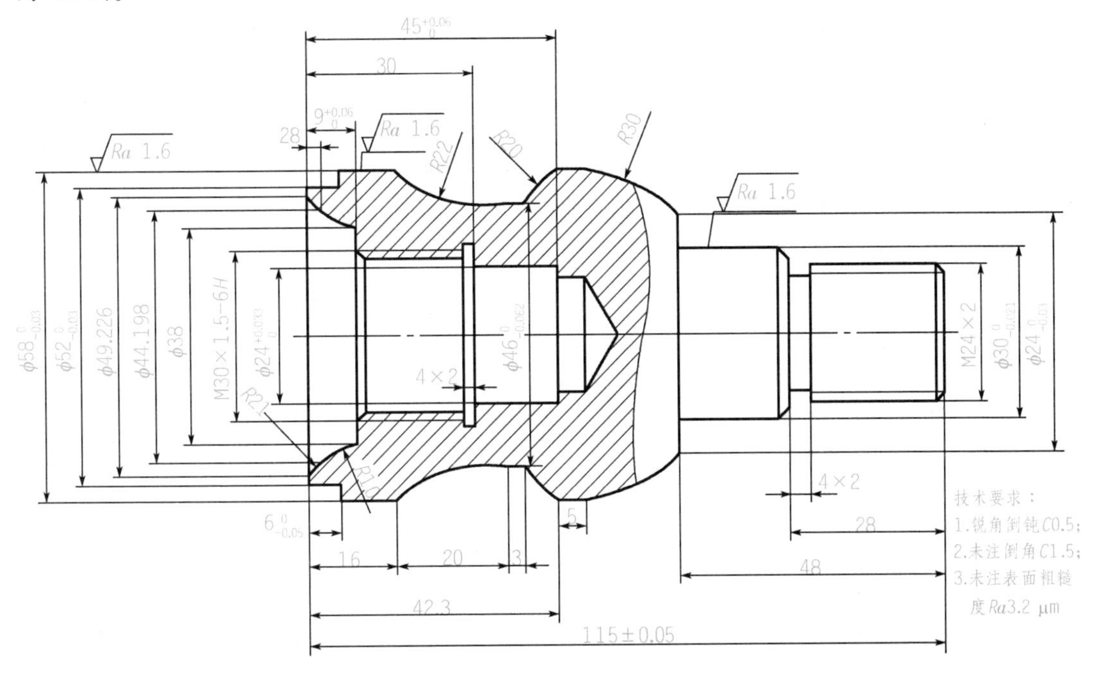

图 7-2-1　综合轴类零件

任务分析

1. 图样分析

由图 7-2-1 可以看出，此零件是典型的轴类零件，零件的几何要素主要包括圆柱面、圆弧面、外槽、内槽、内孔、内外螺纹零件等。

2. 加工难点分析

1)工件的装夹和加工工艺顺序的安排。

2)基点坐标的分析处理。

任务实施

一、准备工作

1)工件：材料为 45 钢，毛坯尺寸为 ϕ60 mm×120 mm。

2)设备：FANUC 0i 系统数控车床。

3)工、量、刃具：清单见表 7-2-1。

表 7-2-1 工、量、刃具清单

序号	名称	规格	数量	备注
1	千分尺	0～25 mm/0.01 mm	1	
2	千分尺	25～50 mm/0.01 mm	1	
3	千分尺	50～75 mm/0.01 mm	1	
4	游标卡尺	0～150 mm/0.02 mm	1	
5	螺纹环规 螺纹塞规	M24×2 mm M30×1.5 mm	各 1 副	
6	R 规	≤38 mm	1	
7	内径量表	18～35 mm	1	
8	深度千分尺	100 mm	1	
9	麻花钻	ϕ23 mm		
10	内径量表	35～50 mm	1	T01
11	切槽刀	刀宽 4 mm	1	T02
12	外螺纹车刀	60°	1	T03
13	内螺纹车刀	60°	1	T04
14	镗孔车刀	93°	1	T05
15	内沟槽刀	刀宽 4 mm	1	T06

二、制定加工方案

1. 装夹与定位

该零件为典型轴类零件，其轴心线为工艺基准，采用自定心卡盘夹紧定位，需要调头加工，首先加工零件的右端，工件伸出长度为 55 mm。右端加工完毕后，拆下工件夹持直径 ϕ42 mm 处，加工零件的左端。

2. 加工工序安排

1)加工零件的右端，工件伸出长度为 55 mm，平端面。

2)粗、精加工工件右端外轮廓至图样尺寸，螺纹大径车至 ϕ23.8 mm。

3)切外槽。

4)车削 M24×2 mm 螺纹。

5)右端加工完毕后，拆下工件夹持直径 ϕ42 mm 处，加工零件的左端，控制总长 115 mm。

6)粗、精加工工件左端内轮廓至图样尺寸。

7)切内槽。

8)车削 M30×1.5 mm 内螺纹。

9)粗、精加工工件左端外轮廓至图样尺寸。

填写数控车床加工工艺卡，如表 7-2-2 所示。

表 7-2-2　数控车床加工工艺卡

零件图号	7-2-1	数控车床加工工艺卡		机床型号	CK6140
零件名称	综合轴			机床编号	01
刀　具　表				量　具　表	
刀具号	刀补号	刀具名称	刀具参数	量具名称	规格
T01	01	93°外圆粗、精车刀	D 型刀片 R=0.4 mm	游标卡尺 千分尺	0～150 mm/0.02 mm 25～50 mm/0.01 mm
T02	02	外切槽刀	刀宽 4 mm	游标卡尺	0～150 mm/0.02 mm
T03	03	外螺纹车刀	刀尖角 60°	游标卡尺	0～150 mm/0.02 mm
T04	04	镗孔刀	R=0.4 mm	螺纹塞规 和环规	M24×2 mm M30×1.5 mm
T05	05	内槽刀	刀宽 4 mm	R 规	≤38 mm
T06	06	三角形内 螺纹车刀	刀尖 60°	内径量表	18～35 mm
		麻花钻	ϕ23 mm	深度千分尺	100 mm
工序	工　艺　内　容	切削用量			加工性质
		S/(r/min)	F/(mm/r)	α_p/mm	
1	粗加工工件右端外轮廓	600	0.2	2	自动

续表

工序	工艺内容	切削用量			加工性质
		S/(r/min)	F/(mm/r)	a_p/mm	
2	精加工工件右端外轮廓	1 200	0.1	0.5～1	自动
3	切外槽	400	0.1		自动
4	车 M24×2 mm 外螺纹	600	6		自动
5	工件调头装夹 控制零件总长	500	—	—	手动
6	粗加工工件左端内轮廓	600	0.2	2	自动
7	精加工工件左端内轮廓	1 200	0.1	0.5～1	自动
8	切内槽	400	0.1		自动
9	车 M30×1.5 mm 内螺纹	600	6		自动
10	粗加工工件左端外轮廓	600	0.2	2	自动
11	精加工工件左端外轮廓	1 200	0.1	0.5～1	自动
12	工件拆下，零件检测				

三、编写加工程序

本任务的加工程序如表 7-2-3 所示。

表 7-2-3 加工程序

程序内容	程序说明
零件右端程序	
O0001;	程序名
N10 M3 S600 T0101 F0.2;	给定转速、刀具刀补号、进给量
N20 G0 X61 Z2;	外圆固定轮廓粗加工循环
N30 G71 U2 R1;	相关参数
N40 G71 P50 Q140 U1;	
N50 G0 X21;	
N60 G1 Z0;	
N70 X23.8 Z-1.5;	倒角
N80 Z-28;	Z 向走刀
N90 X26;	X 向走刀
N100 X30; W-2;	倒角
N110 Z-48;	Z 向走刀
N120 G03 X58 Z-67.7 R30;	R30 mm 圆弧加工
N130 G01 W-8;	Z 向走刀 8 mm，多车 3 mm
N140 G00 X61;	定位到毛坯位置
N150 M03 S1200 T0101 F0.1;	外圆精加工循环
N160 G00 X60 Z2;	精车循环定位(X60, Z2)
N170 G70 P50 Q140;	精车加工零件右端外轮廓
N180 G00 X100 Z100;	退回到换刀点
N190 M03 S400 T0202 F0.1;	外切槽加工主轴转速、刀具、进给量选用
N200 G00 X32;	定位到槽的上方
N210 Z-28;	

续表

程序内容	程序说明
N220 G01 X20;	切削到槽底
N230 G00 X100;	X 向定位
N240 Z100;	Z 向定位
N250 M03 S600 T0303;	外螺纹加工主轴转速、刀具、进给量选用
N260 G00 X25 Z3;	螺纹复合循环
N270 G76 P020060 Q100 R0.05;	填写参数
N280 G76 X21.4 Z-26 Q400 P1300 F2;	
N290 G00 X100 Z100;	退到安全位置
N300 M30;	结束，调头装夹，控制总长
零件左端程序	
O0002;	程序名
N10 M03 S600 T0404 F0.2;	给定转速、刀具刀补号、进给量
N20 G00 X20 Z2;	X、Z 定位
N30 G71 U1.5 R1;	粗车左端内轮廓，G71 参数赋值
N40 G71 P50 Q150 U1;	
N50 G00 X49.226;	精车轮廓起始点
N60 G1 Z0;	
N70 G02 X44.198 Z-2.8 R21;	R21 mm 圆弧加工
N80 G03 X38 W-9 R10;	R10 mm 圆弧加工
N90 X31.2;	
N100 X28.2 W-1.5;	倒角
N110 Z-30;	Z 向走刀
N120 X25;	X 向退刀
N130 X24 W-0.5;	锐角去钝
N140 Z-45;	Z 向走刀
N150 G00 X20;	
N160 M03 S1200 T0404 F0.1;	
N170 G00 X20 Z2;	精车左端内轮廓
N180 G70 P50 Q150;	
N190 G00 Z100;	G00 Z 退刀
N200 X100;	G00 X 退刀
N210 M3 S400 T0505 F0.1;	给定转速、刀具刀补号、进给量
N220 G0 X20;	定位到内槽的上方
N230 Z-30;	
N240 X34;	切槽加工
N250 X20;	X 退位
N260 Z100;	Z 退位
N270 X100;	
N280 M03 S600 T0606;	内螺纹加工切削参数选定
N290 G00 X28;	内螺纹加工
N300 Z6;	
N310 G76 P020060 Q150 R0.08;	
N320 G76 X30 Z-28 P975 Q450 F1.5;	
N300 G00 Z100;	Z 向移动
N310 X100;	X 向走刀

续表

程序内容	程序说明
N320 M03 S600 T0101 F0.2;	粗车加工转速、刀具、进给量选定
N330 G00 X61 Z2;	定位到毛坯位置
N340 G73 U7 R4;	外圆固定轮廓粗加工循环
N350 G71 P360 Q460 U1;	相关参数
N360 G00 X51;	
N370 G01 Z0;	
N380 X52 W-0.5;	倒角去钝
N390 Z-9;	Z向走刀
N400 X57;	X向走刀
N410 X58 W-0.5;	倒角去钝
N420 Z-16;	Z向走刀
N430 G02 X46 W-20 R22;	R22 mm圆弧加工
N440 W-3;	
N450 G03 X58 Z-42.3 R20;	R20 mm圆弧加工
N460 G00 X61;	
N470 M03 S1200 T0101 F0.1;	外圆精加工循环
N480 G00 X60 Z2;	精车循环定位(X60, Z2)
N490 G70 P360 Q460;	
N500 G00 X100 Z100;	退回到换刀点
N510 M05;	主轴停止
N520 M30;	程序结束

四、机床操作

1)开机前的检查：

①检查电源、电压是否正常，润滑油油量是否充足。

②检查机床可动部位是否松动。

③检查材料、工件、量具等物品放置是否合理，并符合要求。

2)开机后的检查：

①检查电动机、机械部分、冷却风扇是否正常。

②检查各指示灯是否正常显示。

③检查润滑、冷却系统是否正常。

3)启动机床(需要回参考点的机床先进行回参考点操作)。

4)工件装夹及找正(注意工件装夹牢固、可靠)。

5)程序输入及验证。

6)对刀操作。

7)零件加工。

8)零件质量控制。

9)机床维护与保养

任务总结

本任务主要针对综合轴类零件加工展开，通过本任务的实施，能够运用指令编写加工程序，能根据工艺要求合理选用各类刀具及切削参数，熟练操作数控机床对零件进行数控加工和检验，并对零件进行检测，分析其加工误差的原因，并能及时处理。

任务评价

评价标准如表 7-2-4 所示。

表 7-2-4　评价标准表

班级：＿＿＿＿＿＿　姓名：＿＿＿＿＿＿　学号：＿＿＿＿＿＿　成绩：＿＿＿＿＿＿

检测项目		技术要求	配分	评分标准	自检记录	交检记录	得分
1	外圆	$\phi30_{-0.021}^{0}$ mm	5	超差无分			
2		$\phi42_{-0.03}^{0}$ mm	5	超差无分			
3		$\phi52_{-0.03}^{0}$ mm	5	超差无分			
4		$\phi58_{-0.03}^{0}$ mm	5	超差无分			
5	内圆	$\phi24_{0}^{+0.033}$ mm	5	超差无分			
6	外螺纹	大径	3	超差无分			
7		中径	3	超差无分			
8		两侧 *Ra*	2	超差、降级无分			
9		牙型角	2	样板检查，超差无分			
10	内螺纹	大径	3	超差无分			
11		中径	3	超差无分			
12		两侧 *Ra*	2	超差、降级无分			
13		牙型角	2	样板检查，超差无分			
14	切槽（2 处）	槽宽 4 mm 槽深 5 mm	10	超差不得分			
15	圆弧	*R*10 mm	3	超差不得分			
16		*R*20 mm(2 处)	3	超差不得分			
17		*R*21 mm	3	超差不得分			
18		*R*22 mm	3	超差不得分			
19		*R*30 mm	3	超差不得分			
20	长度	$6_{-0.05}^{0}$ mm	5	超差不得分			
21		16 mm	5	超差不得分			
22		42.3 mm	5	超差不得分			
23		48 mm		超差不得分			
24		115±0.05 mm	5	超差不得分			
25		$9_{0}^{+0.06}$ mm	5	超差不得分			

续表

检测项目	技术要求	配分	评分标准	自检记录	交检记录	得分
26	倒角(3 处)	5	超差无分			
27	安全文明操作	倒扣	违者每次扣 2 分			
28	时间：150 min	倒扣	酌情扣分			
学生任务实施过程的小结及反馈：						
教师点评：						

知识拓展

根据图 7-2-2 的要求，制定加工方案，合理地选择所需用的刀具、量具、工具。已知毛坯尺寸 ϕ60 mm×83 mm，材料为 45 钢。

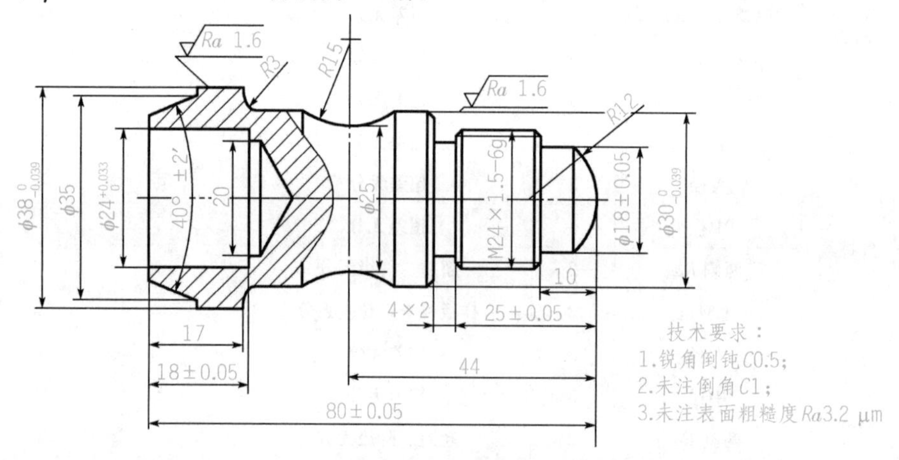

图 7-2-2 拓展练习

1)制定合理的刀具卡片。

2)制定合理的工艺卡片。

3)编写零件的加工程序并加工。

拓展练习评价标准如表 7-2-5 所示。

表 7-2-5 拓展练习评价标准表

序号	考核项目	考核内容及要求	配分	评分标准	检测结果	扣分	得分
1	工艺分析	填写工序卡，工艺不合理，视情况酌情扣分。 1)工件定位和夹紧不合理； 2)加工顺序不合理； 3)刀具选择不合理； 4)关键工序错误	10	每违反一条酌情扣 1 分。扣完为止			

续表

序号	考核项目	考核内容及要求	配分	评分标准	检测结果	扣分	得分
2	程序编制	1)指令正确，程序完整； 2)运用刀具半径和长度补偿功能； 3)数值计算正确、程序编写表现出一定的技巧，简化计算和加工程序	20	每违反一条酌情扣 1～5 分。扣完为止			
3	数控车床规范操作	1)开机前的检查和开机顺序正确； 2)回机床参考点； 3)正确对刀，建立工件坐标系； 4)正确设置参数； 5)正确仿真校验	5	每违反一条酌情扣1分。扣完为止			
4	外圆及内孔	$\phi 38_{-0.039}^{0}$ mm	6	超差不得分			
4	外圆及内孔	$\phi 30_{-0.039}^{0}$ mm	6	超差不得分			
4	外圆及内孔	$\phi 18\pm 0.05$ mm	6	超差不得分			
4	外圆及内孔	$\phi 24_{0}^{+0.033}$ mm	6	超差不得分			
5	角度	$40^\circ\pm 2'$	6	超差不得分			
6	成形面	$R12$ mm	5	超差不得分			
6	成形面	$R15$ mm	5	超差不得分			
7	外螺纹	M24×1.5－6g 大径	2	超差不得分			
7	外螺纹	M24×1.5－6g 中径	5	不合格不得分			
7	外螺纹	M24×1.5－6g Ra	2	降一级扣 2 分			
8	长度	80 ± 0.05 mm	3	超差不得分			
8	长度	25 ± 0.05 mm	3	超差不得分			
8	长度	18 ± 0.05 mm	3	超差不得分			
9	槽宽	4 mm×2 mm	2	超差不得分			
10	安全文明生产	1)着装规范，未受伤； 2)刀具、工具、量具的放置； 3)工件装夹、刀具安装规范； 4)正确使用量具； 5)卫生、设备保养； 6)关机后机床停放位置不合理	5	每违反一条酌情扣1分。扣完为止			

续表

序号	考核项目	考核内容及要求	配分	评分标准	检测结果	扣分	得分
11	否定项	发生重大事故（人身和设备安全事故等）、严重违反工艺原则和情节严重的野蛮操作等，由监考人决定取消其实操考核资格					
合计		100 分		得分			
学生任务实施过程的小结及反馈：							
教师点评：							

任务三 连接套筒零件的加工

任务目标

1. 了解连接套筒的作用及用途。
2. 能够对套筒类零件进行数控车削工艺分析。
3. 掌握内部图素零件的加工特点。
4. 能够正确使用数控车床完成套筒零件的加工。
5. 能够处理加工中遇到的常见问题。

任务描述

完成图 7-3-1 所示连接套筒零件的编程及加工，毛坯尺寸为 ϕ55 mm×72 mm，材料为 45 钢。

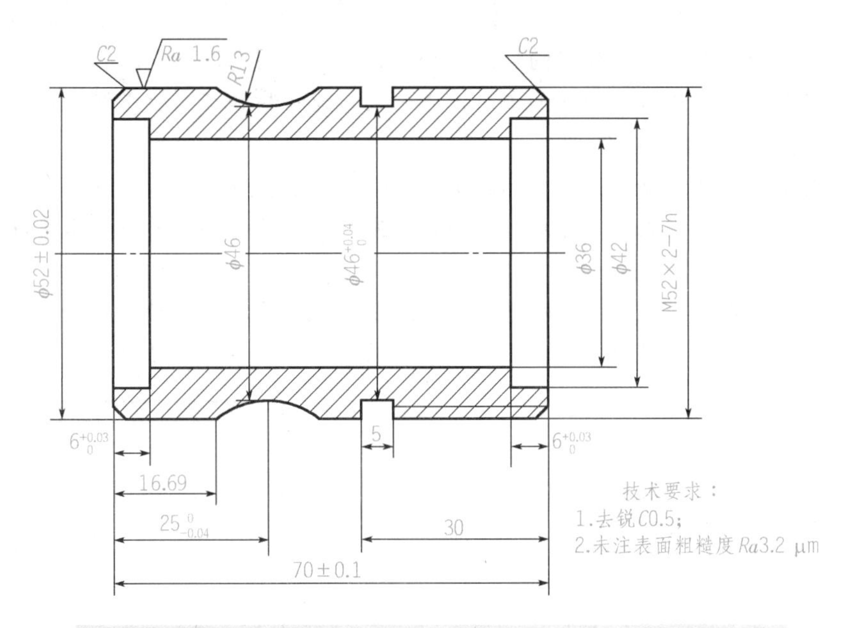

图 7-3-1　连接套筒零件

任务分析

该零件是一个套筒类，总长为 70 mm，最大直径为 52 mm。该零件加工表面由外圆柱面、内圆锥面、外圆弧面、外螺纹、退刀槽等组成，结构形状较复杂，加工的部位比较多，其中外圆柱面 ϕ52 mm，退刀槽圆柱面 ϕ46 mm 及其轴向尺寸 70 mm、25 mm、6 mm 等都有图 7-3-1 标注的加工精度要求，且由图样可知，其加工精度要求较高。零件的尺寸标注完整、清晰，轮廓描述清楚。零件没有表面粗糙度要求。其材料为 45 钢，切削加工性能良好，无热处理要求。

本任务的加工难点是薄壁零件，处理不当就会使零件变形。

薄壁套筒在加工过程中，往往由于夹紧力、切削力和切削热的影响而引起变形，致使加工精度降低。需要热处理的薄壁套筒，如果热处理工序安排不当，也会造成不可校正的变形，从而使加工的工件在工艺和加工方法都正确的情况下达不到要求，甚至造成零件报废，因此加工人员在加工过程当中要给予重视和提前考虑。

防止薄壁套筒的变形，可以采取以下措施：

1. 减小夹紧力对变形的影响

1)夹紧力不宜集中于工件的某一部分，应使其分布在较大的面积上，以使工件单位面积上所受的压力较小，从而达到减少工件变形的目的。例如，工件外圆用卡盘夹紧时，可以采用软卡爪，增加卡爪的宽度和长度。

2)采用轴向夹紧工件的夹具。在工件上做出加强刚性的辅助凸边，加工时采用特殊结构的卡爪夹紧，如图 7-3-2 所示。当加工结束时，将凸边切去。

2. 减少切削力对变形的影响

1)减小径向力，通常可借助增大刀具的主偏角来达到。

2)内、外表面同时加工，使径向切削力相互抵消，如图 7-3-3 所示。

3)粗、精加工分开进行，使粗加工时产生的变形能在精加工中能得到纠正。

3. 减少热变形引起的误差

工件在加工过程中受切削热后要膨胀变形，从而影响工件的加工精度。为了减少热变形对加工精度的影响，应在粗、精加工之间留有充分冷却的时间，并在加工时注入足够的切削液。

此外，热处理对套筒变形的影响也很大，除了改进热处理方法外，在安排热处理工序时，应安排在精加工之前进行，以使热处理产生的变形在以后的工序中得到纠正。

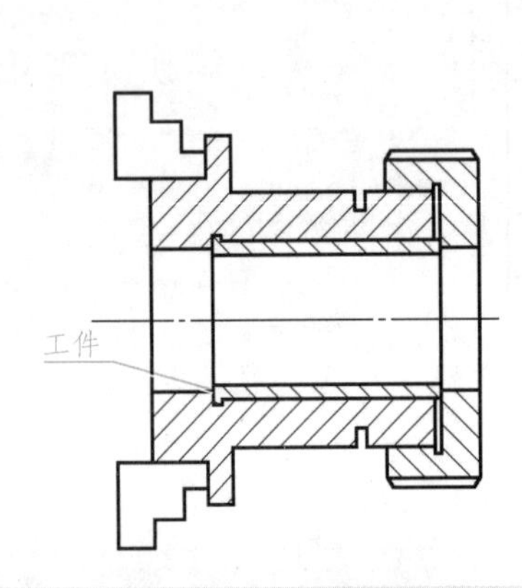

图 7-3-2 轴向夹紧工件

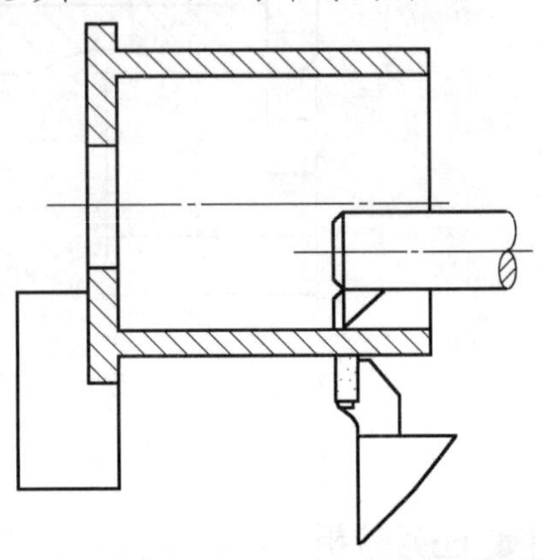

图 7-3-3 辅助凸边的作用

任务实施

一、准备工作

1)工件：材料为 45 钢，毛坯尺寸为 ϕ55 mm×72 mm。

2)设备：FANUC 0i 系统数控车床。

3)工、量、刃具：清单见表 7-3-1。

表 7-3-1 工、量、刃具清单

序号	名称	规格	数量	备注
1	千分尺	0～25 mm/0.01 mm	1	
2	千分尺	25～50 mm/0.01 mm	1	
3	千分尺	50～75 mm/0.01 mm	1	
4	游标卡尺	0～150 mm/0.02 mm	1	
5	螺纹环规	M52×2 mm	各 1 副	
6	外圆粗、精车刀	93°	1	T01
7	切槽刀	刀宽 4 mm	1	T02

续表

序号	名称	规格	数量	备注
8	外螺纹车刀	刀尖角 60°，刀杆长度≥30 mm	1	T03
9	内螺纹车刀	60°	1	T04
10	镗孔车刀	盲孔，刀杆长度≥55 mm 最小镗孔直径≤22 mm	1	T05
11	内沟槽刀	刀宽 4 mm	1	T06

二、制定加工方案

1. 装夹与定位

工件的定位基准与夹紧方案的确定，应遵循前面所述有关定位基准的选择原则与工件夹紧的基本要求。此外，还应该注意以下方面：

1)力求设计基准、工艺基准与编程原点统一，以减少基准不重合误差和数控编程中的计算工作量。

2)设法减少装夹时的次数，尽可能做到在一次定位装夹中，能加工出工件上全部或大部分待加工表面，以减少装夹误差，提高加工表面之间的相互位置精度，充分发挥数控机床的效率。

3)避免采用占机人工调整方案，以免占机时间太多，影响加工效率。

根据以上原则选用数控车床自带的自定心卡盘，毛坯伸出卡盘以外的长度应大于 60 mm。由工件的形状和加工要求以及实际情况可知，因为工件的右端为螺纹面，不可以用来作为装夹面，所以该零件需分两次装夹加工才能得到。第一次装夹右端加工左端，完成左端面加工，即 ϕ36 mm 和 ϕ42 mm 的内圆柱轮廓粗、精加工，$C2$ 倒角、$R13$ mm 圆弧、ϕ52 mm 外圆的粗、精加工。第二次装夹可以完成右端面加工，即 ϕ42 mm 内圆柱轮廓、$C2$ 倒角、ϕ52 mm 外圆柱面、ϕ42 mm 退刀槽、螺纹的加工。

2. 加工工序安排

1)装夹 ϕ55 mm 表面，钻中心孔，用 ϕ25 mm 的麻花钻钻通孔。

2)装夹 ϕ55 mm 表面，工件伸出长度 55 mm，平端面。

3)粗加工 ϕ36 mm 和 ϕ42 mm 的内圆柱轮廓。

4)精加工 ϕ36 mm 和 ϕ42 mm 的内圆柱轮廓。

5)粗车毛坯零件左端 ϕ52 mm 外圆柱面、$R13$ mm 圆弧面。

6)进行左端 $C2$ 倒角，ϕ52 mm 外圆柱面、$R13$ mm 圆弧面的精加工。

7)工件掉头装夹，调整工件，保证同轴度。

8)平端面，控制总长 70 mm。

9)粗、精加工零件右端 ϕ42 mm 的内圆柱轮廓。

10)粗、精车右端 $C2$ 倒角、ϕ52 mm 外圆柱面。

11)切退刀槽。

12)车削 M52×2 mm 外螺纹。

填写数控车床加工工艺卡，如表 7-3-2 所示。

表 7-3-2 数控车床加工工艺卡

<table>
<tr><td>零件图号</td><td>7-3-1</td><td colspan="2" rowspan="2">数控车床加工工艺卡</td><td>机床型号</td><td>CK6140</td></tr>
<tr><td>零件名称</td><td>连接套筒</td><td>机床编号</td><td>01</td></tr>
<tr><td colspan="4">刀 具 表</td><td colspan="2">量 具 表</td></tr>
<tr><td>刀具号</td><td>刀补号</td><td>刀具名称</td><td>刀具参数</td><td>量具名称</td><td>规格</td></tr>
<tr><td>T01</td><td>01</td><td>93°外圆粗、精车刀</td><td>D 型刀片
R=0.4 mm</td><td>游标卡尺
千分尺</td><td>0～150 mm/0.02 mm
25～50 mm/0.01 mm</td></tr>
<tr><td>T02</td><td>02</td><td>外切槽刀</td><td>刀宽 5 mm</td><td>游标卡尺</td><td>0～150 mm/0.02 mm</td></tr>
<tr><td>T03</td><td>03</td><td>外螺纹车刀</td><td>刀尖角 60°</td><td>游标卡尺</td><td>0～150 mm/0.02 mm</td></tr>
<tr><td rowspan="2">T04</td><td rowspan="2">04</td><td>镗孔刀</td><td>R=0.4 mm</td><td>螺纹环规</td><td>M52×2－7h</td></tr>
<tr><td>麻花钻</td><td>ϕ25 mm</td><td>内径量表</td><td>18～35 mm</td></tr>
<tr><td rowspan="2">工序</td><td rowspan="2">工 艺 内 容</td><td colspan="3">切削用量</td><td rowspan="2">加工性质</td></tr>
<tr><td>S/(r/min)</td><td>F/(mm/r)</td><td>α_p/mm</td></tr>
<tr><td>1</td><td>钻中心孔，用 ϕ25 mm 的麻花钻钻通孔</td><td></td><td></td><td></td><td>手动</td></tr>
<tr><td>2</td><td>粗加工 ϕ36 mm 和 ϕ42 mm 的内圆柱轮廓</td><td>600</td><td>0.2</td><td>2</td><td>自动</td></tr>
<tr><td>3</td><td>精加工 ϕ36 mm 和 ϕ42 mm 的内圆柱轮廓</td><td>1 200</td><td>0.1</td><td>0.5～1</td><td>自动</td></tr>
<tr><td>4</td><td>粗车毛坯零件左端 ϕ52 mm 外圆柱面、R13 mm 圆弧面</td><td>600</td><td>0.2</td><td>2</td><td>自动</td></tr>
<tr><td>5</td><td>精车毛坯零件左端 ϕ52 mm 外圆柱面、R13 mm 圆弧面</td><td>1 200</td><td>0.1</td><td>0.5～1</td><td>自动</td></tr>
<tr><td>6</td><td>工件掉头装夹，控制零件总长</td><td>500</td><td>—</td><td>—</td><td>手动</td></tr>
<tr><td>7</td><td>粗加工零件右端 ϕ42 mm 的内圆柱轮廓</td><td>600</td><td>0.2</td><td>2</td><td>自动</td></tr>
<tr><td>8</td><td>精加工零件右端 ϕ42 mm 的内圆柱轮廓</td><td>1 200</td><td>0.1</td><td>0.5～1</td><td>自动</td></tr>
<tr><td>9</td><td>粗车零件右端 ϕ52 mm 外圆柱面</td><td>600</td><td>0.2</td><td>2</td><td>自动</td></tr>
<tr><td>10</td><td>精车零件右端 ϕ52 mm 外圆柱面</td><td>1 200</td><td>0.1</td><td>0.5～1</td><td>自动</td></tr>
<tr><td>11</td><td>切外槽</td><td>400</td><td>0.1</td><td></td><td>自动</td></tr>
<tr><td>12</td><td>车 M52×2 mm 外螺纹</td><td>600</td><td>6</td><td></td><td>自动</td></tr>
<tr><td>13</td><td>工件拆下，零件检测</td><td></td><td></td><td></td><td></td></tr>
</table>

三、编写加工程序

本任务加工程序如表 7-3-3 所示。

表 7-3-3　加工程序

程序内容	程序说明
左端加工程序	
O0001;	程序名
N10 T0404;	使用内孔车刀
N20 M03 S600;	
N30 G00 X25 Z3;	
N40 G71 U1.5 UR0.5;	
N50 G71 P60 Q130 U-0.5 W0 F0.2;	G71 粗车循环参数赋值
N60 N10 G00 X43;	
N70 G01 Z0;	
N80 X42 Z-0.5;	倒角去钝 0.5
N90 Z-6;	加工外圆 ϕ42 mm 至 6 mm 处
N100 X37;	
N110 X36 W- 0.5;	倒角去钝 0.5
N120 Z-70;	加工外圆 ϕ42 mm 至 70 mm 处
N130 G00 X25;	
N140 G00 Z100;	退刀换刀点(Z100, X100)处
N150 X100;	
N160 M03 S1200 T0404 F0.1;	精车转速、刀具、进给量选定
N170 G00 X25 Z2;	
N180 G70 P60 Q130;	精加工左端内轮廓
N190 G00 Z100;	退刀至(X100 Z100)处
N200 X100;	换外圆车刀
N210 T0101;	
N220 M03 S600;	粗车外圆主轴 S600, 进给量 0.2 mm/r
N230 G00 X56Z3;	定位至(X56, Z3)
N240 G71 U1.5 UR0.5;	用 G71 粗车循环指令加工外轮廓
N250 G71 P260 Q320 U0.5 W0 F0.2;	
N260 G00 X48;	
N270 G01 Z0;	
N280 X52 Z-2;	
N290 Z-16.693;	C2 倒角
N300 G02 X52 Z-33.307 R13;	
N310 G01 Z-41;	加工 ϕ52 mm 外圆
N320 G00 X56;	加工 R13 mm 的圆弧
N330 G00 X100;	
N340 G00 X100 Z100;	退刀换刀点(Z100, X100)处
N350 M03 S1200 T010 F0.1;	精车转速、刀具、进给量选定
N360 G00 X56 Z2;	
N370 G70 P260 Q320;	精加工左端外轮廓
N380 G00 X100 Z100;	
N390 M30;	

续表

程序内容	程序说明
右端加工程序	
O0002;	程序名
N10 T0404;	换内圆车刀
N20 M03 S600;	
N30 G00 X25 Z3;	
N40 G71 U1.5 UR0.5;	
N50 G71 P60 Q100 U-0.5 W0 F0.2;	用 G71 粗车循环指令加工阶梯孔
N60 N10 G00 X43;	
N70 G01 Z0;	
N80 X42 Z-0.5;	加工 ϕ42 mm 内圆
N90 Z-6;	
N100 X25;	
N110 G00 Z100;	
N120 X100;	
N130 M03 S1200 T0404 F0.1;	
N140 G00 X25 Z2;	
N150 G70 P60 Q120;	精车右端内孔 ϕ42 mm
N160 G00 Z100;	
N170 X100;	
N180 T0101 M03 S600;	外圆车刀
N190 G00 X56 Z3;	
N200 G71 P210 Q250 U0.5 W0 F0.2;	
N210 G00 X48;	
N220 G01 Z0;	
N230 X52 Z-2;	车外圆 ϕ52 mm
N240 Z-30;	
N250 G00 X56;	至 30 mm 处
N260 G00 X100;	
N270 G00 X100 Z100;	
N280 M03 S1200 T010 F0.1;	
N290 G00 X56 Z2;	
N300 G70 P100 Q250;	外圆精车
N310 G00 X100 Z100;	
N320 M03 S400 T0202 F0.1;	换刀宽为 5 mm 切槽刀
N330 G00 X54;	
N340 Z-29.98;	
N350 G01 X46;	
N360 G04 P2000;	切槽
N370 G01 X53;	切槽刀在工件上暂停 2 s
N380 G00 Z100;	
N390 XZ00;	换外螺纹车刀
N400 T0303 M03 S600;	
N410 G00 X53 Z2;	
N420 G76 P020060 Q50 R0.1;	
N430 G76 X49.4 Z-28 P1300 Q600 F2;	用 G76 螺纹切削复循环加工螺纹
N440 G00 X100 Z100;	
N450 M05;	
N460 M30;	

四、机床操作

1)开机前的检查：

①检查电源、电压是否正常，润滑油油量是否充足。

②检查机床可动部位是否松动。

③检查材料、工件、量具等物品放置是否合理，并符合要求。

2)机后的检查：

①检查电动机、机械部分、冷却风扇是否正常。

②检查各指示灯是否正常显示。

③检查润滑、冷却系统是否正常。

3)启动机床(需要回参考点的机床先进行回参考点操作)。

4)工件装夹及找正(注意工件装夹牢固、可靠)。

5)程序输入及验证。

6)对刀操作。

7)零件加工。

8)零件质量控制。

9)机床维护与保养。

任务总结

本任务通过连接套筒任务的学习，了解连接套筒的作用及用途，能够对套筒类零件进行数控车削工艺分析，能够全面掌握内部轮廓的加工方法。在利用数控车床完成零件的加工过程中，熟悉整个加工流程，把细节能处理得更好。

任务评价

评价标准如表 7-3-4 所示。

表 7-3-4 评价标准表

检测项目		技术要求	配分	评分标准	自检记录	交检记录	得分
1	外圆	$\phi52\pm0.02$ mm	6	超差无分			
2		$\phi46^{+0.04}_{0}$ mm	6	超差无分			
3	内圆	$\phi24^{+0.033}_{0}$ mm	6	超差无分			
4		$\phi42$ mm	6				
5		$\phi36$ mm	6				
6	外螺纹	大径	5	超差无分			
7		中径	5	超差无分			
8		两侧 Ra	5	超差、降级无分			
9		牙型角	5	样板检查，超差无分			

续表

检测项目		技术要求	配分	评分标准	自检记录	交检记录	得分
10	切槽	槽宽 5 mm 槽深 2 mm	10	超差无分 降级不得分			
11	圆弧	R13 mm	5	IT 超差不得分 Ra1.6 μm 降级不得分			
12	长度	$6^{+0.03}_{0}$ mm	5	超差无分			
13		16.69 mm	5	超差无分			
14		$25^{0}_{-0.04}$ mm	5	超差无分			
15		30 mm	5	超差无分			
16		70 mm±0.1 mm	5	超差无分			
17		5 mm	5	超差无分			
18	倒角(2 处)		5	超差无分			
19	安全文明操作		倒扣	违者每次扣 2 分			
20	时间：60 min		倒扣	酌情扣分			
学生任务实施过程的小结及反馈：							
教师点评：							

知识拓展

完成如图 7-3-4 所示零件的编程及加工，毛坯尺寸为 ϕ60 mm×72 mm，材料为 45 钢。

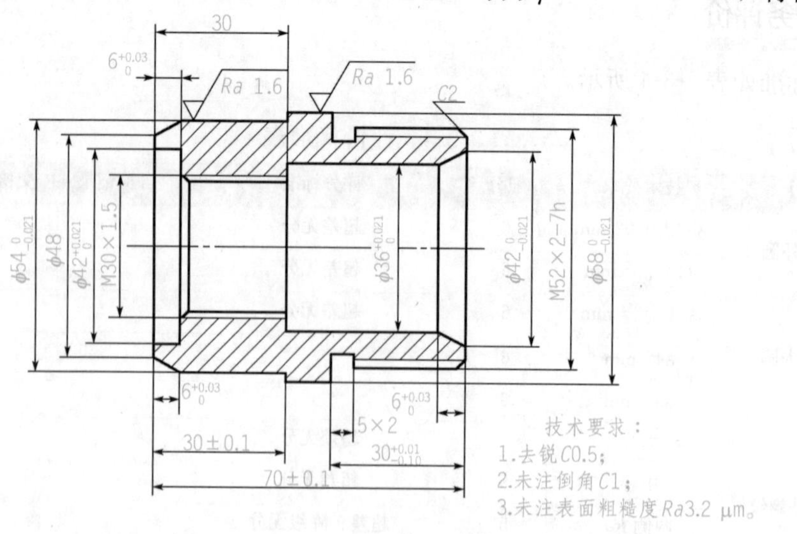

图 7-3-4 拓展练习

拓展练习评价标准如表 7-3-5 所示。

表 7-3-5　拓展练习评价标准表

检测项目		技术要求	配分	评分标准	自检记录	交检记录	得分
1	外圆	$\phi58_{-0.021}^{0}$ mm	8	超差无分			
2		$\phi54_{-0.021}^{0}$ mm	8	超差无分			
3	内圆	$\phi42_{0}^{+0.021}$ mm	8	超差无分			
4		$\phi36_{0}^{+0.021}$ mm	8	超差无分			
5	外螺纹	大径	5	超差无分			
6		中径	5	超差无分			
7		两侧 Ra	5	超差、降级无分			
8		牙型角	5	样板检查，超差无分			
9	内螺纹	大径	5	超差无分			
10		中径	5	超差无分			
11		两侧 Ra	5	超差、降级无分			
12		牙型角	5	样板检查，超差无分			
13	切槽	槽宽 5 mm 槽深 2 mm	10	差超无分 降级不得分			
14	长度	30±0.1 mm	8	超差无分			
15		70±0.1 mm	5	超差无分			
16	倒角 2 处		5	超差无分			
17	安全文明操作		倒扣	违者每次扣 2 分			
18	时间：60 min		倒扣	酌情扣分			
学生任务实施过程的小结及反馈：							
教师点评：							

任务四　配合零件的加工

任务目标

1. 可以根据零件图样选择合适的加工刀具。
2. 能够正确地制定零件加工的工艺规程。

3. 能够掌握机床的操作方法，以及程序的输入和验证方法。

4. 能够对零件进行加工尺寸精度的控制和检测。

5. 能正确在零件加工过程中进行检测，分析其加工误差的原因，并能及时处理。

任务描述

完成图 7-4-1 所示综合零件的程序及加工，毛坯尺寸为 ϕ60 mm×64 mm，材料为 45 钢(2 根)。

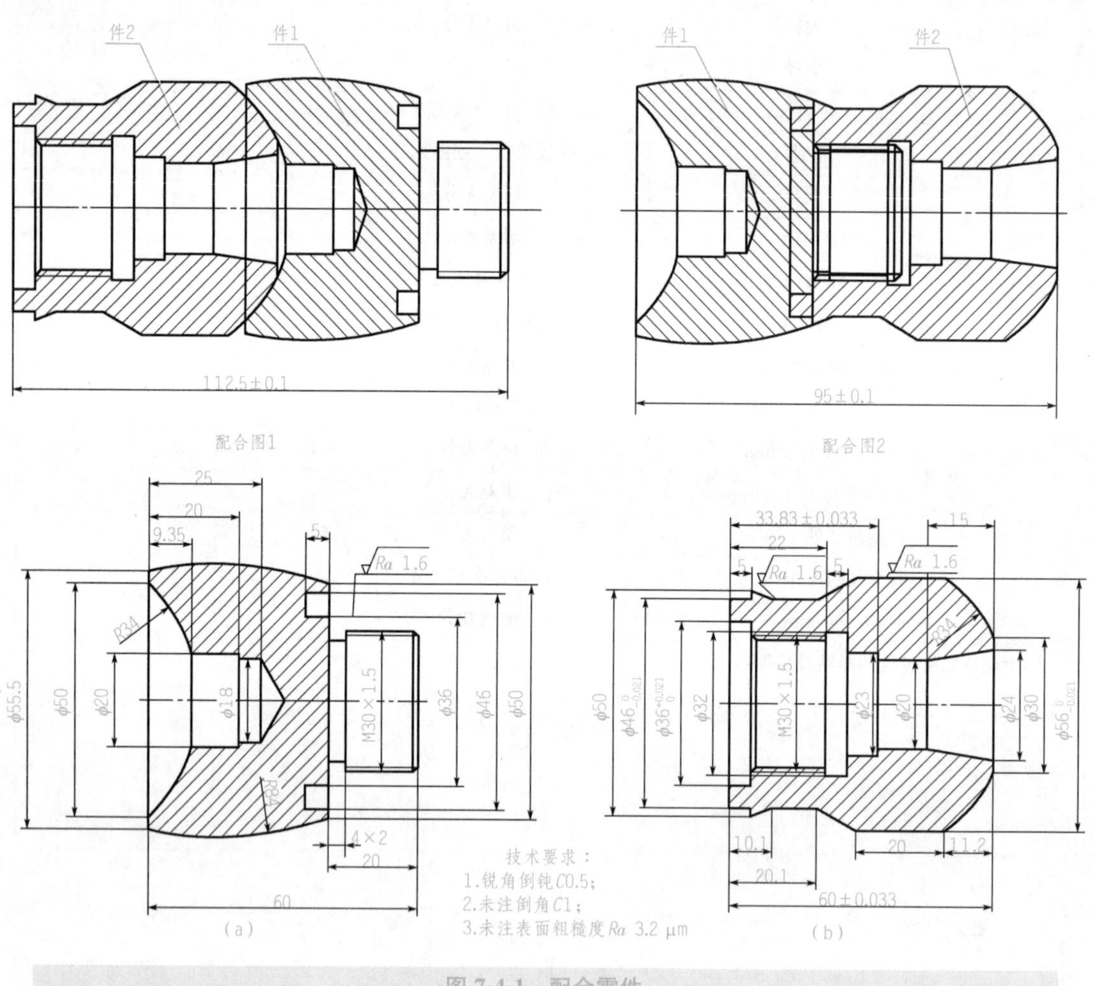

图 7-4-1 配合零件

(a)件 1；(b)件 2

任务分析

1. 零件结构工艺性分析

零件的几何要素主要包括外圆柱面、圆弧面、外螺纹、切槽、内孔、内螺纹等。

2. 注意事项

程序方面：

1)编程的细节：尖角去锐。

2)正确运用指令格式，注意区分 G71 指令和 G73 指令。

加工方面：

1)刀具的正确安装。

2)程序的输入方法。提倡看图输入，拒绝原搬照抄。

3)加工时关闭防护门，避免人身安全问题。

4)杜绝多人操作。

5)保证加工区域和工作台的整洁。

任务实施

一、制定数控加工刀具卡片

根据图样选择合适的加工刀具，制定刀具卡，如表 7-4-1 所示。

表 7-4-1　数控加工刀具卡

序号	刀具号	刀具名称	刀具规格	刀尖半径/mm	加工表面
1	T0101	外圆偏刀	刀尖角 55°	0.4 mm	件 1、件 2 外圆部分
2	T0202	外切槽刀	刀宽 4 mm	0.2 mm	件 1 切槽部分
3	T0303	外螺纹刀	刀尖角 60°	0.2 mm	件 1 外三角螺纹部分
4	T0404	内孔镗刀	90°镗孔刀	0.4 mm	件 2 两端内孔部分
5	T0505	内螺纹刀	刀尖角 60°	0.2 mm	件 2 内三角螺纹部分
6	T0606	内切槽刀	刀宽 3 mm	0.2 mm	件 1 左端内沟槽
7	T0707	端面槽刀	刀宽 5 mm	0.2 mm	件 1 的右端端面槽
8	—	麻花钻	直径 ϕ18 mm	—	钻件 2 通孔

二、选择工、量具

量具：卡尺(规格 0～150 mm)、外径千分尺(规格 25～50 mm、50～75 mm)、螺纹环规塞规(规格 M30×1.5 mm)、内径千分尺(规格 18～35 mm)。

工具：卡盘扳手、刀架扳手、加力杠、管钳、机油、毛巾、油枪。

三、填写加工工艺卡片

根据图样制定合理的加工工艺，填写数控车床加工工艺卡，如表 7-4-2 所示。

表 7-4-2 数控车床加工工艺卡

工步号	工步内容	刀具号	主轴转速 v_c/(r/min)	进给率 F/(mm/r)	切削深度 a_p/mm	备注
1	粗、精加工件 1 右端外圆部分	T0101	700 1 600	0.25 0.1	2 1	自动
2	加工件 1 右端螺纹退刀槽	T0202	1 200	0.1	—	自动
3	加工件 1 右端外三角螺纹	T0303	800	—	—	自动
4	车件 1 右端端面槽	T0707	1 000	0.05	—	自动
5	件 2 钻通孔	手动	350	—	—	手动
6	粗、精加工件 2 右端外圆部分	T0101	700 1 600	0.25 0.1	2 1	自动
7	粗、精加工件 2 右端内孔部分	T0404	600 1 400	0.2 0.1	2 1	自动
8	工件掉头装夹，控制零件总长	T0101	1 200	0.1	—	手动
9	粗、精加工件 2 左端内孔部分	T0404	600 1 400	0.2 0.1	2 1	自动
10	加工件 2 左端内槽部分	T0606	1 200	0.1	—	自动
11	加工件 2 左端内三角螺纹	T0505	800	—	—	自动
12	粗、精加工件 2 左端外圆 ϕ50 mm	T0404	600 1 400	0.2 0.1	2 1	自动
13	将件 1 配合件 2 控制装配总长	T0101	700	—	—	手动
14	配合后粗、精加工件 1 左端内轮廓部分	T0202	1 200	0.1	—	自动
15	配合后加工件 1 和件 2 的外圆部分	T0101	700 1 600	0.25 0.1	2 1	自动
16	工件拆下，零件检测	—	—	—	—	

四、编写加工程序

本任务加工程序如表 7-4-3 所示。

表 7-4-3　加工程序

程　序	说　明
件 1 右端外圆部分	
O0001;	程序名
N10 M3 S700 T0101 F0.25;	转速、刀具、进给率给定
N20 G0 X60;	X 向定位
N30 Z1;	Z 向定位
N40 G71 U2 R1;	循环参数给定
N50 G71 P60 Q100 U1;	循环参数给定
N60 N10 G0 X20;	X 向定位
N70 G1 Z0;	Z 向定位
N80 X29.85C1.5;	倒角
N90 Z-20;	Z 向走刀
N100 G0 X60;	X 向退刀
N110 M3 S1600 T0101 F0.1;	精加工给定转速、刀具、进给率
N120 G0 X60;	X 向定位
N130 Z1;	Z 向定位
N140 G70 P60 Q100;	精加工循环参数赋值
N150 G0 X100;	X 向退刀
N160 Z100;	Z 向退刀
N170 M30;	程序结束
件 1 右端螺纹退刀槽	
O0002;	程序名
N10 M3 S1200 T0202 F0.1;	给定转速、刀具、进给率
N20 G0 X34;	X 向定位
N30 Z-20;	Z 向定位
N40 G1 X26;	X 向走刀
N50 G0 X100;	X 向退刀
N60 Z100;	Z 向退刀
N70 M30;	程序结束
件 1 右端外三角螺纹	
O0003;	程序名
N10 M3 S800 T0303;	给定转速、刀具
N20 G0 X30;	X 向定位
N30 Z3;	Z 向定位
N40 G76 P020060 Q100 R0.05;	螺纹循环参数赋值
N50 G76 X28.05 Z-16 P975 Q300 F1.5;	螺纹循环参数赋值
N60 G0 X100;	X 向退刀
N70 Z100;	Z 向退刀
N80 M30;	程序结束
车件 1 右端端面槽	
O0004;	程序名
N10 M3 S1000 T0707 F0.05;	给定转速、刀具、进给率
N20 G0 X36;	X 向定位
N30 Z5;	Z 向定位
N40 G1 Z-5;	Z 向进刀车削端面槽底
N50 Z5;	Z 向退刀
N60 X37;	X 向进刀
N70 Z-5;	Z 向进刀车削端面槽底
N80 Z5;	
N90 G0 Z100;	Z 向退刀
N100 X100;	X 向退刀
N110 M30;	程序结束

续表

程 序	说 明
件 2 右端外圆	
O0005;	程序名
N10 M3 S700 T0101 F0. 25;	给定转速、刀具、进给率
N20 G0 X60;	X 向定位
N30 Z1;	Z 向定位
N40 G71 U2 R1;	
N50 G71 P60 Q100 U1;	粗车循环参数赋值
N60 G0 X30;	X 向定位
N70 G1 Z0;	Z 向定位
N80 G3 X56 Z-11. 2 R34;	圆弧走刀
N90 G1 Z-33;	Z 向走刀
N100 G0 X60;	X 向退刀
N110 M3 S1600 T0101 F0. 1;	精加工给定转速、刀具、进给率
N120 G0 X60;	X 向定位
N130 Z2;	Z 向定位
N140 G70 P60 Q100;	精加工循环参数赋值
N150 G0 X100;	X 向退刀
N160 Z100;	Z 向退刀
N170 M30;	程序结束
件 2 右端内孔	
O0006;	程序名
N10 M3 S600 T0404 F0. 2;	给定转速、刀具、进给率
N20 G0 X18;	X 向定位
N30 Z2;	Z 向定位
N40 G71 U1. 5 R0. 2;	
N50 G71 P60 Q90 U-1 F0. 3;	粗车循环参数赋值
N60 G0 X24;	X 向定位
N70 G1 Z0;	Z 向定位
N80 X20 Z-15;	锥度车削
N90 G0 X18;	X 向退刀
N100 M3 S1400 T0404 F0. 1;	精加工给定转速、刀具、进给率
N110 G0 X18;	X 向定位
N120 Z2;	Z 向定位
N130 G70 P60 Q90;	精加工循环参数赋值
N140 G0 Z100;	Z 向退刀
N150 X100;	X 向退刀
N160 M30;	程序结束
件 2 左端内孔	
O0007;	程序名
N10 M3 S600 T0404 F0. 15;	给定转速、刀具、进给率
N20 G0 X18;	X 向定位
N30 Z1;	Z 向定位
N40 G71 U1. 5 R0. 2;	
N50 G71 P60 Q150 U-1;	粗车循环参数赋值
N60 G0 X38;	X 向定位
N70 G1 Z0;	Z 向定位
N80 X36 W-1;	C1 倒角
N90 Z-5;	Z 向走刀
N100 X28. 2C1;	倒角
N110 Z-27;	Z 向走刀
N120 X24;	
N130 X23 W-0. 5;	

续表

程 序	说 明
N140 Z-33.83;	
N150 G0 X18;	X向退刀
N160 M3 S1400 T0404 F0.1;	精加工给定转速、刀具、进给率
N170 G0 X18;	X向定位
N180 Z1;	Z向定位
N190 G70 P60 Q150;	精加工循环参数赋值
N200 G0 Z100;	Z向退刀
N210 X100;	X向退刀
N220 M30;	程序结束
件2左端内沟槽	
O0008;	程序名
N10 M3 S800 T0606;	给定转速、刀具
N20 G0 X22;	X向定位
N30 Z3;	Z向定位
N40 G1 Z-22;	Z向到达内槽上部
N50 X32;	切削到内槽底
N60 X28;	X向退刀
N70 Z-25;	Z向进刀
N80 X32;	切削到内槽底
N90 X25;	X向退刀
N100 G0 Z100;	退刀安全点
N110 X100;	
N120 M30;	程序结束
件2左端内三角螺纹	
O0009;	程序名
N10 M3 S800 T0303;	给定转速、刀具
N20 G0 X27;	X向定位
N30 Z3;	Z向定位
N40 G76 P020060 Q100 R0.05;	螺纹循环参数赋值
N50 G76 X30 Z-25 P975 Q300 F1.5;	螺纹循环参数赋值
N60 G0 Z100;	X向退刀
N70 X100;	Z向退刀
N80 M30;	程序结束
件2左端外圆直径 ϕ55 mm	
O000010;	程序名
N10 M3 S700 T0101 F0.25;	给定转速、刀具、进给率
N20 G0 X60;	X向定位
N30 Z2;	Z向定位
N40 G71 U2 R1;	
N50 G71 P60 Q100 U1;	粗车循环参数赋值
N60 G0 X48;	X向定位
N70 G1 Z0;	Z向定位
N80 X50 W-1;	C1倒角
N90 Z-5;	Z向走刀
N100 G0 X60;	X向退刀
N110 M3 S1600 T0101 F0.1;	精加工给定转速、刀具、进给率
N120 G0 X60;	X向定位
N130 Z2;	Z向定位
N140 G70 P60 Q100;	精加工循环参数赋值
N150 G0 X100;	X向退刀
N160 Z100;	Z向退刀
N170 M30;	程序结束

续表

程 序	说 明
配合加工件 1、2 外圆	
O00011;	程序名
N10 M3 S700 T0101 F0.25;	给定转速、刀具、进给率
N20 G0 X60;	X 向定位
N30 Z2;	Z 向定位
N40 G73 U14 R7;	
N50 G73 P60 Q130 U1;	粗车循环参数赋值
N70 G0 X55.5;	X 向定位
N80 G1 Z0;	
N90 G3 X50 Z-40 R84;	R84 加工
N100 G1 X46 W-5.1;	
N110 W-10;	Z 向走刀
N120 X56 W-8.7;	锥度加工
N130 G0 X60;	X 向退刀
N140 M3 S1600 T0101 F0.1;	精加工给定转速、刀具、进给率
N150 G0 X60;	X 向定位
N160 Z2;	Z 向定位
N170 G70 P60 Q330;	精加工循环参数赋值
N180 G0 X100;	X 向退刀
N190 Z100;	Z 向退刀
N200 M30;	程序结束
件 1 左端内孔	
O00012;	程序名
N10 M3 S600 T0404 F0.2;	给定转速、刀具、进给率
N20 G0 X18;	X 向定位
N30 Z2;	Z 向定位
N40 G71 U1.5 R0.2;	
N50 G71 P60 Q100 U-1;	粗车循环参数赋值
N60 G0 X50;	X 向定位
N70 G1 Z0;	Z 向定位
N80 G3 X20 Z-9.45 R34;	圆弧 R34 mm 车削
N90 G1 Z-20;	Z 向走刀
N100 G0 X18;	X 向退刀
N110 M3 S1400 T0404 F0.1;	精加工给定转速、刀具、进给率
N120 G0 X18;	X 向定位
N130 Z2;	Z 向定位
N140 G70 P60 Q100;	精加工循环参数赋值
N150 G0 Z100;	Z 向退刀
N160 X100;	X 向退刀
N170 M30;	程序结束

五、零件加工

1)开机前的检查：

①检查电源、电压是否正常，润滑油油量是否充足。

②检查机床可动部位是否松动。

③检查材料、工件、量具等物品放置是否合理，并符合要求。

2)开机后的检查：

①检查电动机、机械部分、冷却风扇是否正常。

②检查各指示灯是否正常显示。

③检查润滑、冷却系统是否正常。

3)启动机床(需要回参考点的机床先进行回参考点操作)。

4)工件装夹及找正(注意工件装夹牢固可靠)。

5)对刀操作(以工件右端面中心为原点建立工件坐标系)。

6)零件加工。

7)机床维护与保养。

①清除铁屑，擦拭机床并打扫周围卫生。

②添加润滑油、切削液。

③机床如有故障，应立即保修。

任务评价

评价标准如表 7-4-4 所示。

表 7-4-4　评价标准表

检测项目			技术要求	配分	评分标准	自检记录	交检记录	得分
1	件 1	长度	9.35 mm	2	超差不得分			
2			20 mm	2	降级不得分			
3			25 mm	2	超差不得分			
4			60 mm	4	超差不得分			
5		直径尺寸	ϕ55.5 mm	5	超差不得分			
6			ϕ50 mm	5	超差不得分			
7			ϕ36 mm	5	超差不得分			
8			ϕ46 mm	5	超差不得分			
9			ϕ20 mm	5	超差不得分			
10		圆弧	R34 mm	5	超差不得分			
11		倒角	C1	3	降级不得分			
12		外螺纹	M30×1.5	8	超差不得分			
13		切槽	槽宽 4 mm 槽深 2 mm	3	超差不得分			
14	件 2	直径尺寸	$\phi 56_{-0.021}^{0}$ mm	6	超差不得分			
15			$\phi 46_{-0.021}^{0}$ mm	6	超差不得分			
16		倒角	C1(2 处)	2	遗漏不得分			
17		圆弧面	R34 mm	9	超差不得分			
18		长度	60±0.033 mm	4	超差不得分			
19			33.83±0.033 mm	3	超差不得分			
20		内螺纹	M30×1.5	8	超差不得分			

续表

检测项目		技术要求	配分	评分标准	自检记录	交检记录	得分
21	配合	件 1 与件 2	8	超差不得分			
22	合计		100				
学生任务实施过程的小结及反馈：							
教师点评：							

任务总结

本任务通过学习配合零件加工，能够全面掌握零件的识图、工艺制定、零件的加工、检测和测评等知识。同时，在进行任务实施的过程中，为了提高生产效率，应该选择最佳的工艺方案，以优化加工程序和减少辅助时间。

知识拓展

根据图 7-4-2 的要求，以右端面中心为编程原点建立编程坐标系，制定加工方案，合理地选择所需用的刀具、量具、工具。已知毛坯尺寸为 ϕ60mm × 64 mm，材料为 45 钢(2 根)。

1)制定合理的刀具卡片。

2)制定合理的工艺卡片。

3)编写零件的加工程序并加工。

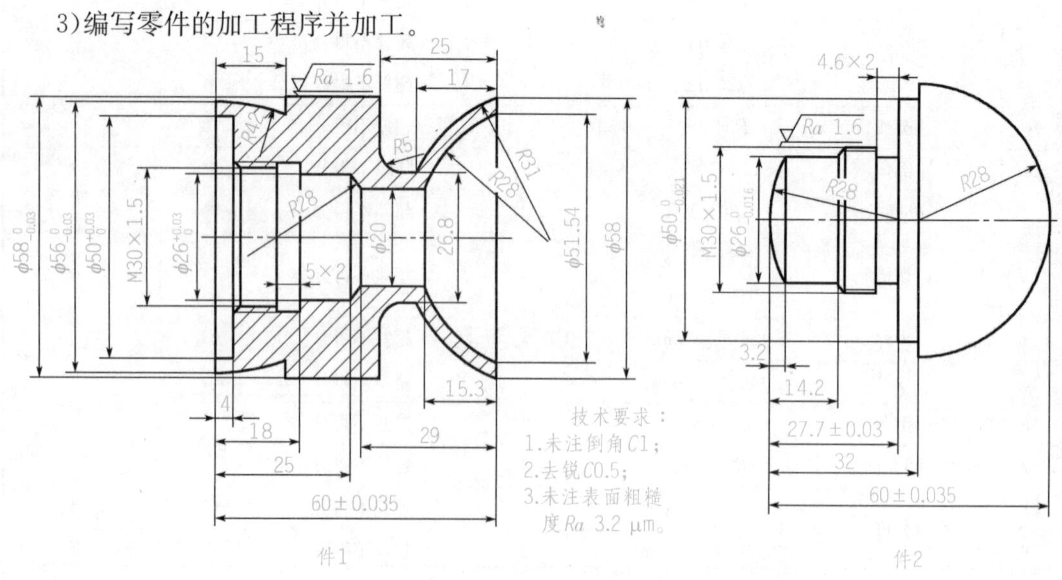

图 7-4-2 拓展练习

拓展练习评价标准如表 7-4-5 所示。

表 7-4-5 拓展练习评价标准表

考核项目			技术要求	配分	评分标准	自检记录	交检记录	得分
1	件 1	长度	4 mm	2	超差不得分			
2			18 mm	2	超差不得分			
3			25 mm	2	超差不得分			
4			60±0.035 mm	4	超差不得分			
5		直径尺寸	$\phi58_{-0.03}^{0}$ mm	5	超差不得分			
6			$\phi56_{-0.03}^{0}$ mm	5	超差不得分			
7			$\phi50_{0}^{+0.03}$ mm	5	超差不得分			
8			$\phi26_{0}^{+0.03}$ mm	5	超差不得分			
9			$\phi20$ mm	5	超差不得分			
10		圆弧	*R*28 mm	5	超差不得分			
11		倒角	倒角去钝	3	降级不得分			
12		内螺纹	M30×1.5	8	超差不得分			
13		切槽	槽宽 5 mm 槽深 2 mm	4	超差不得分			
14	件 2	直径尺寸	$\phi50_{-0.021}^{0}$ mm	6	超差不得分			
15			$\phi26_{-0.016}^{0}$ mm	6	超差不得分			
16		倒角	*C*1	5	遗漏不得分			
17		圆弧面	*R*28 mm	4	超差不得分			
18		长度	60±0.03 mm	4	超差不得分			
			27.7±0.03 mm	8	超差不得分			
19		外螺纹	M30×1.5 mm	7	超差不得分			
20	配合		件 1 与件 2	10	超差不得分			
21	合计				100			
学生任务实施过程的小结及反馈：								
教师点评：								

模块四

拓展技能训练

项目八

自动编程与仿真加工

项目描述

本项目主要学习 CAXA 数控车软件的绘图和造型功能，根据加工需要进行后置处理，可以根据机床实际情况修改配置参数以生成符合机床规范的加工代码，并能运用斯沃数控仿真软件仿真软件验证程序的合理性。

知识目标

1. 了解并掌握 CAXA 数控车软件的使用方法和技巧。
2. 了解斯沃数控仿真软件仿真软件的使用方法。
3. 学会使用 CAXA 数控车软件进行后置处理。

技能目标

1. 学会使用 CAXA 数控车软件绘制典型零件。
2. 了解 CAXA 数控车软件的后置处理的基本技巧。
3. 学会使用 CAXA 数控车软件进行 DNC 加工。

任务一 CAXA 数控车软件的几何绘图

任务目标

1. 熟悉 CAXA 数控车软件的界面。
2. 了解 CAXA 数控车软件的基础知识。

3. 了解 CAXA 数控车软件的 CAD 功能。
4. 掌握任务图例的绘制方法。
5. 掌握曲线的编辑与修改。

任务描述

利用 CAXA 数控车软件绘制图 8-1-1 所示的手柄零件。

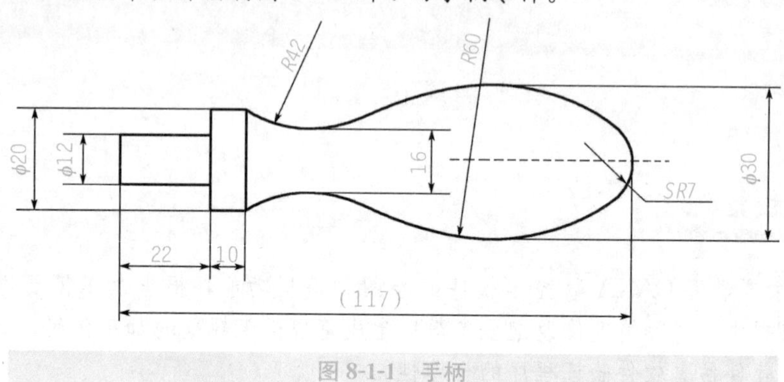

图 8-1-1 手柄

任务分析

图例由直线与圆弧构成，学生需掌握直线与圆弧的各种绘制方法，能灵活运用等距线、曲线裁剪和删除等编辑功能。

知识准备

一、CAXA 数控车软件基础知识

(一)界面与菜单

CAXA 数控车软件的界面如图 8-1-2 所示。

1. 主菜单

主菜单选项按功能进行分类，如表 8-1-1 所示。

图 8-1-2　CAXA 数控车软件的界面

表 8-1-1　CAXA 数控车软件的主菜单选项

主菜单选项	说　明
文件	对系统文件进行管理，包括新建、打开、关闭、保存、另存为、数据输入、数据输出等
编辑	对已有的图像进行编辑，包括撤销、恢复、剪切、复制、粘贴、删除、元素不可见、元素可见、元素颜色改变等
视图	设置系统的显示，包括显示工具、全屏显示、视角定位等
绘图	在屏幕上绘制图形，包括各种曲线的生成、曲线编辑等
修改	对绘制的图形进行变换，包括图形的平移、旋转、镜像、阵列等
数控车	包括各种加工方法选择、机床设置、后置处理、代码生成、参数修改、轨迹仿真等
查询	对图形的要素进行查询，包括坐标、距离、角度等
格式	包括当前颜色、系统设置、层设置、自定义等

2. 弹出菜单

CAXA 数控车软件将按空格键弹出的菜单作为当前命令状态下的子命令。不同命令状态下，有不同的子命令组。如果子命令是用来设置某种子状态的，则软件在状态栏中会显示提示命令。表 8-1-2 中列出了弹出菜单选项。

表 8-1-2　CAXA 数控车软件的弹出菜单选项

弹出菜单选项	说　明
点工具	确定当前选取点的方式，包括默认点、屏幕点、端点、圆心、切点、垂足点、最近点、刀位点等
矢量工具	确定矢量的选取方向，包括 X 轴正方向、X 轴负方向、Y 轴正方向、Y 轴负方向、Z 轴正方向、Z 轴负方向和端点矢量

续表

弹出菜单选项	说　明
选择集合拾取工具	确定集合的拾取方式，包括拾取添加、拾取所有、拾取取消、取消尾项和取消所有
轮廓拾取工具	确定轮廓的拾取方式，包括单个拾取、链拾取和限制链拾取等
岛拾取工具	确定岛的拾取方式，包括单个拾取、链拾取和限制链拾取等

3. 工具栏

CAXA 数控车软件提供的工具栏有标准工具栏、显示工具栏、曲线工具栏、数控车工具栏和线面编辑工具栏。工具栏中图标的含义如图 8-1-3 所示。

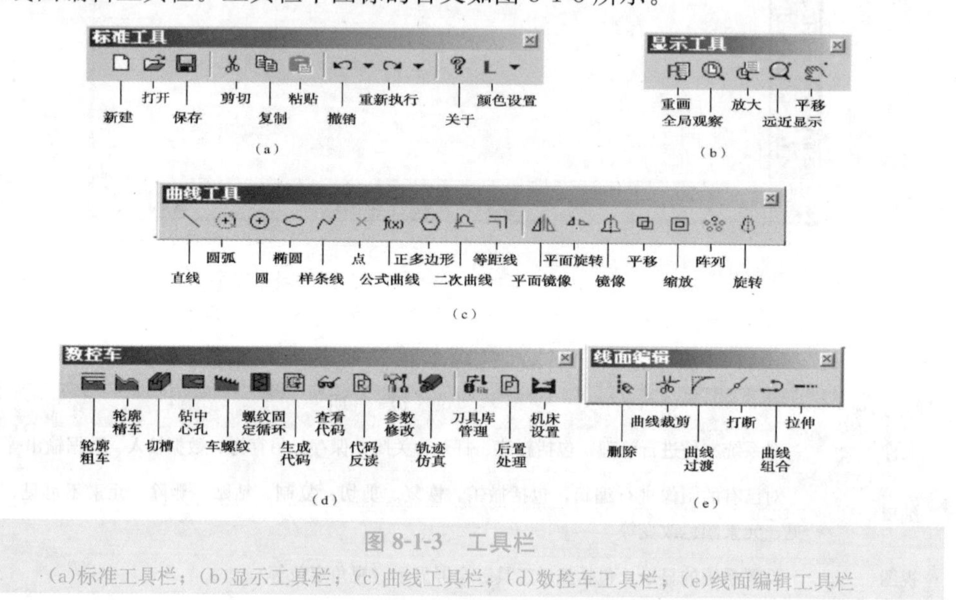

图 8-1-3　工具栏

(a)标准工具栏；(b)显示工具栏；(c)曲线工具栏；(d)数控车工具栏；(e)线面编辑工具栏

4. 键盘键与鼠标键

1)Enter 键和数值键。在 CAXA 数控车软件中，当要求输入点时，Enter 键和数值键可以激活一个坐标输入条，在输入条中可以输入坐标值。如果坐标值以“@”开始，则表示相对于前一个输入点的相对坐标。在某些情况也可以输入字符串。

2)空格键。按空格键可以弹出点工具菜单。例如，当要求输入点时，按空格键可以弹出点工具菜单。

3)热键。CAXA 数控车为系统用户提供热键操作，设置了以下几种功能热键。

方向键(→、←、↑、↓)：显示旋转。

Ctrl+方向键(→、←、↑、↓)：显示平移。

Shift+↑：显示放大。

Shift+↓：显示缩小。

(二)系统的交互方式

1. 立即菜单

立即菜单是 CAXA 数控车软件提供的独特的交互方式，大大改善了交互过程。立即菜单的典型示例如图 8-1-4 所示。

2. 点的输入

在交互过程中，常常会遇到输入精确定位点的情况。系统提供了点工具菜单，可以利用点工具菜单来精确定位一个点。可以用键盘的空格键激活点工具菜单。弹出式点工具菜单如图 8-1-5 所示。

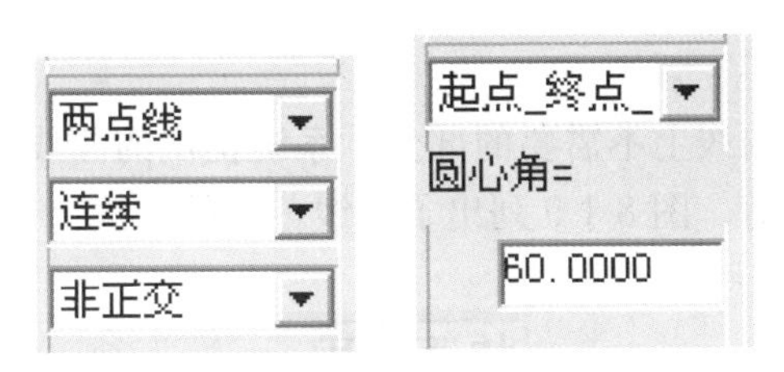

图 8-1-4　立即菜单的典型示例

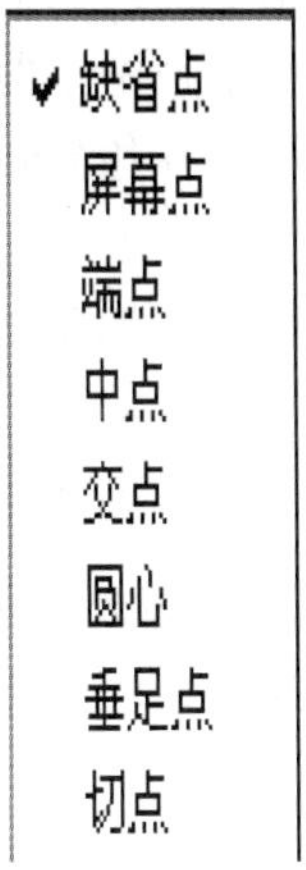

✔缺省点
屏幕点
端点
中点
交点
圆心
垂足点
切点

图 8-1-5　弹出式点工具菜单

二、CAXA 数控车软件的 CAD 功能

CAXA 数控车 XP 版与 CAXA 电子图板采用相同的几何内核，具有强大的二维绘图功能和丰富的数据接口，可以完成复杂的工艺造型任务。

(一)基本图形的构建

1. 直线

单击曲线工具栏中的直线图标或在菜单栏中选择“曲线”→“直线”选项，即可激活直线生成功能。切换立即菜单，可以用不同的方法生成直线，如图 8-1-6 所示。

2. 圆

单击曲线工具栏中的圆图标，或在菜单栏中选择“曲线”→“圆”选项，即可激活圆生成功能。通过切换立即菜单，可以采用不同的方式生成圆，如图 8-1-7 所示。

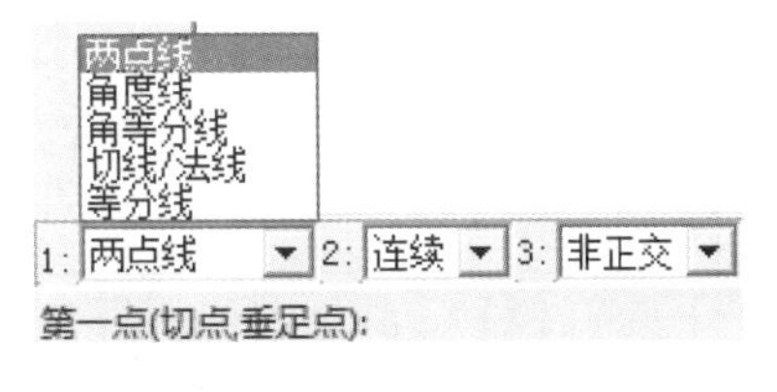

图 8-1-6　利用立即菜单生成直线

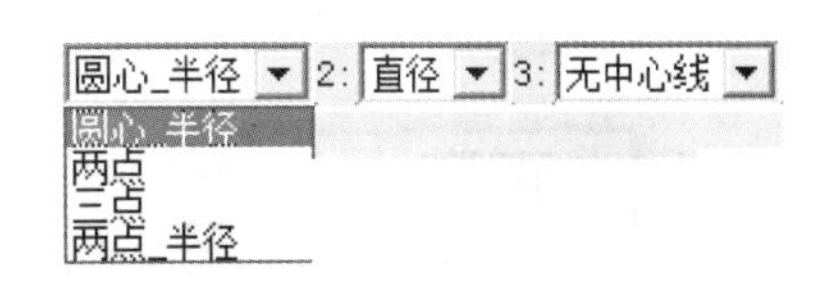

图 8-1-7　利用立即菜单生成圆

(二)曲线的编辑

曲线编辑包括曲线过渡、曲线裁剪、曲线打断、曲线组合和曲线延伸等。

1. 曲线过渡

曲线过渡是对指定的两条曲线进行圆弧过渡、尖角过渡、倒角过渡，如图 8-1-8 所示。

1)圆角过渡：用于在两条曲线之间进行给定半径的圆弧光滑过渡。

2)尖角过渡：用于在给定的两条曲线之间进行过渡，过渡后在两条曲线的交点处呈尖角。

3)倒角过渡：用于在给定的两条曲线之间进行过渡，过渡后在两条曲线之间倒一条直线。

2. 曲线裁剪

曲线裁剪是指使用曲线做剪刀，裁掉其他曲线上不需要的部分。系统提供的曲线裁剪方式有 4 种：快速裁剪、线裁剪、点裁剪和修剪。图 8-1-9 列出了曲线裁剪的方法。

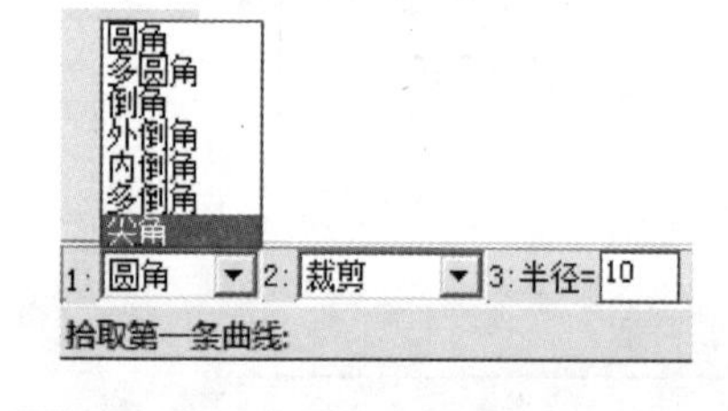

图 8-1-8 曲线过渡

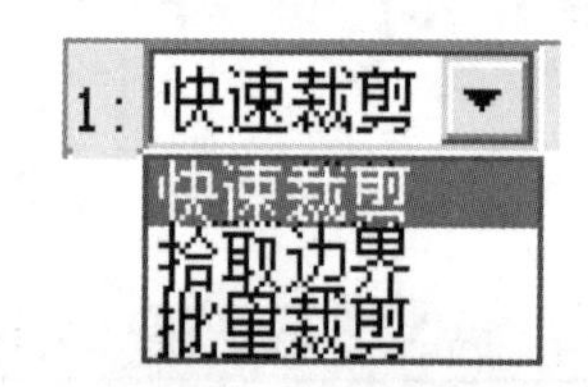

图 8-1-9 快速裁剪

任务实施

1. 作水平线

选择菜单中的“曲线”→“直线”选项，在立即菜单(见图 8-1-10)中选择“两点线”→“连续”选项，根据状态栏提示“输入直线的第一点(切点、垂足点)”，用鼠标捕捉原点；状态栏提示“第二点：(切点、垂足点)”，按 Enter 键，在屏幕上出现坐标输入条，输入坐标(120，0)，作出图 8-1-11 所示的直线 L_1。

图 8-1-10 生成直线的立即菜单

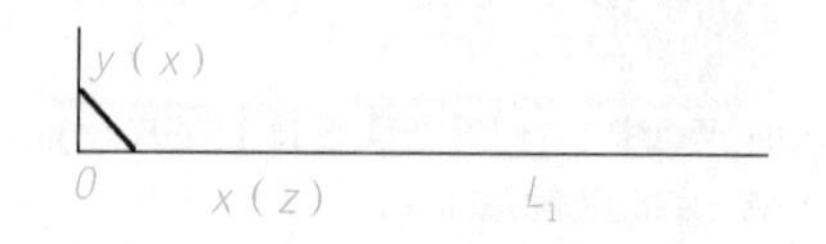

图 8-1-11 生成直线 L_1

作直线 L_1 的等距线，如图 8-1-12 所示。选择菜单中的“曲线”→“等距线”选项或单击曲线工具栏中的等距线图标，在立即菜单中选择“等距”选项，在距离文本框中输入“6”，按 Enter 键。状态栏提示“拾取直线”，单击直线 L_1。

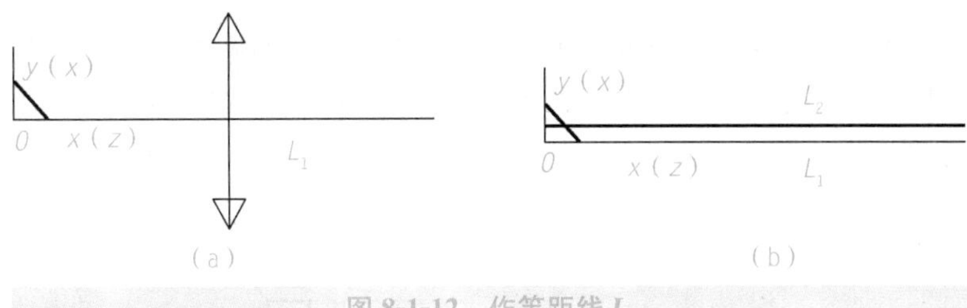

图 8-1-12 作等距线 L_2

用同样的方法在 L_1 直线的下方作第三条直线 L_3，如图 8-1-13 所示。用同样的方法作与直线 L_1 距离为 10 mm 的两条等距线，如图 8-1-14 所示。

图 8-1-13 作等距线 L_3　　图 8-1-14 作与 L_1 距离为 10 mm 的等距线

2. 作垂直线

选择菜单中的“曲线”→“直线”选项或单击曲线工具栏中的直线图标，在立即菜单中选择“水平/铅垂线”→“铅垂”选项，如图 8-1-15 所示。根据状态栏提示，输入直线的中点，用鼠标拾取原点，生成第一条垂直线 L_4，如图 8-1-16 所示。

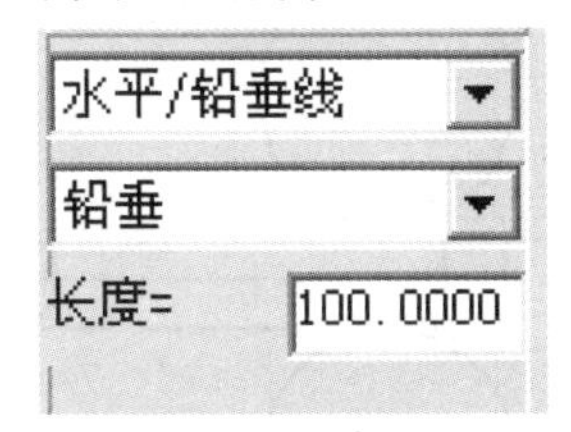

图 8-1-15 生成垂直线的立即菜单

图 8-1-16 生成垂直线 L_4

用等距的方法作与第一条垂直线 L_4 距离为 22 mm 和 32 mm 的等距线，如图 8-1-17 所示。

3. 曲线裁剪和删除

选择菜单中的“曲线”→“裁剪”选项或单击线面编辑工具栏中的曲线裁剪图标；选择菜单中的“编辑”→“删除”选项或单击线面编辑工具栏的删除图标，修改图形，如图 8-1-18 所示。

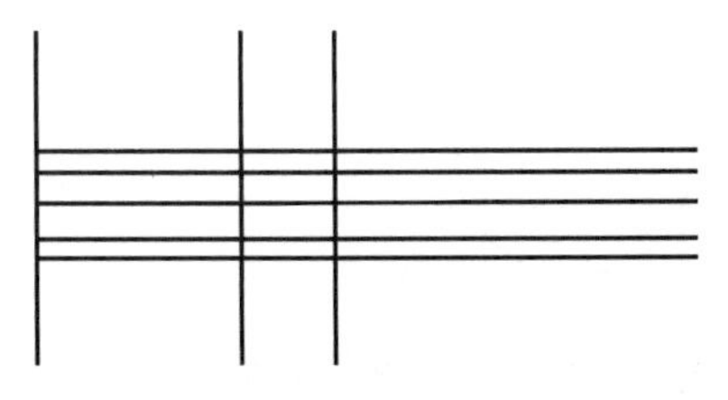

图 8-1-17 作垂直线 L_4 的等距线

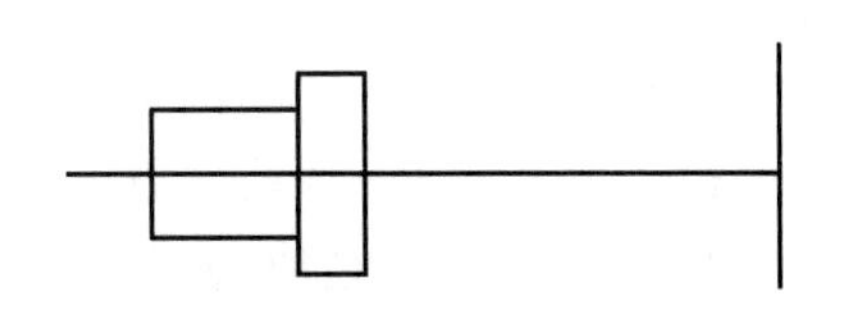

图 8-1-18 曲线裁剪与删除

4. 作圆和圆弧

选择菜单中的“曲线”→“圆”选项或单击曲线工具栏中的圆图标，在立即菜单中选择“圆心＋半径”选项，以点(110，0)为圆心作半径为 7 mm 的圆 C_1，如图 8-1-19 所示。

作与 L_1 分别向上、向下等距 8mm 的等距线 L_5 和 L_6，并对其进行裁剪，如图 8-1-20 所示。

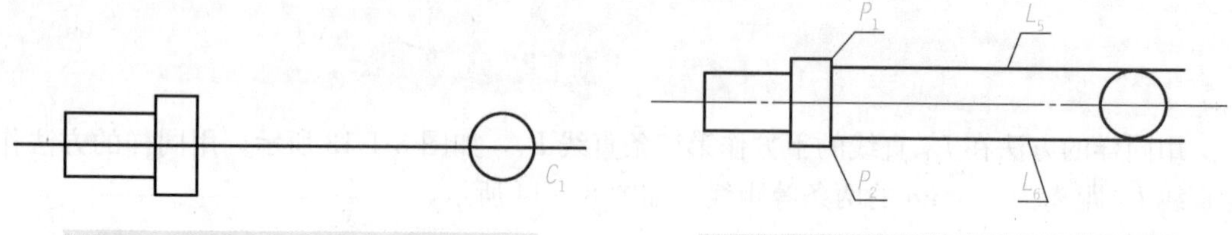

图 8-1-19 作圆 C_1

图 8-1-20 作 L_1 的等距线 L_5 与 L_6

选择菜单中的“曲线”→“圆”选项，或单击曲线工具栏中的圆图标，在立即菜单中选择“两点＋半径”选项。根据状态栏提示“第一点(切点)”，选择第一点 P_1 点；状态栏提示输入“第二点(切点)”，从键盘输入快捷键 T，选择直线 L_5；状态栏提示输入“第三点(切点)或半径”，按 Enter 键，在弹出的输入条中输入圆的半径值“42”，得到图 8-1-21 所示的圆 C_2。接着用同样的方法，过 P_2 点作与直线 L_6 相切、半径为 42 mm 的圆 C_3，如图 8-1-22 所示。

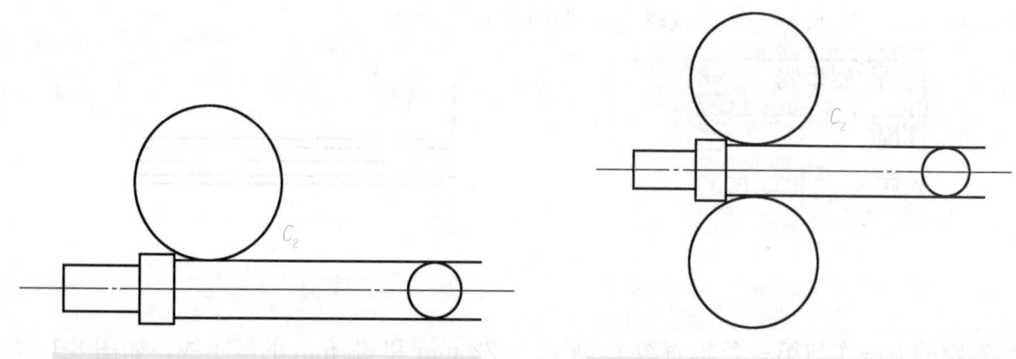

图 8-1-21 过 P_1 点作与直线 L_5 相切的圆

图 8-1-22 过 P_2 点作与直线 L_6 相切的圆

作与圆 C_1 和 C_3 相切的圆弧。选择菜单中的“曲线”→“圆弧”选项，在立即菜单中选择“两点＋半径”选项。状态栏提示“第一点(切点)”，按空格键，则弹出点工具菜单，选择“切点”选项，拾取圆 C_1；状态栏提示“第二点(切点)”，以同样的方式拾取圆 C_3；状态栏提示“第三点(切点)或半径”，输入半径值“60”。用同样的方法作与圆 C_1 和 C_2 相切的圆弧，如图 8-1-23 所示。

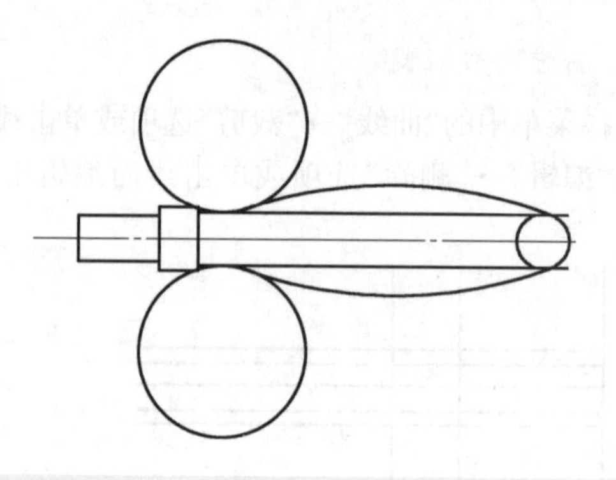

图 8-1-23 分别作与圆 C_1、C_3 和圆 C_1、C_2 相切的圆弧

5. 曲线裁剪

选择菜单中的“曲线”→“裁剪”选项或单击线面编辑工具栏中的曲线裁剪图标；选择菜单中的“编辑”→“删除”选项或单击线面编辑工具栏中的删除图标，修改图形。修改后的图形如图 8-1-24 所示。

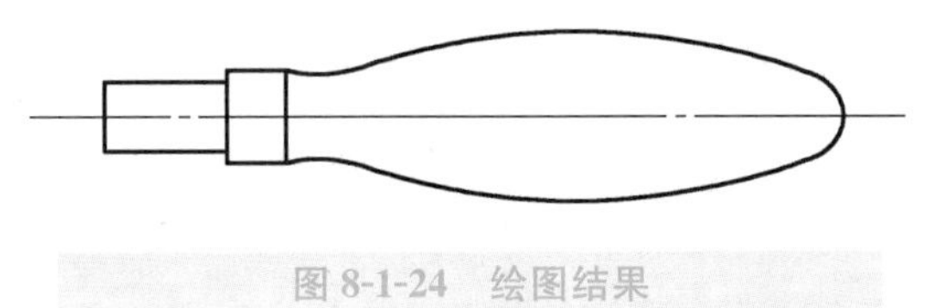

图 8-1-24　绘图结果

知识拓展

在任务实施过程中，对台阶轴处理主要采用等距线方法，CAXA 数控车软件还提供了“孔/轴”工具，熟练应用此工具在某些场合下可为绘图产生较大便利。以图 8-1-25 所示手柄左边轮廓台阶为例，其操作过程如下：

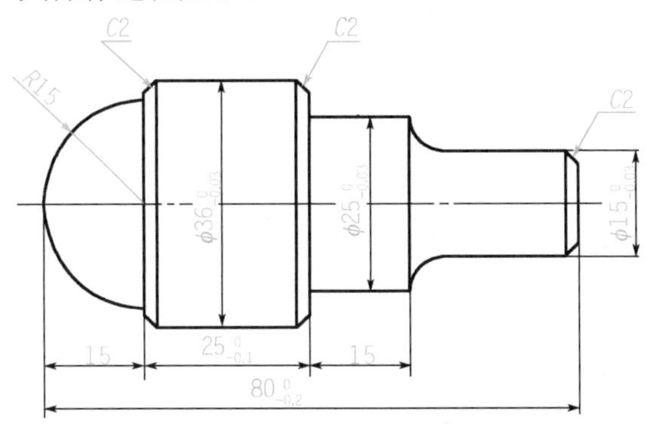

图 8-1-25　手柄轮廓

1)选择“孔/轴”工具，选择原点为插入点，如图 8-1-26 所示。

图 8-1-26　操作步骤(一)

2)起始直径与终止直径均改为“12”，轴长设为“22”，如图 8-1-27 所示。

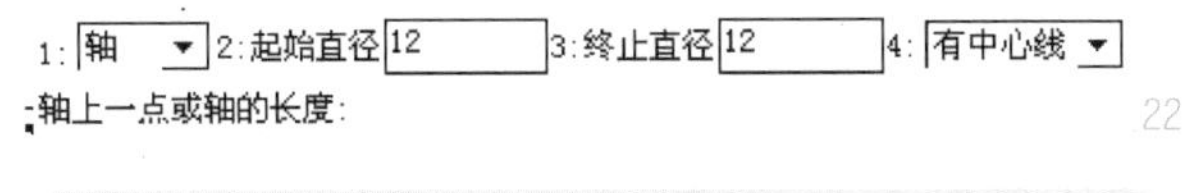

图 8-1-27　操作步骤(二)

3)起始直径与终止直径均改为“20”，轴长设为“10”，如图 8-1-28。单击并按 Enter 键即可完成图 8-1-28 所示轮廓台阶的绘制。

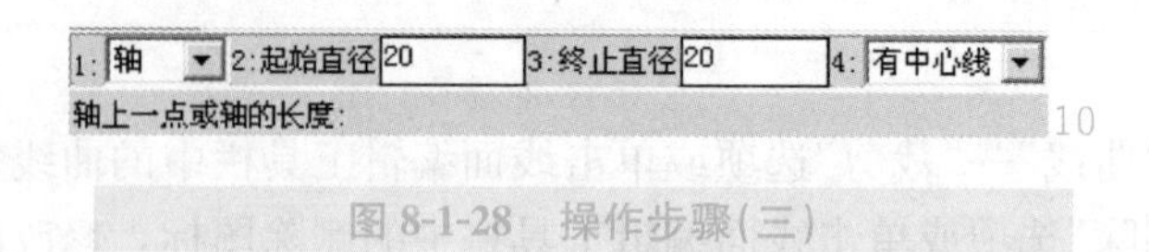

图 8-1-28 操作步骤(三)

任务二 CAXA 数控车软件应用实例

任务目标

1. 了解 CAXA 相关参数的设置。
2. 掌握 CAXA 数控车软件的轮廓粗车功能。
3. 掌握 CAXA 数控车软件的轮廓精车功能。
4. 掌握 CAXA 数控车软件的后置处理功能。
5. 完成任务图例的轮廓粗、精车参数设置。

任务描述

生成图 8-2-1 所示拉手零件轮廓的粗、精加工轨迹。

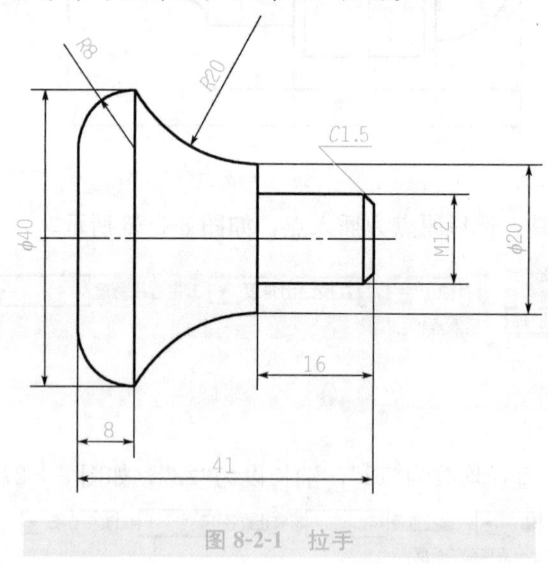

图 8-2-1 拉手

任务分析

轮廓粗、精加工参数设置为本任务重点内容，参数设置涉及内容较多，确定数值需有一定车加工工艺知识，应多练多想。

知识准备

一、轮廓粗车功能

轮廓粗车功能用于实现对工件的外轮廓表面、内轮廓表面和端面的粗车加工，用来快速去除毛坯的多余部分。轮廓粗车操作步骤如下。

1）几何造型。轮廓粗加工时，要确定被加工轮廓和毛坯轮廓。

2）刀具选择与参数设定。根据被加工零件的工艺要求选择刀具，确定刀具几何参数。

3）设置加工参数。选择菜单中的“加工”→“轮廓粗车”选项或单击数控车功能工具栏中的图标，弹出“粗车参数表”对话框，如图 8-2-2 所示。

4）确定参数后拾取被加工的轮廓和毛坯轮廓，此时可使用系统提供的轮廓拾取工具。采用“链拾取”和“限制链拾取”时的拾取箭头方向与实际的加工方向无关。

5）确定进退刀点。指定一点为刀具加工前和加工后所在的位置。右击可忽略该点的输入。

6）完成上述步骤后，选择菜单中的“数控车”→“生成代码”选项，拾取刚生成的刀具轨迹，即可生成加工指令。

二、轮廓精车功能

轮廓精车实现对工件的外轮廓表面、内轮廓表面和端面的精车加工。进行轮廓精车时要确定被加工轮廓。被加工轮廓就是加工结束后的工件表面轮廓，被加工轮廓不能闭合或自相交。轮廓精车操作步骤如下。

1）选择菜单中的“加工”→“轮廓精车”选项，弹出“精车参数表”对话框，如图 8-2-3 所示。然后按加工要求确定其他各加工参数。

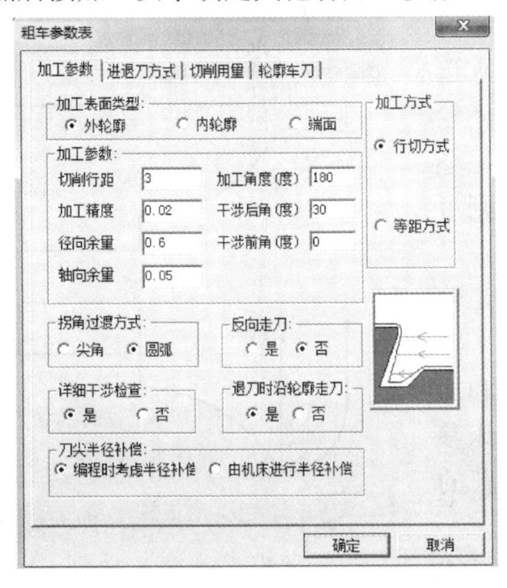

图 8-2-2　“粗车参数表”对话框

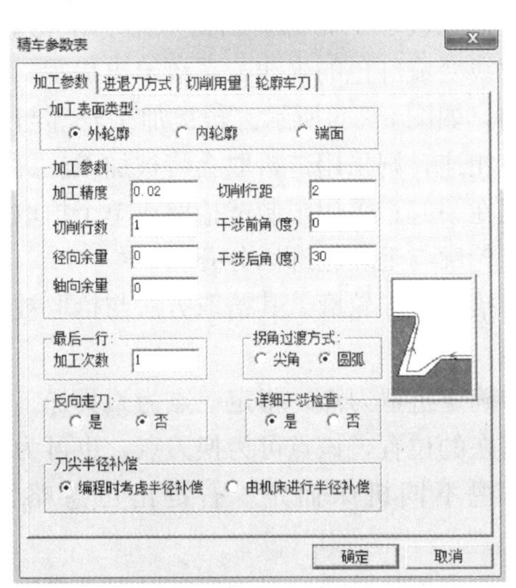

图 8-2-3　“精车参数表”对话框

2)确定参数后拾取被加工轮廓，此时可使用系统提供的轮廓拾取工具。

3)选择完轮廓后确定进退刀点。

4)完成上述步骤后即可生成精车加工轨迹。选择菜单中的“数控车”→“生成代码”选项，拾取刚生成的刀具轨迹，即可生成加工指令。

任务实施

一、轮廓粗车实例

利用直径为 ϕ40 mm 的棒料加工图 8-2-1 所示的拉手零件，粗车加工零件的右半部分。自动编程过程如下：

1)轮廓建模。生成粗加工轨迹时，只需绘制要加工部分的外轮廓和毛坯轮廓，组成封闭的区域(须切除部分)即可，其余线条不必画出，如图 8-2-4 所示。

2)选择菜单中的“加工”→“轮廓粗车”选项，如图 8-2-5 所示。弹出“粗车参数表”对话框，然后按要求分别设置加工参数。

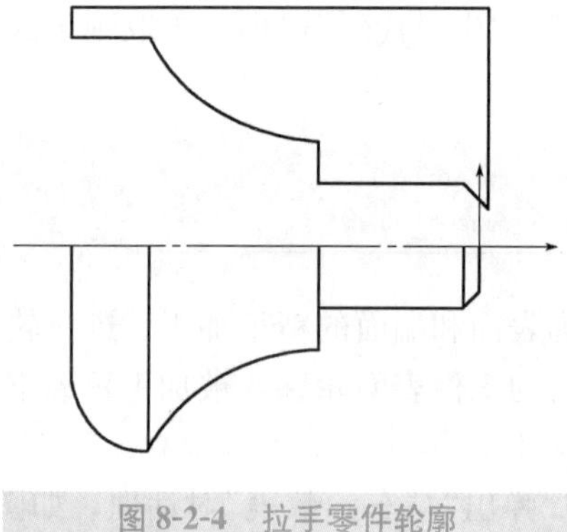

图 8-2-4 拉手零件轮廓

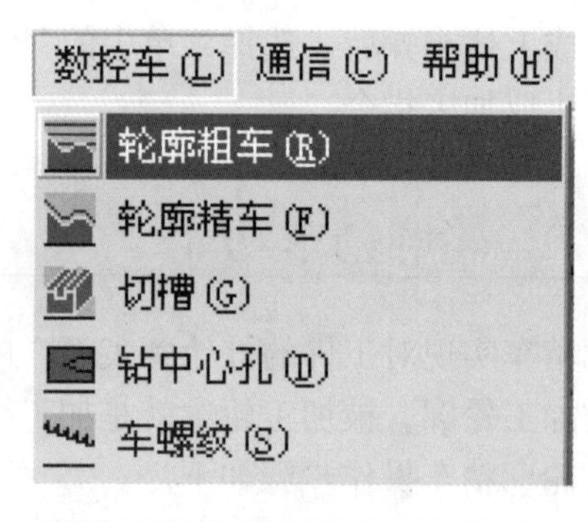

图 8-2-5 轮廓粗车菜单

3)拾取被加工轮廓。当拾取第一条轮廓线后，此轮廓线变成红色的虚线，系统给出提示，要求选择方向，如图 8-2-6 所示。若被加工轮廓与毛坯轮廓首尾相连，则采用链拾取会将被加工轮廓与毛坯轮廓混在一起；采用限制链拾取或单个拾取，则可将加工轮廓与毛坯轮廓区分开。

4)拾取毛坯轮廓。其拾取方法与拾取被加工轮廓类似。

5)确定进退刀点。指定一点为刀具加工前和加工后所在的位置，该点可为换刀点，也可为机床参考点，视不同机床而定。右键击可忽略该点的输入。

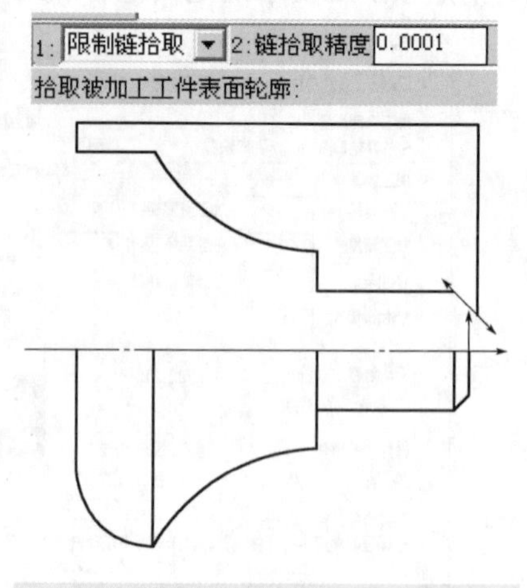

图 8-2-6 拾取方式与拾取方向图

6)生成刀具轨迹。当确定进退刀点之后，系统生成绿色的刀具轨迹。可以选择菜单中的“加工”→“轨迹仿真”选项，模拟加工过程，如图8-2-7所示。

7)选择菜单中的“加工”→“代码生成”选项，拾取刚生成的刀具轨迹，即可生成加工指令。

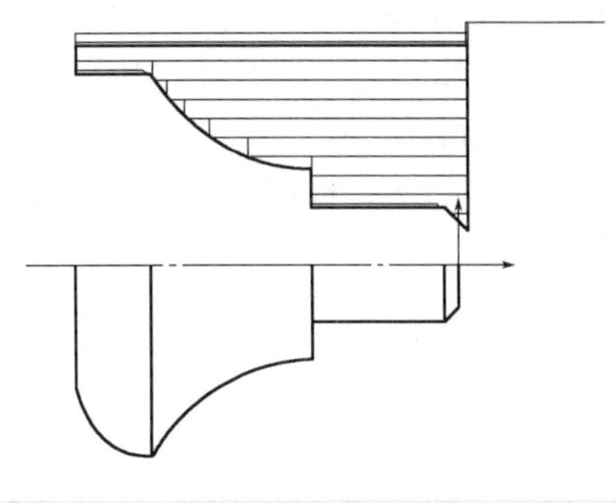

图8-2-7　生成的粗车加工轨迹(刀具轨迹)

轮廓粗车注意事项：

1)被加工轮廓与毛坯轮廓必须构成一个封闭区域，被加工轮廓和毛坯轮廓不能单独闭合或自交。

2)为便于采用链拾取方式，可以将被加工轮廓与毛坯轮廓绘制成相交的形式，系统能自动求出其封闭区域。

3)软件绘图坐标系与机床坐标系的关系。在软件绘图坐标系中，*X*轴正方向代表机床*Z*轴正方向，*Y*轴正方向代表机床*X*轴正方向。CAXA数控车软件从加工角度将软件的*XY*轴向转换成机床的*ZX*轴向。如切外轮廓，则刀具由右向左运动，与机床*Z*轴反向，加工角度取180°；如切端面，则刀具从上向下运动，与机床的*Z*轴正向成−90°或270°，加工角度取−90°或270°。

二、轮廓精车实例

精车与粗车的参数设定基本相同，故不再详细说明。但是，通过选取不同的轮廓范围，可以生成不同的刀具轨迹。

如图8-2-8所示，生成的精车轨迹的进刀方式为与加工表面成0°定角。退刀方式为与加工表面成90°定角。

如图8-2-9所示，生成的精车轨迹的进刀方式为与加工表面成0°定角。退刀方式为与加工表面成45°定角。

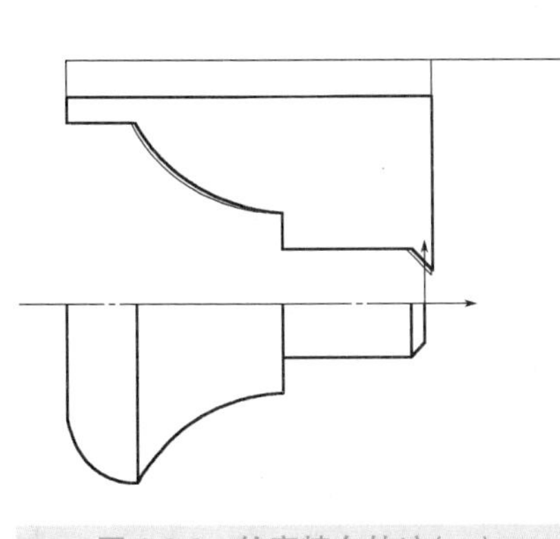

图8-2-8　轮廓精车轨迹(一)

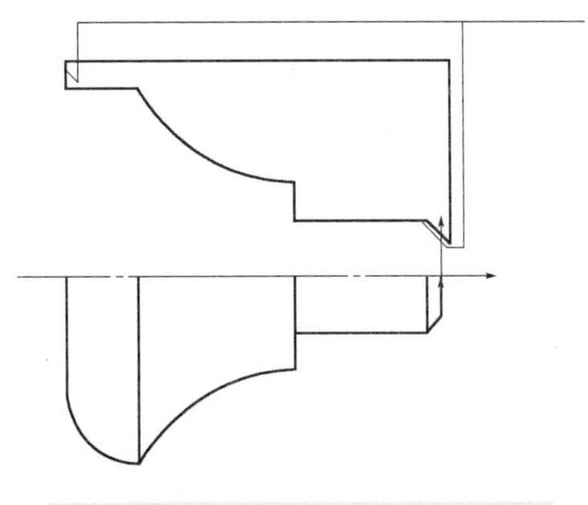

图8-2-9　轮廓精车轨迹(二)

知识拓展

利用CAXA数控车的切槽功能，加工图8-2-10所示切槽零件的ϕ20 mm×20 mm凹槽部分，生成刀具轨迹。

1)填写参数表。根据被加工零件的工艺要求，确定切槽刀具参数并设置参数表，如图8-2-11所示。

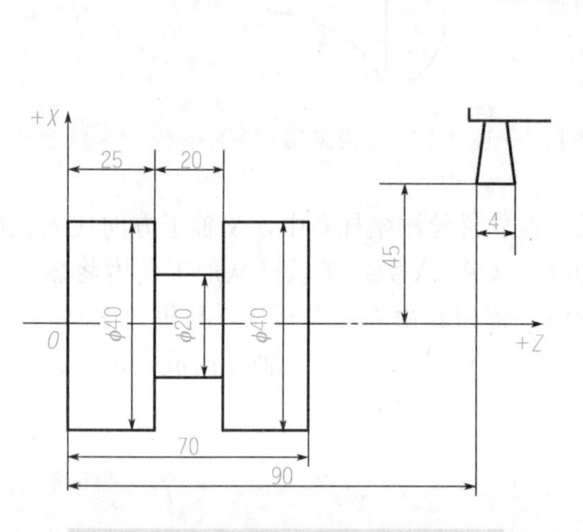

图8-2-10 切槽零件

切槽参数表

切槽加工参数 | 切削用量 | 切槽刀具

切槽表面类型：◉外轮廓 ○内轮廓 ○端面

加工工艺类型：○粗加工 ○精加工 ◉粗加工+精加工

加工方向：◉纵深 ○横向

拐角过渡方式：○尖角 ◉圆弧

☑反向走刀 ☐粗加工时修轮廓 ☐刀具只能下切

毛坯余量 2 偏转角度 0

粗加工参数：加工精度 0.01 加工余量 0.1 延迟时间 0.5 平移步距 3 切深步距 15 退刀距离 5

精加工参数：加工精度 0.01 加工余量 0 末行加工次数 1 切削行数 1 退刀距离 5 切削行距 0.5

刀尖半径补偿：◉编程时考虑半径补偿 ○由机床进行半径补偿

确定 取消

图8-2-11 设置切槽加工参数

2)拾取轮廓。切槽加工拾取的轮廓线如图8-2-12所示。

3)确定进退刀点，生成刀具轨迹。图8-2-13所示为切槽粗加工刀具轨迹，图8-2-14所示为切槽精加工刀具轨迹，图8-2-15所示为切槽粗加工+精加工刀具轨迹。

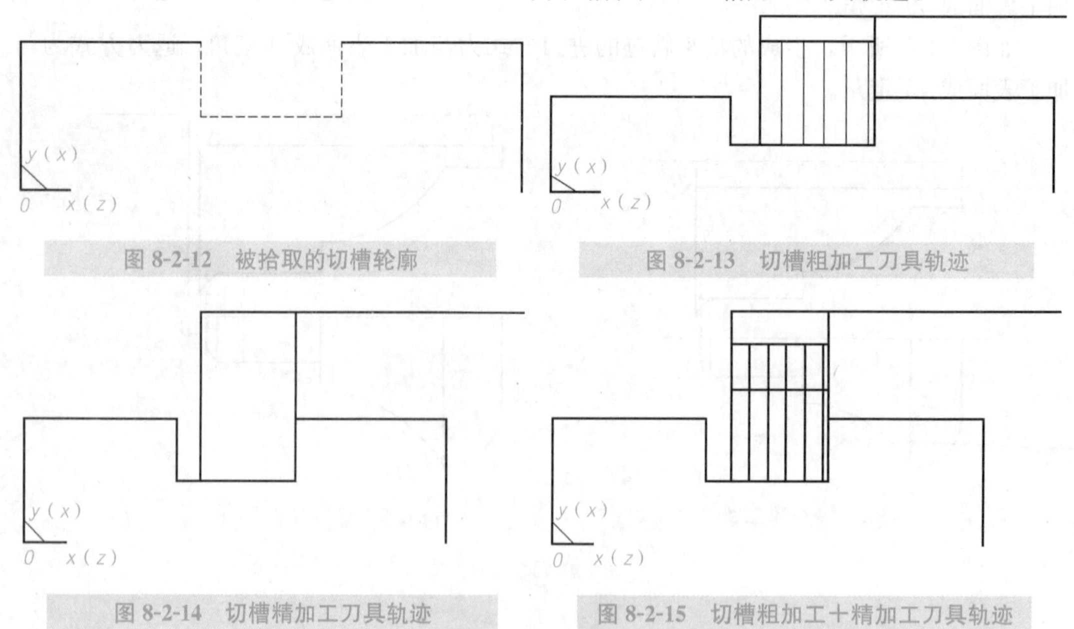

图8-2-12 被拾取的切槽轮廓

图8-2-13 切槽粗加工刀具轨迹

图8-2-14 切槽精加工刀具轨迹

图8-2-15 切槽粗加工+精加工刀具轨迹

任务三　典型轴类零件的自动编程

任务目标

1. 了解 CAXA 数控车软件自动编程的特点。
2. 掌握任务图例造型方法。
3. 掌握任务图例加工参数的设置方法。
4. 掌握 CAXA 数控车软件程序生成过程。
5. 掌握 CAXA 数控车软件生成程序的处理方法与注意事项。

任务描述

用直径 50 mm 的尼龙棒料加工图 8-3-1 所示的零件，完成零件的工艺分析和加工程序的编制。

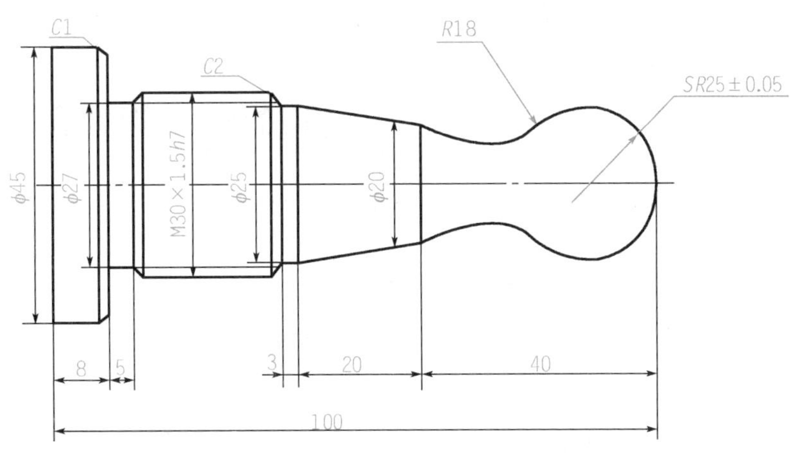

图 8-3-1　加工实例

任务分析

该零件包括复杂外型面加工、切槽、螺纹加工和切断等典型工序。根据加工要求选择刀具与切削用量。刀具卡片如表 8-3-1 所示，工序卡片如表 8-3-2 所示。

表 8-3-1 刀具卡片

序号	名称	规格	数量	备注
1	90°外圆车刀	相应车床	1	
2	35°外圆车刀	相应车床	1	
3	切槽刀	刀头宽 4 mm	1	
4	外螺纹车刀	M30×1.5 mm	1	

表 8-3-2 工序卡片

工序号	工序内容
1	车削端面
2	粗车外轮廓
3	精车外轮廓
4	切槽
5	车螺纹
6	切断保证总长

知识准备

一、生成代码

生成代码就是按照当前机床类型的配置要求，把已经生成的加工轨迹转化生成 G 代码数据文件，即 CNC 数控程序。生成代码的操作步骤如下。

1)选择菜单中的“加工”→“代码生成”命令，弹出“选择后置文件”对话框，输入后置程序文件名，如图 8-3-2 所示。

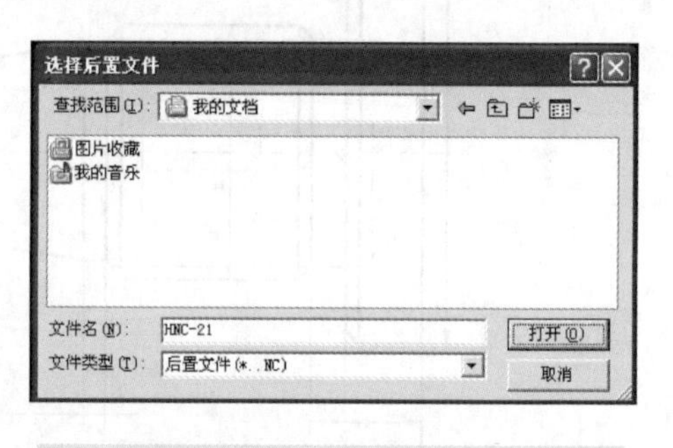

图 8-3-2 输入后置程序文件名

2)输入后置程序文件名后单击“打开”按钮，系统提示拾取加工轨迹。当拾取到加工轨迹后，该加工轨迹变为被拾取颜色。右击结束拾取，系统即生成数控程序。拾取时，使用系统提供的拾取工具，可以同时拾取多个加工轨迹，被拾取轨迹的代码将保存在一个文件中，其生成的先后顺序与拾取的先后顺序相同。

二、查看代码

查看代码就是查看、编辑已生成代码的内容。

选择菜单中的“加工”→“查看代码”选项，则弹出“选择后置文件”对话框。选择一个程序后，系统即用 Windows 提供的“记事本”显示代码的内容(当代码文件较大时，则要用“写字板”打开)，用户可在其中对代码进行修改。

三、修改参数

若对生成的轨迹不满意，则可以用参数修改功能对轨迹的各种参数进行修改，以生成新的加工轨迹。选择菜单中的"加工"→"参数修改"选项，则提示用户拾取要进行参数修改的加工轨迹。拾取轨迹后将弹出该轨迹的参数表供用户修改。参数修改完毕后单击"确定"按钮，即依据新的参数重新生成该轨迹。

四、轨迹仿真

轨迹仿真即对已有的加工轨迹进行加工过程模拟，以检查加工轨迹的正确性。对于系统生成的加工轨迹，仿真时用生成轨迹的加工参数，即轨迹中记录的参数；对于从外部反读进来的刀位轨迹，仿真时用系统当前的加工参数。轨迹仿真的操作步骤如下。

1)选择菜单中的"加工"→"轨迹仿真"选项，同时可指定仿真的步长。

2)拾取要仿真的加工轨迹，此时可使用系统提供的选择拾取工具。在结束拾取前仍可修改仿真的类型或仿真的步长。

3)右击结束拾取，系统即开始仿真。仿真过程中可按 Esc 键终止仿真。

五、代码反读(校核 G 代码)

代码反读就是把生成的 G 代码文件反读进来，生成刀具轨迹，以检查生成的 G 代码的正确性。如果反读的刀位文件中包含圆弧插补，则用户应指定相应的圆弧插补格式，否则可能得到错误的结果。

选择菜单中的"加工"→"代码反读"选项，弹出一个供用户选取数控程序的对话框。选择要校对的数控程序后，系统根据程序 G 代码立即生成刀具轨迹。由于精度等方面的原因，用户应避免将反读出的刀位重新输出，因为系统无法保证其精度。

任务实施

一、粗加工

1)轮廓建模。绘制粗加工部分的外轮廓和毛坯轮廓，如图 8-3-3 所示。

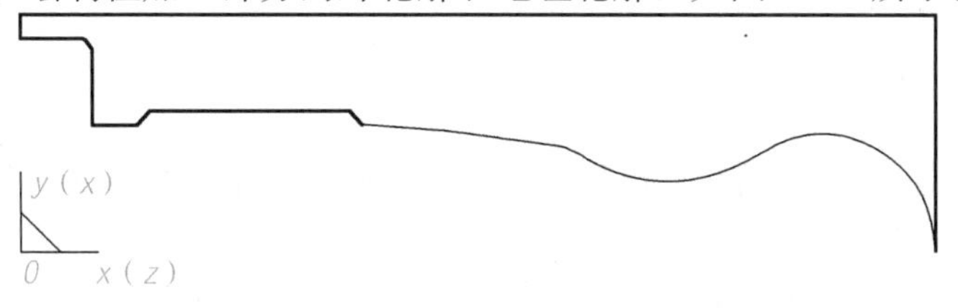

图 8-3-3　粗加工外轮廓和毛坯轮廓

2)确定粗车参数。根据被加工零件的工艺要求，确定粗车加工工艺参数并填写参数表。

3)选择菜单中的“加工”→“轮廓粗车”选项，则弹出“粗车参数表”对话框，设置“加工参数”“进退刀方式”“切削用量”“轮廓车刀”选项卡，如图 8-3-4 所示。

4)以单个拾取方式分别拾取加工轮廓和毛坯轮廓。

5)确定进退刀点。拾取轮廓后，系统提示输入进退刀点。该零件的进退刀点设置在(Z130，X90)处。

6)生成的粗加工的刀具轨迹如图 8-3-5 所示。利用系统提供的模拟仿真功能进行刀具轨迹模拟，验证刀具路径是否正确。

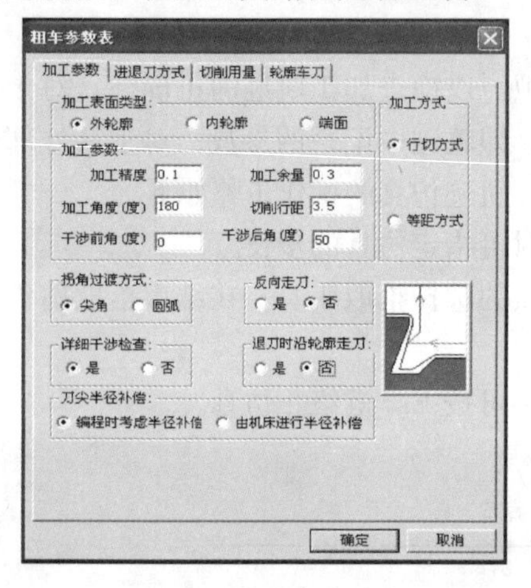

图 8-3-4 粗车参数表

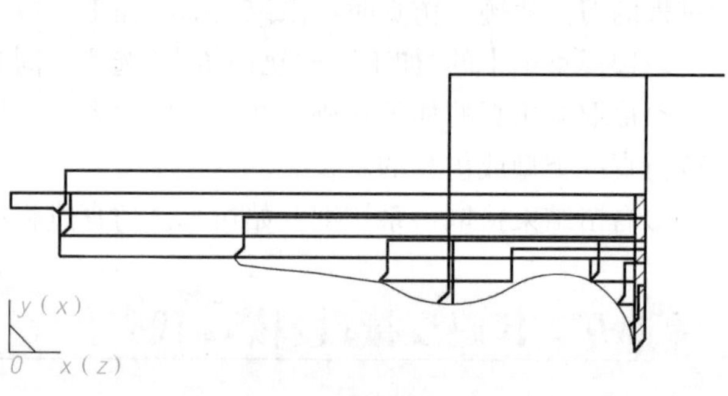

图 8-3-5 粗加工的刀具轨迹

7)代码生成。选择菜单中的“加工”→“代码生成”选项，则弹出“选择后置文件”对话框，根据所使用数控车床数控系统的程序文件格式，输入相应的文件名，如图 8-3-6 所示。

8)选择需要生成代码的轨迹，单击“确定”按钮，即可生成所选轮廓的粗加工代码，如图 8-3-7 所示。

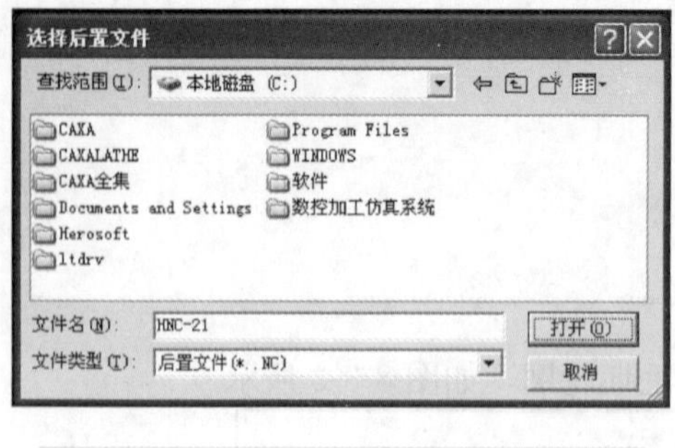

图 8-3-6 “选择后置文件”对话框

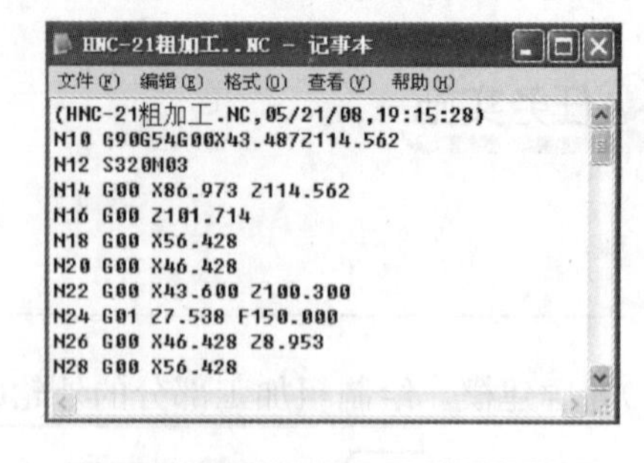

图 8-3-7 生成粗加工代码

9)代码修改。由于所使用的数控系统的编程规则与软件的参数设置有差异，故生成的数控程序需进一步修改。

10)代码传输。由软件生成的加工程序，通过 R232 串行口，可以直接传输给数控机床。

二、精加工

精加工编程的主要步骤如下。

1)轮廓建模。编制精加工程序时只需要被加工零件的表面轮廓，如图 8-3-4。

2)确定精车参数。根据被加工零件的工艺要求，确定精车加工工艺参数并填写参数表。

3)选择菜单中的“加工”→“轮廓精车”选项，则弹出“精车参数表”对话框，设置“加工参数”“进退刀方式”“切削用量”“轮廓车刀”选项卡，如图 8-3-8 所示。

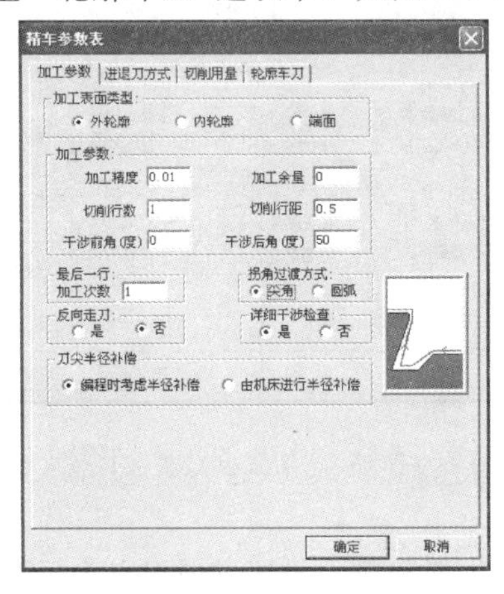

图 8-3-8　精车参数表

4)以链拾取方式拾取精加工轮廓，设置进退刀点为($Z130$，$X90$)。

5)生成刀具精加工轨迹，如图 8-3-9 所示。

6)生成精加工程序代码，程序文件为%0020，如图 8-3-10 所示。

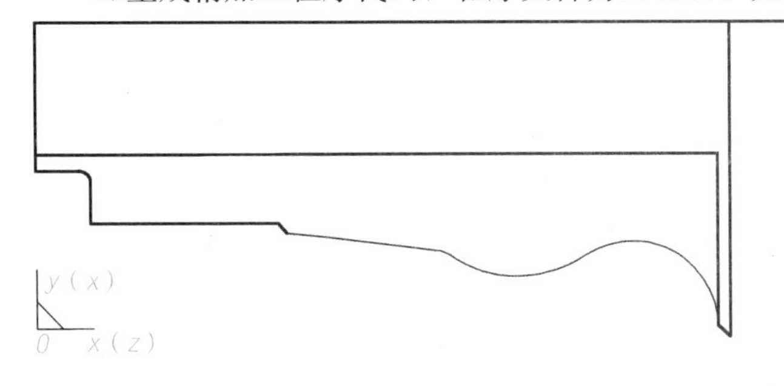

图 8-3-9　精加工轨迹

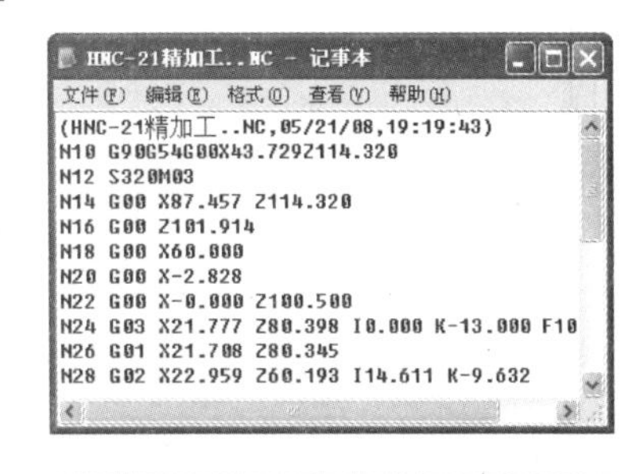

图 8-3-10　生成精加工程序代码

三、切槽加工

切槽加工的主要步骤如下。

1)轮廓建模。

2)确定切槽加工参数。根据被加工零件的工艺要求，确定切槽加工参数并填写参数表。

3)选择菜单中的“加工”→“切槽”选项，则弹出“切槽参数表”对话框，如图 8-3-11 所示。设置“切槽加工参数”“切削用量”“切槽刀具”选项卡。

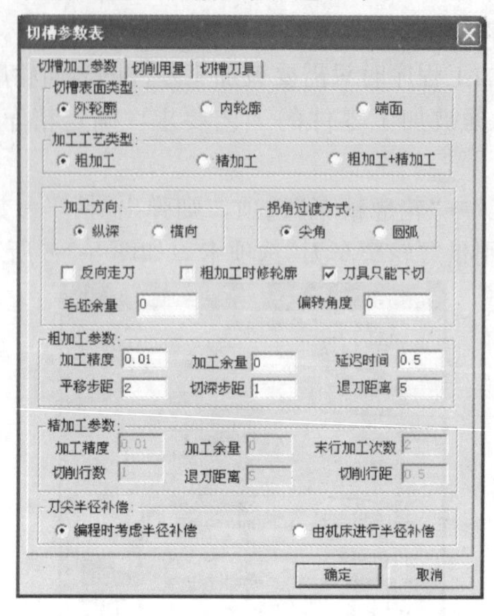

图 8-3-11 “切槽参数表”对话框

4)以单个拾取方式拾取精加工轮廓，设置进退刀点为(Z130，X90)。

5)生成切槽加工刀具轨迹，如图 8-3-12 所示，然后进行刀具轨迹的模拟仿真。

6)生成切槽加工程序代码，程序文件为%0030，如图 8-3-13 所示。

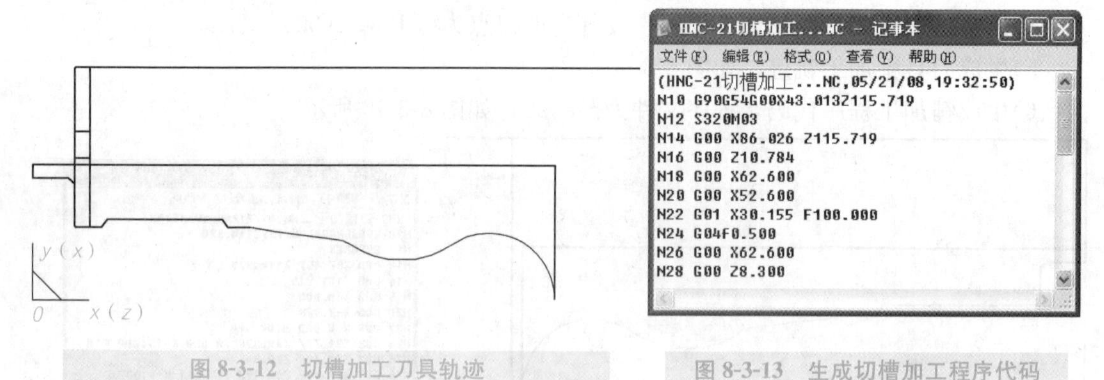

图 8-3-12 切槽加工刀具轨迹

图 8-3-13 生成切槽加工程序代码

四、螺纹加工

螺纹加工编程步骤如下。

1)轮廓建模。

2)确定螺纹加工参数。根据被加工零件的工艺要求，确定螺纹加工参数并填写参数表。

3)单击数控车功能工具栏中的图标，依次拾取螺纹的起点和终点，拾取完毕，弹出

“螺纹参数表”对话框，如图 8-3-14 所示。分别设置“进退刀方式”“切削用量”“螺纹车刀”“螺纹参数”“螺纹加工参数”选项卡。

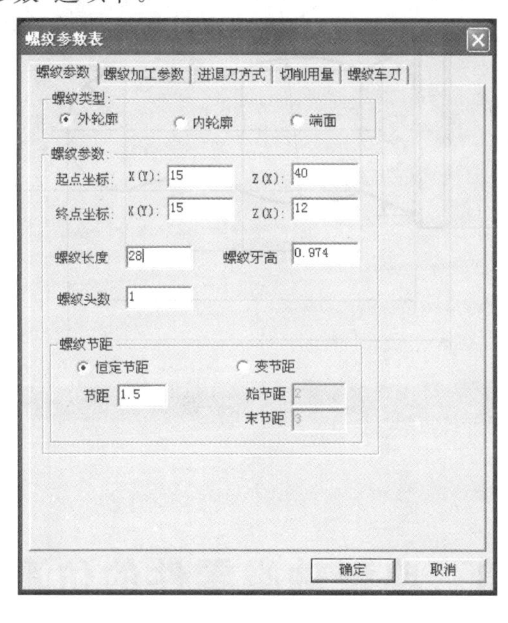

图 8-3-14　螺纹参数表

4)以单个拾取方式拾取精加工轮廓，这里进退刀点为(Z130，X90)。

5)生成螺纹(粗+精)加工的刀具轨迹，如图 8-3-15 所示，然后进行刀具轨迹的模拟仿真。

6)生成螺纹加工程序代码，程序文件为%0040，如图 8-3-16 所示。

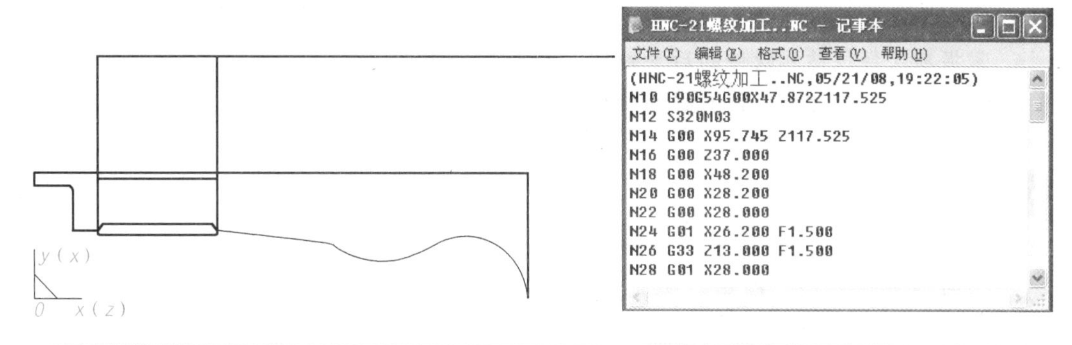

图 8-3-15　螺纹(粗+精)加工的刀具轨迹　　图 8-3-16　生成螺纹加工程序代码

知识拓展

完成图 8-3-17 所示轮廓的粗、精加工参数设置并生成加工程序。

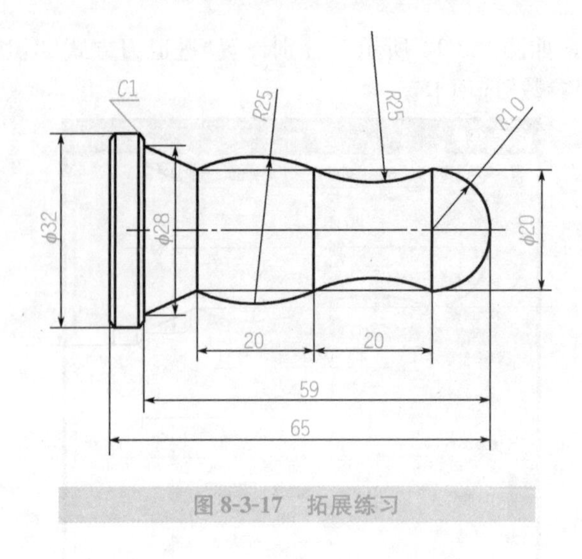

图 8-3-17 拓展练习

任务四 典型轴类零件的仿真加工

任务目标

1. 了解斯沃数控仿真软件的特点。
2. 了解斯沃数控仿真软件的基本操作流程。
3. 掌握斯沃数控仿真软件的造型。
4. 掌握斯沃数控仿真软件的后置处理。
5. 掌握斯沃数控仿真软件的程序传输。

任务描述

用 $\phi30$ mm 的 45 钢完成图 8-4-1 所示的零件的造型、刀路、程序、仿真 4 个过程，并完成零件的仿真加工。

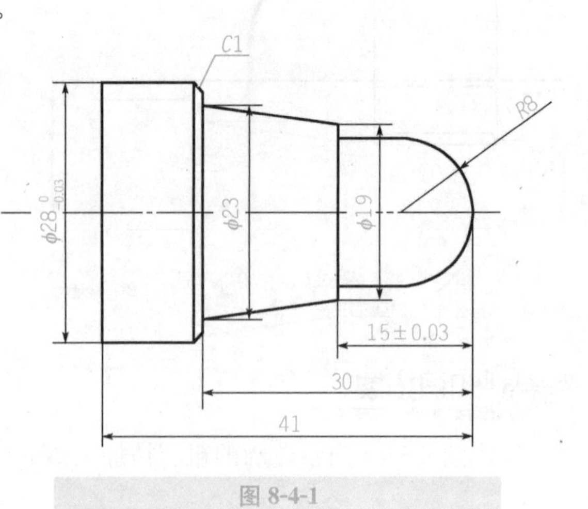

图 8-4-1

任务分析

学生需掌握数控车床的基本操作流程，能使用 CAXA 数控车软件完成零件的造型、刀路、程序的工作过程，运用斯沃数控仿真软件验证程序的合理性。

知识准备

一、入门知识

1)双击 8-4-2 所示斯沃快捷方式图标打开斯沃数控仿真软件。

2)选择数控系统及机床类型，如图 8-4-3 所示。“FANUC OiT”表示法拉克系统数控车床。单击“运行”按钮打开仿真软件，如图 8-4-4 所示。选择机床生产厂家，确定机床控制面板，如图 8-4-5 所示。

图 8-4-2　斯沃快捷方式图标

图 8-4-3　选择数控系统及机床类型

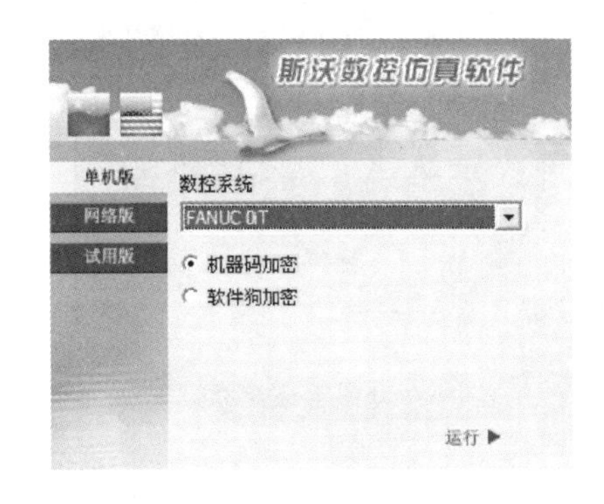

图 8-4-4　单行“运行”按钮

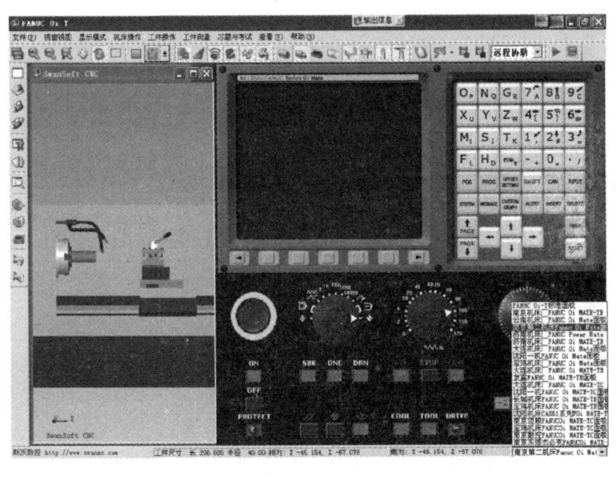

图 8-4-5　选择机床生产厂家

3)设置毛坯尺寸(工件直径与长度)、毛坯类型(实心棒料或空心管料)，如图 8-4-6 所示。

4)设置机床参数，如图 8-4-7 所示。

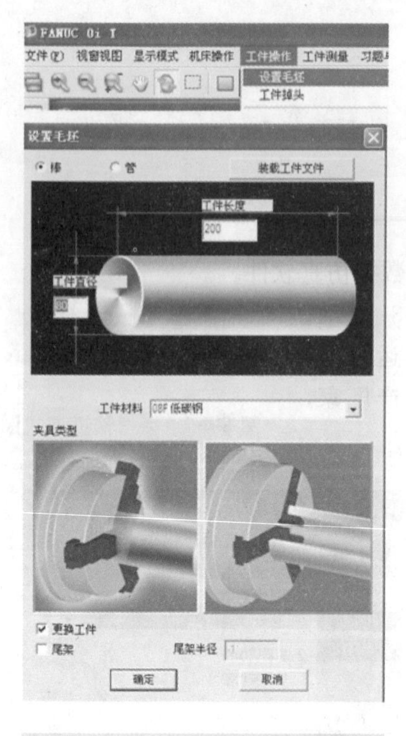

图 8-4-6 设置毛坯尺寸及类型

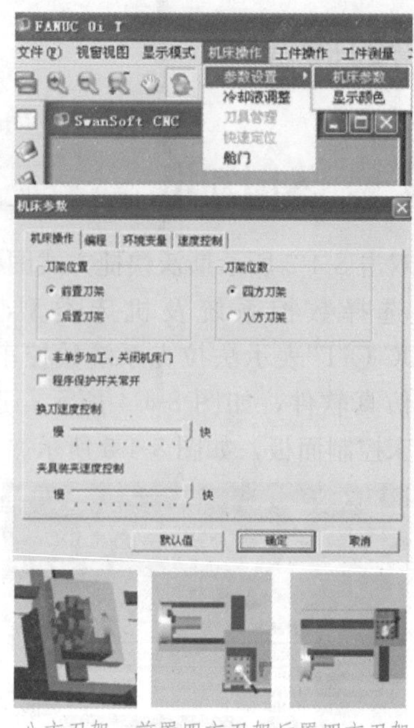

图 8-4-7 设置机床参数

二、基本操作

1)开机，回参考点，如图 8-4-8 所示。

按下 ON 按钮→打开紧急停止开关→方式按钮置于 REF 位置→按下“+X”键与“+Z”键，回参考点成功标志是 X、Z 坐标值为零。

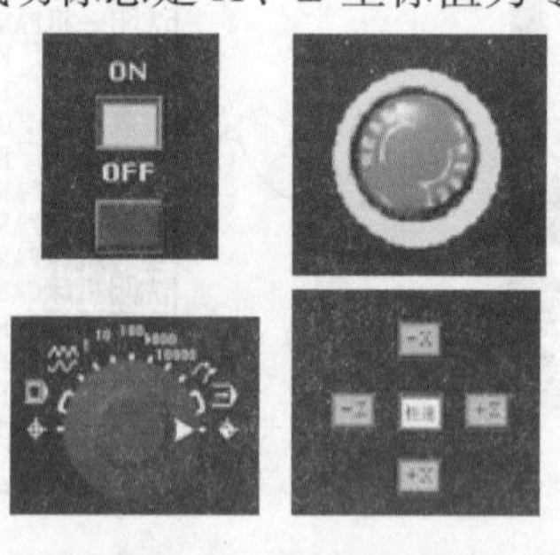

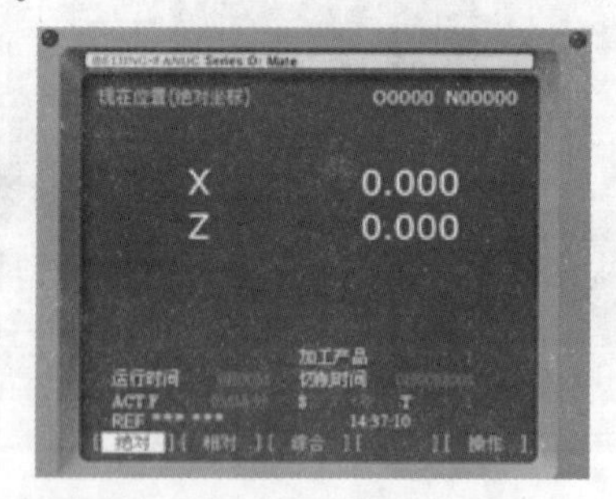

图 8-4-8 开机及回参考点操作

2)主轴旋转，如图 8-4-9 所示。

方式按钮置于 MDI 位置→按下 PROG 键→选择 MDI 软键→输入“M3S600”→按下 EOB 键→按下 INSERT 键→循环启动。

3)安装刀具，选择刀具编号(注意刀具种类与刀片角度)添加到刀位。如图 8-4-10。

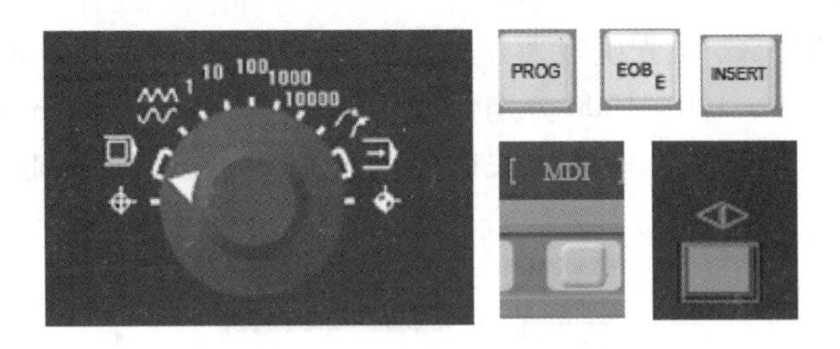

图 8-4-9　主轴旋转操作

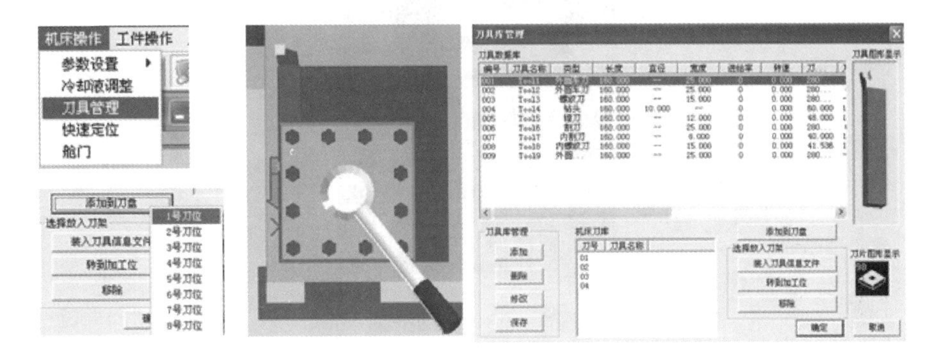

图 8-4-10　安装刀具操作

三、对刀操作

1)刀具运动。

刀具运动需要具备两个要素：方向与速度。

刀具运动具有两种形式：JOG 手动(见图 8-4-11)与 HND 手摇(见图 8-4-12)。

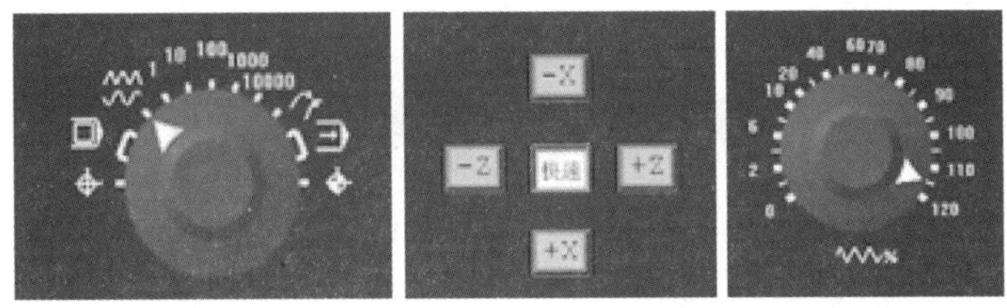

方式按钮位置　　方式控制键　　速度控制键

图 8-4-11　JOG 手动

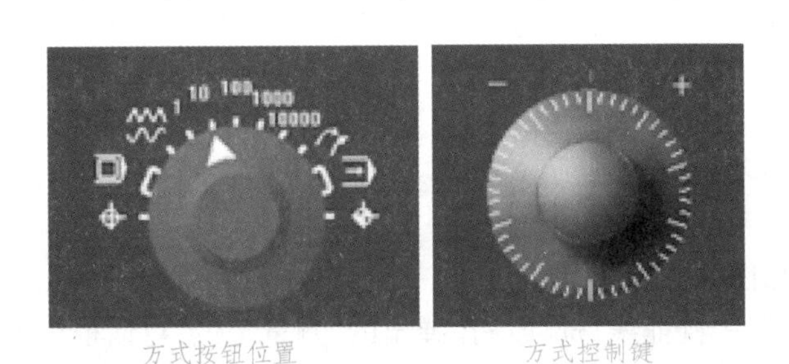

方式按钮位置　　方式控制键

图 8-4-12　HND 手摇

手摇方式的方向由 X、Z 先确定大方向，手轮转动顺时针为正，逆时针为负。速度受HND控位控制，1、10、100、1000分别代表0.001、0.01、0.1、1mm/格。

2)观察方向与辅助开关，辅助开关凹下为开启状态，辅助凸起为关闭状态，如图8-4-13所示。

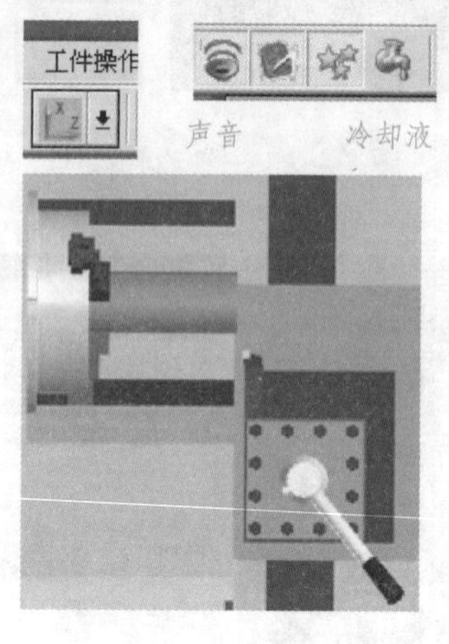

图 8-4-13 辅助开关

3)对刀步骤。利用JOG手动(长距离运动)与HND手摇，配合完成步骤一、步骤二，如图8-4-14所示。

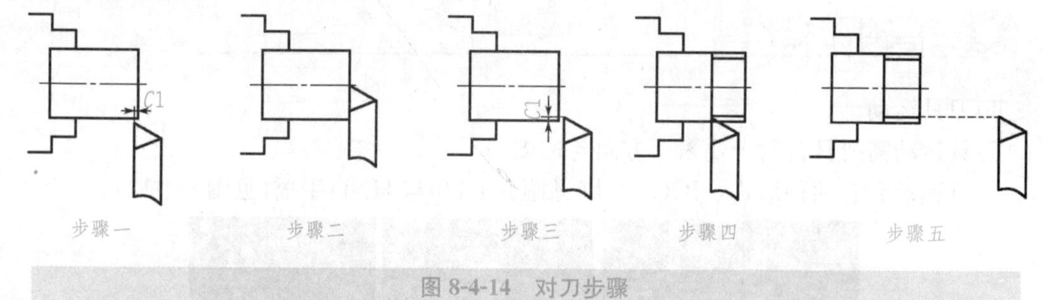

图 8-4-14 对刀步骤

如图8-4-15所示，依次执行下列操作：按下OFFSET键→选择“补正”软键→选择“形状”软键→设置刀号→输入“Z0”→测量。

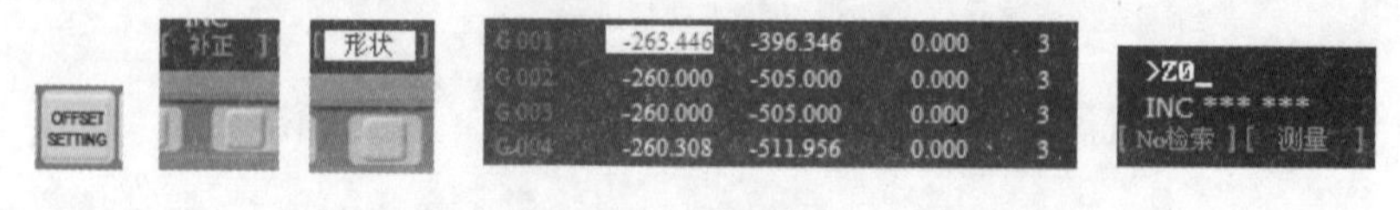

图 8-4-15 刀补输入步骤

HND手摇完成步骤三至步骤五，如图8-4-14所示。测量已加工表面的直径，对应位置输入 X(测量值)。

4)工件测量，如图8-4-16所示。

选择“工件测量”→“特征线”选项→在弹出的“测量定位”对话框中勾选“显示所有尺寸”复选框→查看加工尺寸→退出测量。

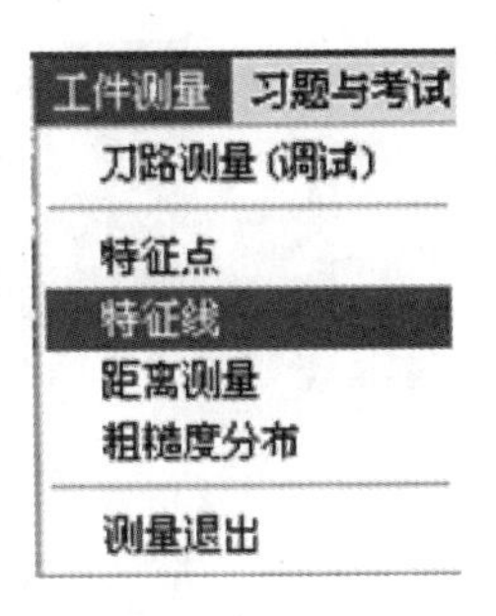

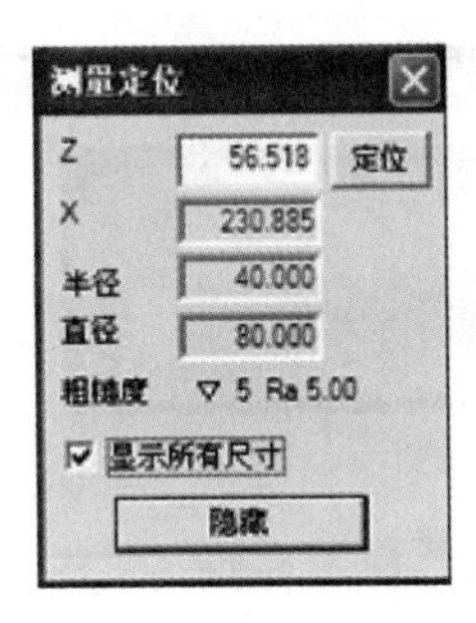

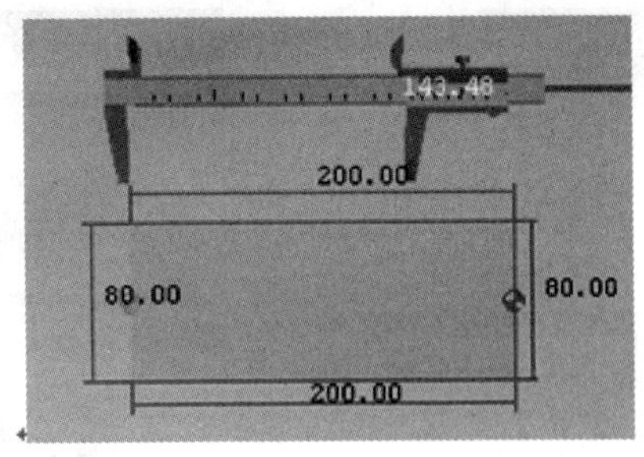

图 8-4-16　工件测量

四、自动加工

1)程序编辑如图 8-4-17 所示。

方式按钮置于 EDIT 位置→按下 PROG 键→选择 DIR 软键(观察已有程序，防止程序重名)→输入相应程序。

2)自动加工，如图 8-4-18 所示。

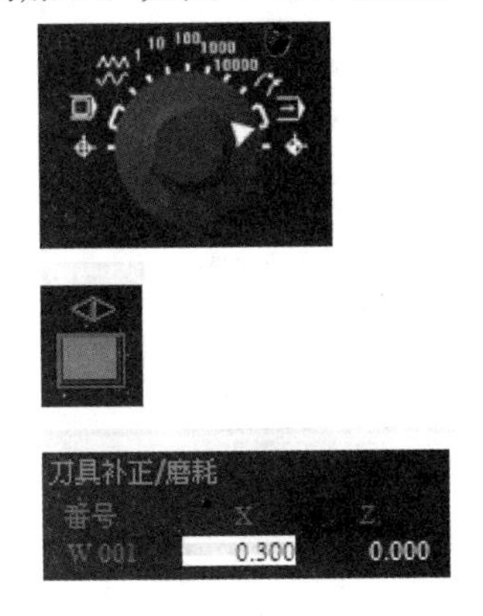

图 8-4-17　程序编辑

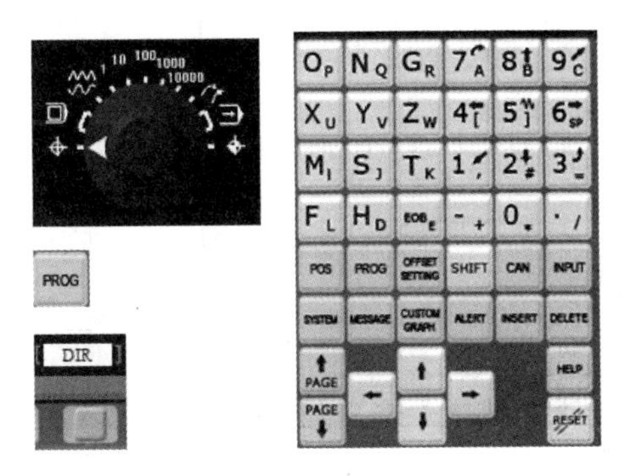

图 8-4-18　自动加工

方式按钮置于 EDIT 位置→确定加工程序→选择 MEM 软件→循环启动。

零件试切阶段一般 *X* 方向预留磨耗：按下 OFFSET 键→选择“补正”软键→输入磨耗值。

任务实施

1)启动软件。参照图 8-4-2～图 8-4-5 启动软件。

2)设置参数。毛坯设置如图 8-4-6 所示，直径设为“40”，长度设为“100”；刀具设置如图 8-4-10 所示。

3)对刀操作。采用快速对刀方法，如图 8-4-19 所示。

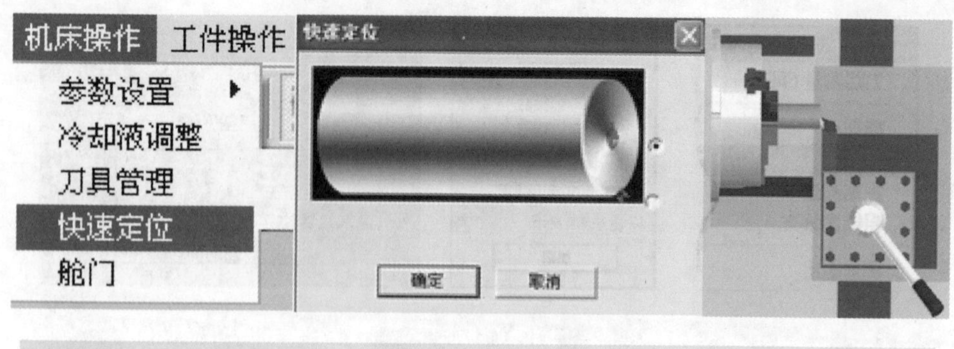

图 8-4-19 快速对刀

4)生成程序。利用 CAXA 数控车软件绘制加工零件，保留上半部分，添加毛坯轮廓，获取刀具轨迹，生成加工程序，如图 8-4-20 所示。

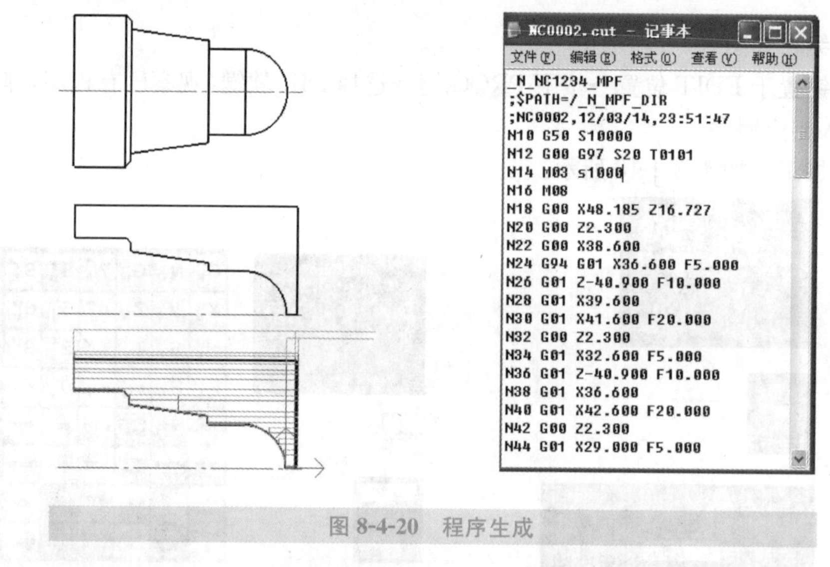

图 8-4-20 程序生成

5)输入程序。方式按钮置于 EDIT 位置，按下 PROE 键，解程序锁，将程序文件扩展名改为 NC，打开文件，如图 8-4-21 所示。

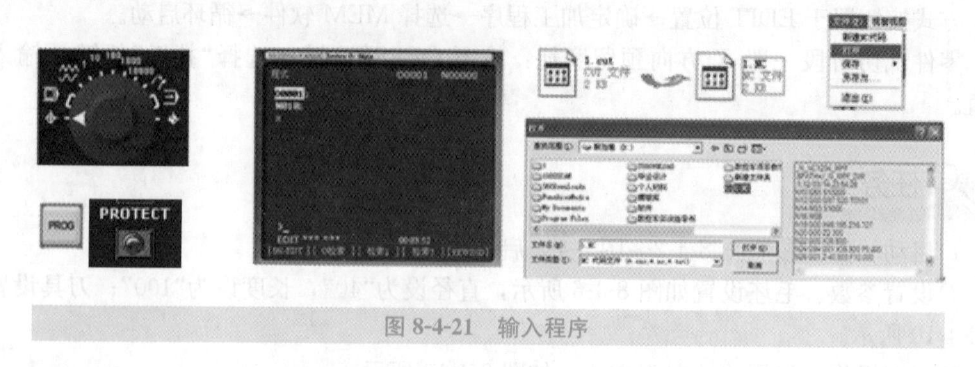

图 8-4-21 输入程序

6)仿真加工。方式按钮置于 MEM 位置，按下循环启动键，即可进行仿真加工，如图 8-4-22 所示。

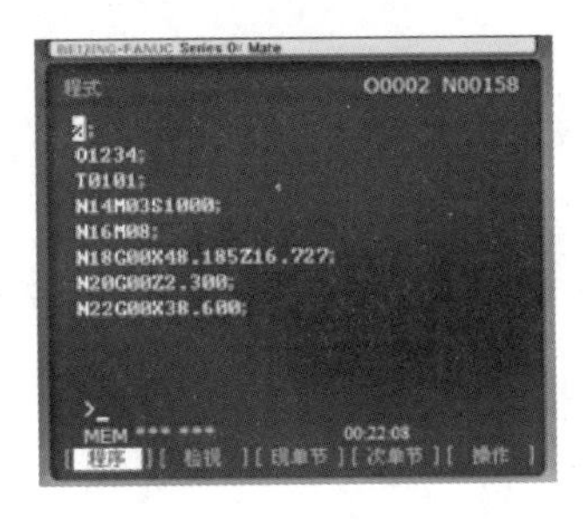

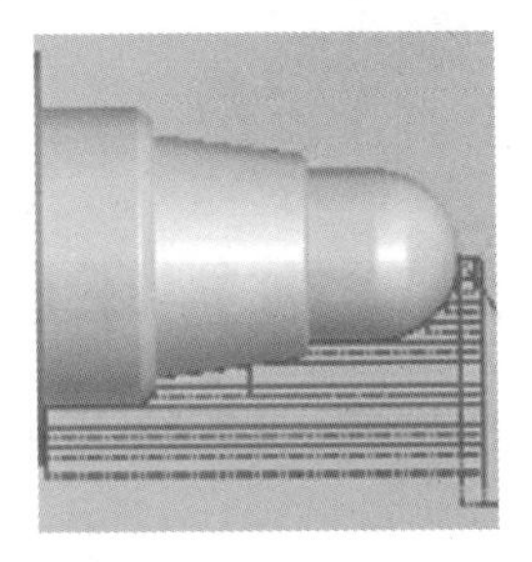

图 8-4-22　仿真加工

知识拓展

一、斯沃数控仿真软件简介

斯沃数控仿真软件是南京斯沃软件技术有限公司结合机床厂家实际加工制造经验与高校教学训练一体所开发的。通过该软件可以使学生达到实物操作训练的目的，又可大大减少昂贵的设备投入。学生通过在 PC 上操作该软件，能在很短时间内掌握各系统数控车、数控铣及加工中心的操作，可手动编程或读入 CAM 数控程序，教师通过网络教学，可随时获得学生当前操作信息，根据学生掌握的情况进行教育，节省了成本和时间，从而提高学生的实际操作水平。

二、斯沃数控仿真软件的功能

1)实现屏幕配置且所有的功能与 FANUC 工业系统使用的 CNC 数控机床一样。

2)实时地解释 NC 代码并编辑机床进给命令。

3)提供与真正的数控机床类似的操作面板。

4)具有单程序块操作、自动操作、编辑方式、空运行等功能。

5)具有移动速率调整、单位毫米脉冲转换开关等。

附录　数控车床程序编制常用指令（FANUC 0i 系统）

1. 准备功能表（G 功能）

组群	G 功能	功能说明
01	★G00	快速定位
	G01	直线插补
	G02	顺时针圆弧插补
	G03	逆时针圆弧插补
00	G04	暂停
	G09	准确定位
06	G20	英制
	★G21	公制
00	G27	返回参考点检测
	G28	自动返回参考点
	G29	自动从参考点定位
01	G32	螺纹切削
	G34	可变螺距切削
07	★G40	取消刀尖圆弧半径补偿
	G41	刀尖半径左补偿
	G42	刀尖半径右补偿
00	G50	坐标系设定/最高转速设定
	G70	精车加工循环
	G71	横向切削复合循环
	G72	纵向切削复合循环
	G73	仿形加工复合循环
	G74	Z 轴啄式钻孔（沟槽加工）
	G75	X 轴沟槽切削循环
	G76	螺纹复合切削循环

续表

组群	G功能	功能说明
01	G90	外径自动切削循环
	G92	螺纹自动切削循环
	G94	端面自动切削循环
02	G96	恒线速度控制
	★G97	恒转速控制
05	G98	每分钟进给量/(mm/min)
	★G99	每转进给量/(mm/r)

2. 辅助功能表(M功能)

序号	M功能	功能说明
1	M00	程序停止
2	M01	选择停止
3	M02	程序结束
4	M03	主轴正转
5	M04	主轴反转
6	M05	主轴停止
7	M08	切削液开
8	M09	切削液关
9	M30	程序结束
10	M98	子程序调用
11	M99	子程序结束并返回主程序

参考文献

[1] 卢孔宝，顾其俊 . 数控车床编程与图解操作［M］. 北京：机械工业出版社，2018.

[2] 昝华，郝永刚 . 数控车削编程与操作［M］. 北京：机械工业出版社，2019

[3] 姜爱国. 数控机床技能实训［M］. 北京：北京理工大学出版社，2013.

[4] 张良华. 数控车工技能训练与考级［M］. 大连：大连理工大学出版社，2012.

[5] 耿国卿. 数控车削编程与加工［M］. 北京：清华大学出版社，2011.

[6] 高枫. 肖卫宁. 数控车削编程与操作训练［M］. 北京：高等教育出版社，2010.

[7] 崔兆华. 数控车床加工工艺与编程操作［M］. 南京：江苏教育出版社，2010.

[8] 陈宁娟. 数控车削实训与考级［M］. 北京：高等教育出版社，2008.

[9] 李立宪. 数控车编程与操作实训［M］. 合肥：安徽科学技术出版社，2007.

[10] 关颖. 数控车工 FANUC 系统实用技术丛书［M］. 沈阳：辽宁科学技术出版社，2005.

[11] 任级三. 数控车床工实训与职业技能鉴定［M］. 沈阳：辽宁科学技术出版社，2005.

[12] 孙伟伟. 数控车工实习与考级［M］. 北京：高等教育出版社，2004.